Adobe XD
界面设计与原型制作教程

CC2019

文家齐 · 编著

電子工業出版社
Publishing House of Electronics Industry
北京 • BEIJING

内容简介

本书基于 Adobe XD 2019 中文版，全面系统地介绍 XD 的基本操作方法和界面设计技巧。书中包括界面设计的基础知识、XD 的简介和安装方法、工具的使用、对象的创建和编辑、资源管理、图层管理、重复网格、响应式调整、导出到 After Effects、XD 格式文件转为 PSD 格式文件、生成在线链接、标注、切图、交互式原型、语音触发、自动制作动画、实时预览、常用插件及与第三方软件协作等内容，使读者能够熟悉并掌握 XD 的功能和界面设计技巧。

本书内容在多个实战案例的基础上，增加移动端、小程序、网页等多个商业案例解析，并适当穿插一些技术专题知识，使读者可以快速上手，掌握软件功能和界面设计思路，提升界面设计能力。本书包含 XD 当前版本的全部基础知识点，通过目录可以清晰地查看并找到需要的知识点。本书提供的学习资源中包含所有案例的视频文件、实例源文件及素材文件。

本书可作为 XD 自学人员的参考用书，也可作为相关机构的培训教材。

图书在版编目（CIP）数据

Adobe XD界面设计与原型制作教程 / 文家齐编著. -- 北京 : 电子工业出版社, 2019.9
ISBN 978-7-121-37307-7

Ⅰ. ①A… Ⅱ. ①文… Ⅲ. ①网页制作工具－教材 Ⅳ. ①TP393.092.2

中国版本图书馆CIP数据核字(2019)第183684号

责任编辑：田　蕾　文字编辑：田振宇
印　　刷：河北鑫兆源印刷有限公司
装　　订：河北鑫兆源印刷有限公司
出版发行：电子工业出版社
　　　　　北京市海淀区万寿路173信箱　邮编：100036
开　　本：787×1092 1/16　印张：15　字数：432千字
版　　次：2019年9月第1版
印　　次：2025年1月第13次印刷
定　　价：79.00元

凡所购买电子工业出版社图书有缺损问题，请向购买书店调换。若书店售缺，请与本社发行部联系，联系及邮购电话：（010）88254888，88258888。

质量投诉请发邮件至zlts@phei.com.cn，盗版侵权举报请发邮件至dbqq@phei.com.cn。

本书咨询联系方式：（010）88254161~88254167转1897。

读者服务

读者在阅读本书的过程中如果遇到问题，可以关注“有艺”公众号，通过公众号与我们取得联系。此外，通过关注“有艺”公众号，您还可以获取更多的新书资讯、书单推荐、优惠活动等相关信息。

扫一扫关注“有艺”

资源下载方法：关注“有艺”公众号，在“有艺学堂”的“资源下载”中获取下载链接，如果遇到无法下载的情况，可以通过以下三种方式与我们取得联系：

1. 关注“有艺”公众号，通过“读者反馈”功能提交相关信息；
2. 发邮件至 art@phei.com.cn，邮件标题命名方式：资源下载 + 书名；
3. 读者服务热线：（010）88254161~88254167 转 1897。

投稿、团购合作：请发邮件至 art@phei.com.cn。

Preface

前言

Adobe XD 是一款专为 UI 界面设计和网页设计打造的矢量设计软件。Adobe 的首席执行官兼执行副总裁 Scott Belsky（斯科特·贝尔斯基）曾说道："我们相信 XD 即使不会比 Photoshop 更强，也至少和它同样强大。" XD 同时支持 Windows 和 Mac OS 操作系统，能够在同一个软件里完成设计和交互，支持打开与编辑 PSD、SKETCH 及 AI 等格式的文件，能够一键切图和导出标注，拥有简洁、高效、快速、学习成本低的特点，已成为众多 UI 设计师青睐的工具之一。

笔者是 XD 中文网的创始人，2015 年创建 XD 中文网，是国内第一批 XD 内测用户，从 XD 内测版开始到现在，四年来一直在国内推广 XD 的使用，并持续分享相关素材、资讯和教程。

笔者结合 XD 中文网四年的实际运营经验为读者带来这本书，本书是初学者快速自学 XD 2019 的教程，全书从实用角度出发，全面系统地讲解了 XD 2019 的所有应用功能，涵盖了 XD 2019 的全部工具、面板和菜单命令，同时安排了实战性的案例、详细的制作步骤，还包含了第三方插件和集成的使用方法。

本书共分为 8 章，按照实际工作中设计的流程，从基础知识开始逐步深入，按照"认识—了解—掌握—实战"的过程，让你从入门到精通全面掌握 XD。

第 1 章为 XD 的基础理论知识，主要讲解 XD 相关的基础知识、安装与卸载、界面与工具等内容。通过本章学习，读者可以对 XD 有一个基本的了解。

第 2 章为 XD 的基本操作知识，帮助读者掌握 XD 的文件、视图、图层面板及资源面板的管理等知识，详细讲解各种工具的操作方式，以及辅助功能中的距离测量、智能参考线、自动吸附功能的使用方法。

第 3 章为属性检查器的使用知识。通过属性检查器，根据选择的对象，用户可以利用不同的选项来定义其不同的属性，如使用矢量运算工具可对多个对象进行不同的组合来创建新的对象，修改对象的宽高、位置、尺寸、颜色、边框及阴影；使用加、减、乘、除等数学计算可创建精确的数学设计等。

第 4 章为导入和导出资源的知识。通过合理地使用外部资源，读者可更快、更高效地完成设计工作。本章还包含导出、切图的内容。

第 5 章为创建可交互式原型的知识。能创建可交互式原型是 XD 的一大亮点，将设计与原型集成在同一个软件中，用户在设计的基础上就可以轻松完成交互设计。

第 6 章为预览和共享的知识。通过 XD 提供的预览和共享功能，用户可以预览原型查看实际效果，通过共享给同事、客户来快速获得反馈。

第 7 章为插件和第三方工具的知识，详细讲解 XD 插件的安装和管理，选取了一些常用的插件和第三方工具进行讲解，这些插件和第三方工具可以用来简化、加快甚至自动完成一些复杂重复的设计工作。

第 8 章为商业实战知识，详细演示网页设计、微信小程序设计及移动界面设计的实战步骤的同时，也让读者了解并掌握一些必要的设计规范，为实际工作打下扎实的基础。

本书旨在编写一本对读者真正有帮助的界面设计教程，让读者在阅读本书以后可以轻松地掌握 XD 设计界面和制作原型的方法，在实际设计过程中使用 XD 能起到事半功倍的作用。

同时，感谢我爱的人和爱我的人，感谢所有支持和帮助过我的人。另外，特别感谢电子工业出版社的编辑田振宇，没有他的帮助，本书不可能完成。

由于笔者水平有限，书中难免存在错误和不妥之处，希望广大读者批评指正。在学习过程中如果发现问题或有更好的建议，欢迎通过微信公众号"XD 资源库"或邮箱 s@94xy.com 与笔者取得联系。

Contents

目录

第 1 章

初识 Adobe XD

第 2 章

XD 的基本操作

第 3 章

属性检查器

第 4 章

导入和导出资源

第 5 章

创建可交互式原型

第 6 章

预览和共享

第 7 章

插件和第三方工具介绍

第 8 章

商业实战项目案例解析

附录

第1章

初识 Adobe XD

Adobe XD是一款由Adobe公司为设计人员构建的界面设计工具。为了让大家更好地学习XD，本章首先对XD软件做一个大致的介绍。

1.1 XD的基本介绍

本书关于 XD 的介绍以 XD 2019 为例。XD 是由 Adobe 公司开发的一款矢量设计软件，能够轻松地完成移动应用界面、网页设计及简单的交互设计，在 Mac OS 和 Windows 系统上都能获得比较好的体验，支持在 iOS 和 Android 设备上实时预览。其更重要的是除云服务外，XD 的其他功能完全免费，并且能够与 Photoshop、Illustrator 及 After Effects 无缝衔接，甚至能够打开 Sketch 文件，打通设计全流程。

XD 主要用于设计移动应用界面和网页，并且能够制作可交互式原型。本书中有关 XD 的操作使用的软件版本均是 XD 2019 的 17.0.12.11。目前 XD 保持每月更新一次，且每更新一次都会增加一些新的功能。

XD 支持一键切换“设计模式”和“原型模式”，在原型模式下通过“单击”和“拖动”操作能创建交互（图中蓝色的线条为交互调整线条），并支持在桌面端和手机端实时预览交互效果。

XD 中的“重复网格”功能能大大减少设计人员的工作量。在交互设计中，绝大部分需要重复的设计工作都能通过“重复网格”功能来完成。以往，在设计一个文章列表页时，需要先制作好一组元素，然后通过复制、粘贴及修改等多重操作才能完成整个列表页的制作，枯燥、重复又耗时。有了“重复网格”功能，在完成一组元素的制作后，只需要开启

“重复网格”功能，拖动重复网格的“控制”按钮，然后批量拖入准备好的元素，在几秒钟内就可以制作出一个完整的文章列表。

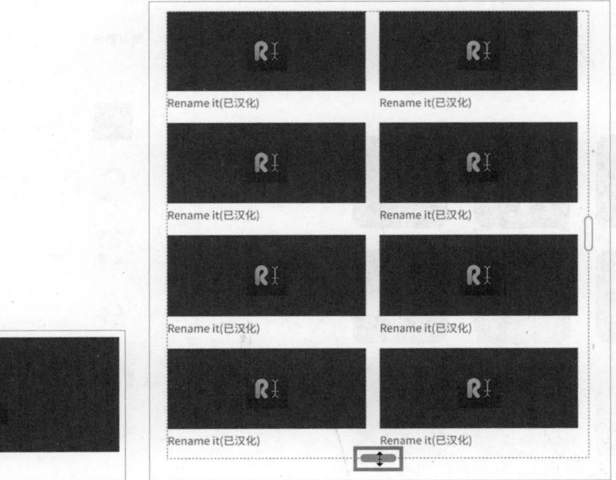

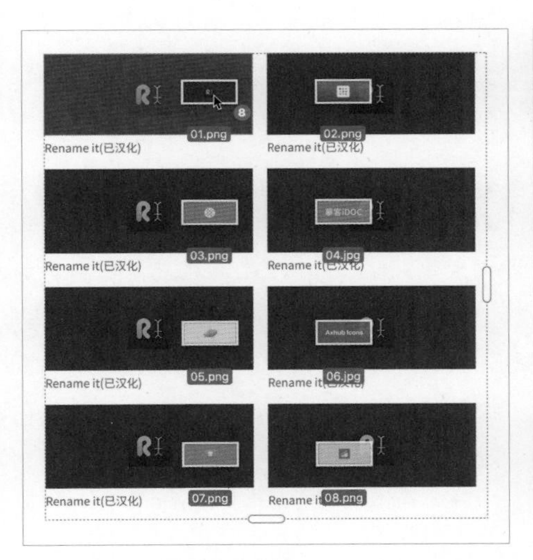

XD 支持一键打开 PSD、SKETCH 及 AI 格式的文件，在 Windows 上也支持打开 SKETCH 格式的文件进行编辑，使得从其他软件切换到 XD 完全无障碍，也能够直接导出设计文件到 After Effects 进行动效设计。

同时，XD 支持使用插件，据说为此官方曾拿出 1000 万美元作为投资和奖励，来鼓励和支持第三方开发 XD 相关的插件，增强 XD 生态系统。下图为部分已发布的 XD 插件，在管理器中就能直接下载和使用。

1.1.1 XD 与同类软件的区别

与 XD 同类的软件有 Photoshop、Sketch 及 Axure RP 等，下面主要来说明一下 XD 与这 3 款软件的使用区别。

1. 与 Photoshop 的区别

Photoshop 是一款位图图像处理软件，诞生至今已经将近 30 年，包含图像处理、图形处理、文字处理及印刷处理等多种功能，是设计师必备的设计软件之一，主要用于平面设计、网页设计、美工及影楼后期处理等领域。尽管 Photoshop 是一款强大且好用的图像处理软件，但在笔者看来，其在 UI 界面设计和网页设计上使用起来并不是那么顺手。随着版本的升级及功能的不断增加，Photoshop 越发成为一款重量级的软件，但与此同时也出现了占用内存越来越高、越用越卡及保存的文档非常大等问题。

XD 是一款矢量设计软件，专注于界面设计，有着简洁的操作界面，功能清晰，无弹窗，启动速度和运行速度快，且非常轻量化。同时它可以直接打开 PSD 文档进行编辑，旧有的素材也可以直接拿到 XD 中进行编辑。此外，XD 除云服务外的其他功能都完全免费，且云服务每月只收服务费 9.99 美元，与动辄单价数千元的 Photoshop 相比更具优势。

2. 与 Sketch 的区别

近年来一款名为 Sketch 的矢量设计软件成为了设计圈的新贵，也被冠以“Photoshop 杀手”的称号。Sketch 在 UI 界面设计和网页设计上相比 Photoshop 有无可比拟的优势。据相关数据显示，Sketch 在 UI 设计行业的市场占有率已超过老牌的 Photoshop。但遗憾的是，Sketch 不支持 Windows 操作系统使用。

XD 与 Photoshop 一样，都是由 Adobe Systems 开发和发行的软件。XD 开发和发行的目的便是与 Sketch 直接竞争。XD 作为一款专注于 UI 界面设计和网页设计的矢量设计软件，XD 的操作界面比 Sketch 更加简洁，并且在发布之初就推出了“重复网格”“原型模式”等比 Sketch 更具有优势的功能。相比 Sketch，XD 最大的优势便是同时支持 Mac OS 和 Windows 操作系统，而且 XD 还能直接打开 PSD 和 SKETCH 格式文件进行编辑，而 Sketch 不能打开 XD 格式文件进行编辑。

3. 与 Axure RP 的区别

在笔者接触的一些有关 XD 的交流群中，经常都会看到有群友问道："原型设计用 Axure RP 更合适，还是用 XD 更合适？"

Axure RP 是一款专业的快速原型设计工具，使用人群更多的是产品经理。通过搜索引擎搜索关键词"Axure RP"，在图片结果中显示使用 Axure RP 完成的更多是简易线框图、流程图。

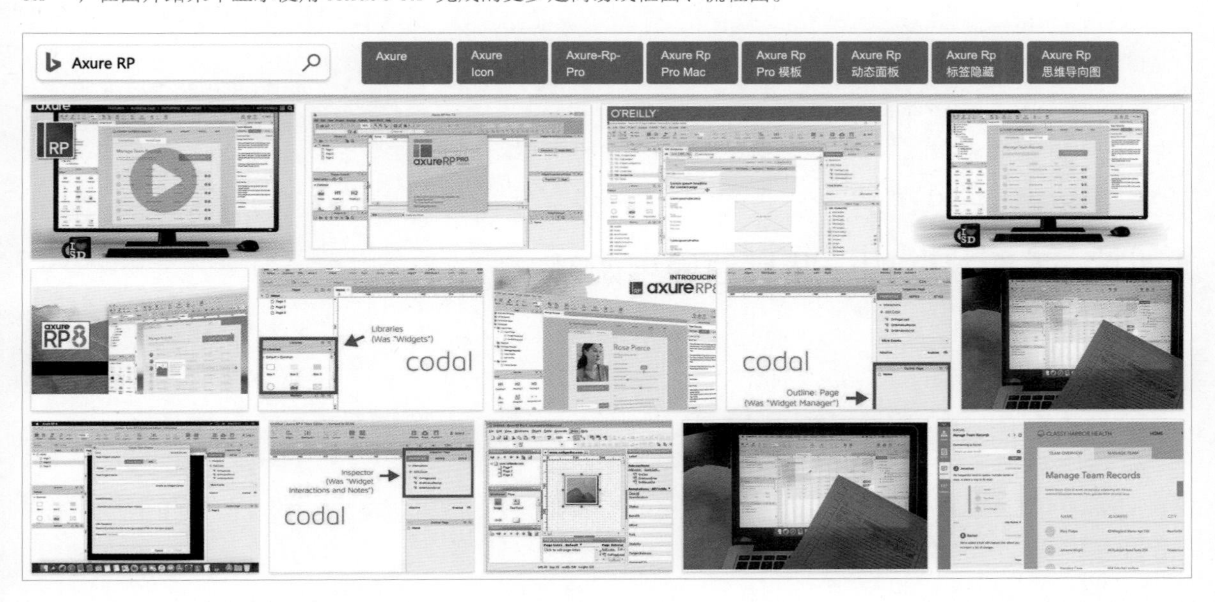

而通过搜索引擎搜索关键词"Adobe XD"，在图片结果中显示更多的是 UI 界面图，由此可知 XD 主要面对的是 UI 设计师。基于以上描述，笔者认为这两款软件侧重点不同，比较的意义不大（尽管 XD 也能制作线框图、流程图），因此这里不再做过多分析和描述。

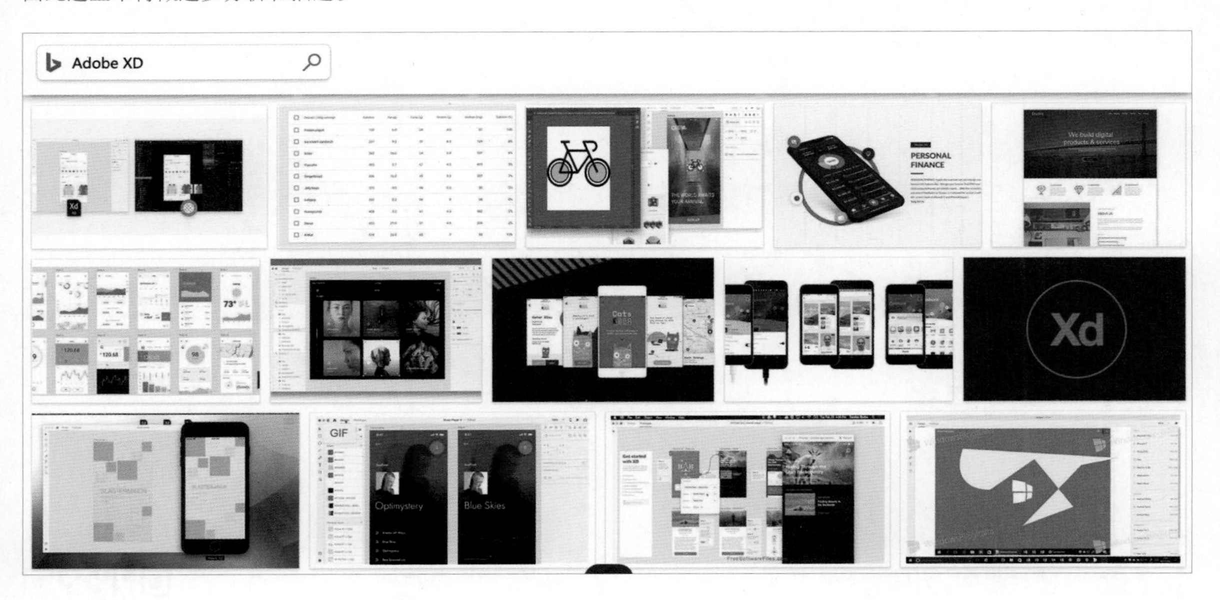

1.1.2 位图与矢量图的区别

计算机的数字化图像分为两种类型，即位图和矢量图。它们各有各的优缺点，应用领域也不尽相同。

位图图像也被称为点阵图像或绘制图像，由被称作像素的单个点组成。将这些点进行不同形式的排列和染色，可以构成不同的图像，但图像放大后会模糊。制作位图图像的软件主要是 Photoshop。

矢量图像根据几何特性来绘制图形，用线段和曲线描述图像，矢量可以是一个点或一条线。矢量图像只能靠软件生成，矢量图像文件占用内存空间较小。因为这种类型的图像文件包含独立的分离图像，可以自由无限制地重新组合，特点是放大后图像不会失真，图像清晰度和分辨率无关。制作矢量图像的软件主要有 XD 和 Illustrator。

位图图像和矢量图像的基本区别是位图图像表现出来的色彩较丰富，颜色信息较多，所占空间也较大；矢量图形表现出来的色彩较单一，所占空间也较小。

1.1.3 关于 XD 的一些其他使用说明

XD 目前只能部分替代 Photoshop 和 Illustrator 的工作，但是 XD 可以做到与 Photoshop、Illustrator 互联互通。需要处理位图图像的部分，可以在 Photoshop 中完成后再导入到 XD 中来完成。针对一些复杂的插画绘制或 UI 图标绘制，可以在 Illustrator 中完成后直接复制粘贴到 XD 中。

从网络上下载任何 PSD、XD、SKETCH、AI 格式的素材，都可以用 XD 打开后通过复制粘贴来使用。

完成设计工作后，可以直接在 XD 中切换到“原型模式”制作交互。制作的交互可以直接预览、在手机端预览或生成在线链接，将在线链接发给同事、领导来获得反馈。

设计获得认可后，可以一键切图、生成标注给开发，或者将文件导出到 After Effects 进行动效设计，当然，XD 也支持将文件导出到其他第三方集成软件，如 ProtoPie。

1.2 XD的安装与卸载

XD 的安装方法与其他软件不同。XD 正式版没有独立的安装包，需要先安装 Adobe 桌面创意应用程序 Adobe Creative Cloud，后再通过 Adobe Creative Cloud 安装 XD。

技巧提示

Adobe Creative Cloud 是 Adobe 桌面创意应用程序，使用 Adobe Creative Cloud 可以安装包含 XD 在内的 Adobe 系列的所有软件。

1.2.1 系统要求

要安装 XD 需要使用 Windows 10 1703 及以上版本或 Mac OS 10.12 及以上版本的操作系统。如果系统不满足要求，将无法安装 XD，只能先换系统或更新系统，再进行安装。

1.2.2 安装和卸载

观看在线教学视频

XD 只能通过 Adobe Creative Cloud 安装或 XD 安装器安装，事实上 XD 安装器的运行方式也是先安装 Adobe Creative Cloud，再安装 XD。目前所有的直接安装包、破解版及纯净版均为测试版，非正式版，不建议安装。

安装流程

01 通过浏览器打开 XD 官网，然后单击导航栏中的“下载”按钮，单击后页面会自动跳转到“登录 / 注册”页面。XD 的基本功能使用完全免费，但必须先注册或登录才能正常使用，如果需要使用云服务可以购买付费计划。

02 在已有 XD 账号的情况下可以直接登录，没有账号可以单击“注册”按钮去注册一个账号。登录后会自动弹出软件下载确认对话框，下载安装后会自动安装 Adobe Creative Cloud，再自动安装 XD。若已安装 Adobe Creative Cloud，则会自动打开 Adobe Creative Cloud 并安装 XD，同时页面会自动跳转至“正在安装 XD...”页面。

03 安装完成后可在 Adobe Creative Cloud 的“Apps”栏中看到 XD 已安装。在此界面中，可以直接安装、打开、更新及卸载 XD 和 Adobe 系列的其他软件。

1.3 XD的工作界面介绍

XD 的工作界面分为启动界面和设计界面，了解工作界面是学习 XD 的基础。

1.3.1 启动界面

打开 XD，首先看到的是启动界面。启动界面分为左右两栏，左侧为导航，右侧为导航所对应的内容。启动界面默认打开的是主页，此时右侧对应的内容为“预设画板”“自定义大小”“了解基础知识”和“最近打开的文件”等。

预设画板包含 16 个默认画板，分为移动端、平板电脑端及桌面电脑网页端 3 组。移动端默认为 iPhone X/XS 375×812px 画板，平板电脑端默认为 iPad 768×1024px 画板，桌面电脑网页端默认为 Web 1920 1920×1080px 画板，单击面板名称旁的下拉箭头可以切换画板，鼠标指针经过移动端、平板电脑端、桌面电脑网页端图标时，对应图标会变为灰色，选择好画板后单击图标，可以创建一个 XD 文件。

iPhone XR/XS Max (414 × 896)
✓ iPhone X/XS (375 × 812)
iPhone 6/7/8 Plus (414 × 736)
iPhone 6/7/8 (375 × 667)
iPhone 5/SE (320 × 568)
Android 手机 (360 × 640)

如果预设画板不能满足需求，可以使用“自定义大小”，自定义画板中 W 代表的是宽度 Weight、H 代表的是高度 Height。例如假设需要创建一个宽为 800px、高为 600px 的画板，在自定义大小中，在“W”栏中输入 800、在“H”栏中输入 600，然后单击画板图标，即可完成设置。

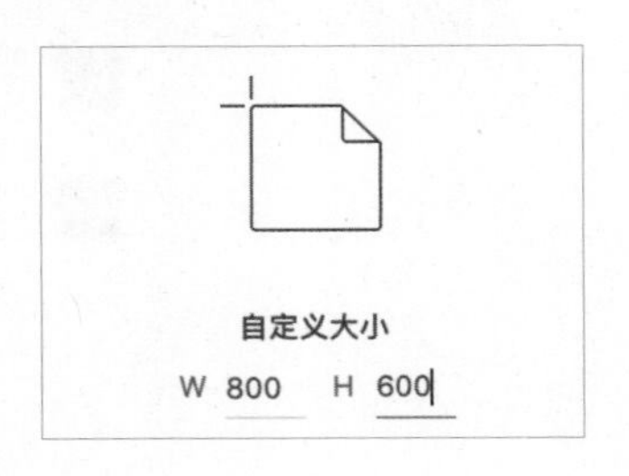

在启动页面的左侧导航中单击"附加设备"选项，即可进入 XD 附加设备页面。附加设备页面中展示了插件、用户界面套件、应用程序集成等信息，鼠标指针经过会显示可下载或可打开链接，单击相应图标可以下载或通过浏览器打开详细链接。插件可以扩展 XD 的能力，提高工作效率，用户界面套件可以让用户更快地开始设计，第三方集成可以让 XD 与其他软件互通。在后面的章节中，笔者会详细讲解插件、用户界面套件及应用程序集成的使用方法。

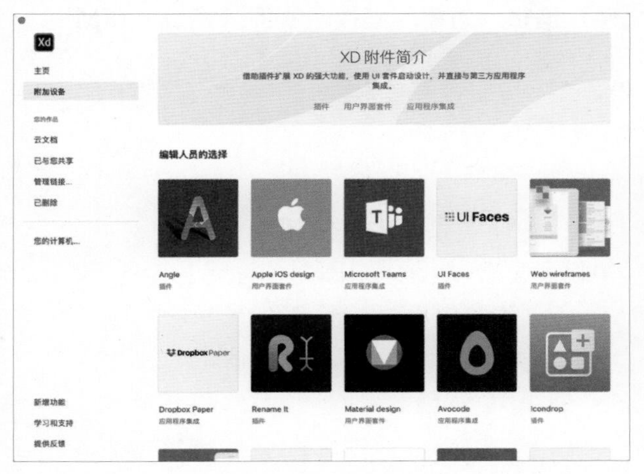

下面，笔者将对左侧导航中的其他选项内容做一下补充解释。

"云文档"选项：展示存储在 Adobe 云中的 XD 文件。

"已与您共享"选项：展示其他用户共享的 XD 文件。

"管理链接 ..."选项：通过浏览器打开在 XD 中共享链接的管理页面，可以进行查看和删除。

"已删除"选项：展示已删除的 XD 文件，在该页面可执行永久删除操作。

"您的计算机 ..."选项：单击可选择计算机中的文件用 XD 打开。

1.3.2 设计界面

XD 必须新建或打开一个文件才能进入到设计界面。在 1.3.1 节中提到，选择合适的画板后单击相应图标可以新建一个文件。使用移动端默认设置，然后单击移动端图标，创建一个包含 iPhone X/XS 375×812px 画板的 XD 文件，进入到设计界面。XD 设计界面包含导航栏、设计模式、原型模式、工具栏、画布和画板及属性检查器。

1.3.3 菜单栏

XD 在 Mac OS 操作系统中使用的是系统菜单栏。这个菜单栏包含“XD”“文件”“编辑”“对象”“插件”“视图”“窗口”及“帮助”等多个菜单命令。

XD 文件 编辑 对象 插件 视图 窗口 帮助

“XD”菜单：包含 XD 的“关于”“隐藏”“显示”及“退出”等操作命令。

“文件”菜单：包含各种文件的操作命令。

“编辑”菜单：包含各种编辑文件的操作命令。

“对象”菜单：包含“编组”“对齐”等对 XD 中对象进行操作的命令。

“插件”菜单：包含“使用”“查看”“管理”及“开发”等对 XD 插件进行操作的命令。

“视图”菜单：包含“放大”“缩小”等对视图进行设置的操作命令。

“窗口”菜单：包含“最小化”“缩放”等对界面进行操作的命令。

“帮助”菜单：包含各种帮助信息的链接。

XD 在 Windows 中的菜单被折叠，需要单击设计界面左上角的“菜单”图标≡来执行打开或关闭菜单操作。打开后，在这个菜单中基本包含了 XD 在 Mac OS 中的所有菜单操作命令。如左图所示为 XD 在 Windows 操作系统中的菜单截图，尽管其与 mac OS 操作系统中不完全一样，但在 Windows 操作系统中都能找到相同或类似的菜单内容，并不影响学习。

1.3.4 导航栏

导航栏在设计界面的最上方，包含“首页”按钮、模式切换区、文件命名区、视图大小区、原型预览区及共享区等导航命令。

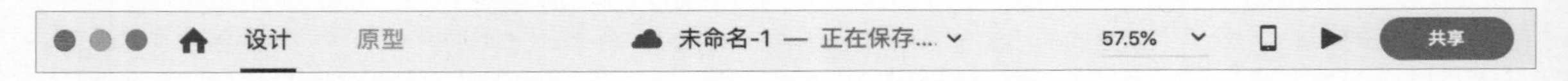

“首页”按钮：单击“首页”按钮，可以打开启动界面。

模式切换区：可对“设计”和“原型”模式进行切换。

文件命名区：显示文件名称。单击文件名称后的下拉箭头可重命名文件、修改文件的保存位置。

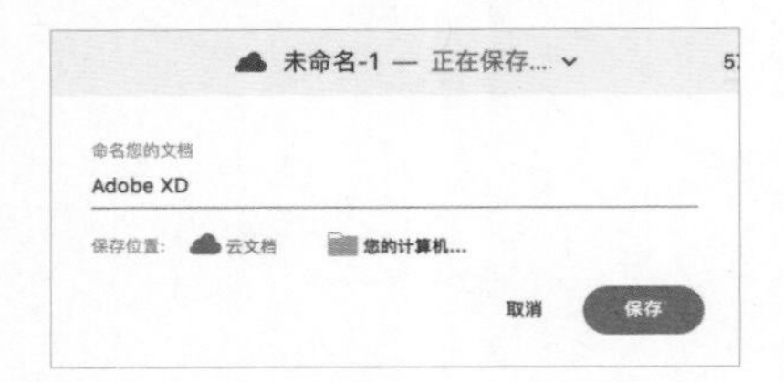

视图大小区：显示当前文件缩放显示的百分比。在文本框中输入数值，可改变文件在窗口中的显示比例，可输入的最小值为 2.5%，最大值为 6400%。单击下拉箭头，可快速选择较为常用的百分比数值。

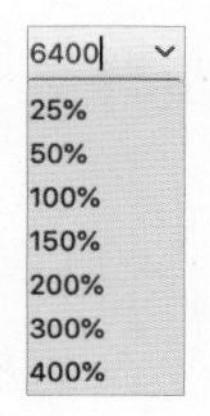

原型预览和共享区：该区域可将制作的原型在电脑桌面端、手机端进行预览或共享给其他人查看（在后面章节中会有详细讲解）。

此外，双击导航栏的空白区域，可以放大或缩小窗口。

1.3.5　设计模式

在 XD 中，无论是新建文件，还是打开文件，默认进入的都是设计模式。在 XD 中所有的设计工作都需要在设计模式下来完成。在设计模式下，主界面的内容包含有①工具栏、②资源 / 图层面板、③画布、④画板，以及⑤属性检查器。

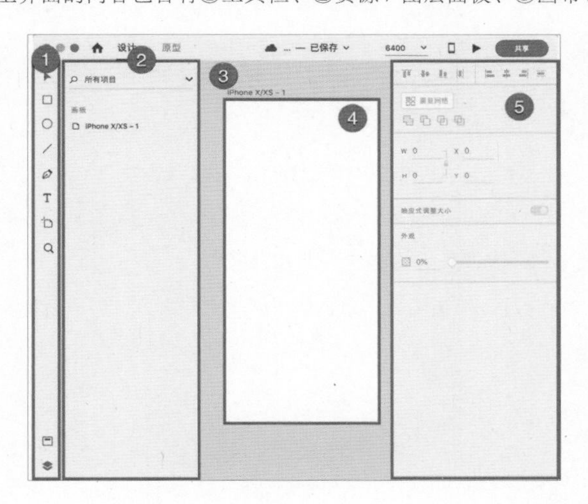

1.3.6　工具栏

工具栏包含“选择”工具、“矩形”工具、“椭圆”工具、“直线”工具、“钢笔”工具、“文本”工具T、“画板”工具、“缩放”工具、“资源”按钮及“图层”按钮。在 XD 中，所有的设计都需要使用这些工具来完成。关于工具的详细用法会在后面章节中进行讲解。

1.3.7　资源 / 图层面板

通过工具栏中的“资源”按钮和“图层”按钮可以打开、关闭及切换“显示资源”面板或“图层”面板。“资源”面板包含当前文件的资源信息，“图层”面板包含当前文件的图层信息。资源面板和图层面板不能同时显示，但能同时不显示。

1.3.8 画布和画板

画布是 XD 的设计工作区。每一个 XD 文件中只有一个画布，并默认为灰色。

一个画布上可以创建多个画板，画板可以是相同尺寸用来设计同一个产品的不同界面，也可以是不同尺寸来设计适配不同的终端，默认为白色。每一个画板左上角都会有一个画板名称。

在画布和画板上均可放置设计内容，但实际工作只会使用画板上的内容，用户可以在画布上存放一些辅助或备用的内容。一个对象部分内容在画板外，在没有选中画板的情况下，画板外的内容会被隐藏。

1.3.9 属性检查器

属性检查器根据正在编辑的图层或正在使用的工具的不同属性显示不同内容，并且分为多个区域。通过属性检查器，用户可以对正在编辑的图层或正在使用的工具进行属性调整。

属性检查器中常见的属性有位置和宽高属性、外观属性、文本属性及样式属性等，同时包含“对齐”工具组、“重复网格”工具组及“布尔运算”工具组等。

CHAPTER 2

第 2 章

XD 的基本操作

本章将对XD的一些基本操作进行详细讲解与分析。通过本章的学习，大家可以对XD有基本的了解，方便进一步学习软件操作。

2.1 文件管理

掌握 XD 文件的新建、打开、保存及关闭操作是使用 XD 的第一步。前面的章节已经讲解了 XD 文件的新建操作，本章首先来学习一下 XD 文件的打开、保存和关闭操作。

2.1.1 打开一个文件

XD 存储的可编辑的源文件格式为 XD 格式，除了 XD 格式的文件 ,XD 还能打开 SKETCH、AI 及 PSD 格式文件进行查看和编辑。

在 XD 的启动页面中单击的“您的计算机 ...”选项，系统会自动打开文件管理器，在其中选择一个后缀名为 .xd、.sketch、.ai 或 .psd 的文件，单击“打开”按钮，可以打开查看该文件；单击“取消”按钮，可以取消打开文件。执行“文件 > 从您的计算机中打开 ...”菜单命令也能打开计算机中的文件。

如果暂时没有可以使用的文件，单击启动页面中的“开始教程”按钮（开始教程），可以打开 XD 软件中自带的 XD 格式的学习文件。

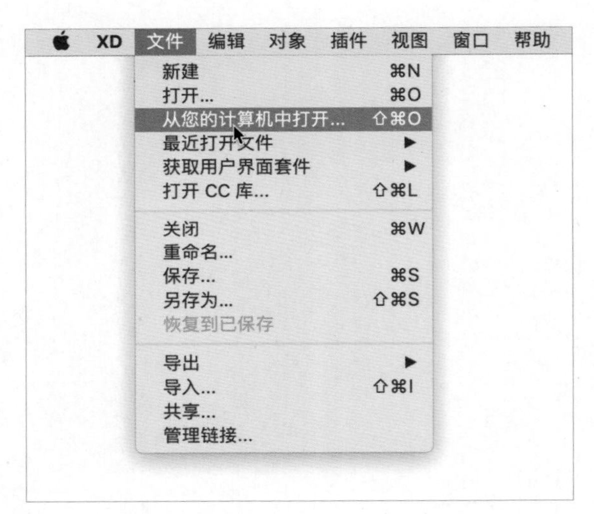

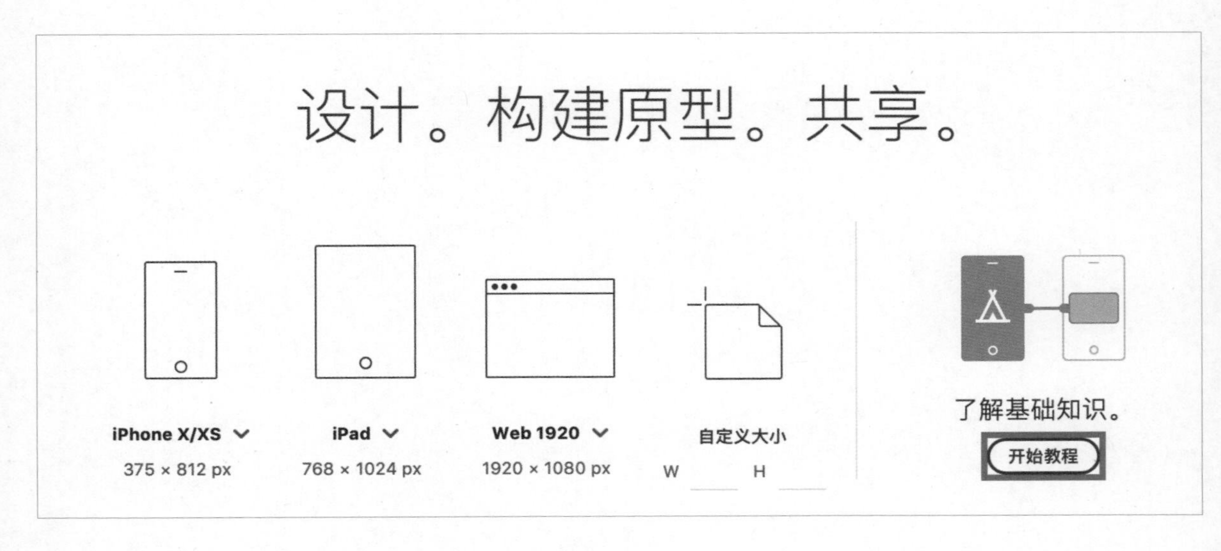

2.1.2 文件保存

保存文件是必要的操作步骤，随时保存文件能避免文件意外丢失，并且保存好的文件可以重新打开再编辑。在 XD 中，新建的文件会自动保存在云文档中，在启动页面中单击左侧导航栏的“云文档”选项，可以查看云文档中的文件列表。

当需要将制作好的文件保存在本地计算机中时，可执行“文件 > 保存”菜单命令，或使用快捷键 Command+S（Mac OS）或 Ctrl+S（Windows）进行保存。第一次执行“文件 > 保存”菜单命令，或使用快捷键 Command+S（Mac OS）或 Ctrl+S（Windows）保存文件时，会从导航栏的文件名称位置弹出一个“命名您的文档”对话框，在对话框中可输入自定义名称，选择“保存位置”为“您的计算机 ...”，并单击“保存”按钮即可完成保存在本地计算机的操作。

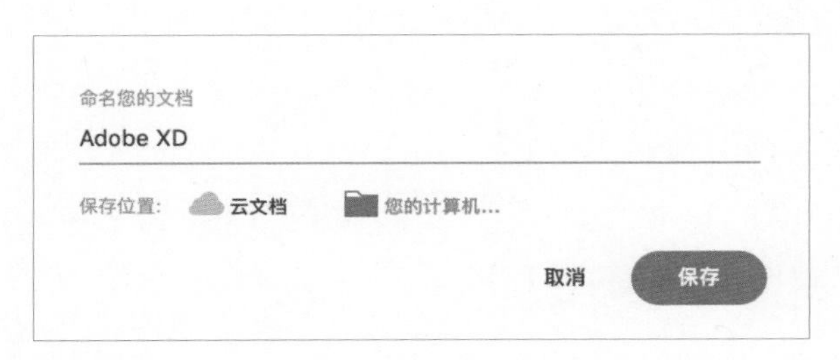

如果需要为文件保存副本，只需执行“文件 > 另存为”菜单命令，或使用快捷键 Command+Shift+ S（Mac OS）或 Ctrl+Shift+S（Windows）进行保存。保存副本是一个良好的习惯，当文件意外丢失时可以直接使用副本，同时在设计的产品有重大改版、更新时建议保存一个或多个副本，避免需要回退到之前的版本时需要重新设计修改，毕竟改回第一版这种需求情况时有发生。

2.1.3 文件保存状态

XD 中的文件有 3 种状态，分别为“已保存”“已编辑”和“正在保存 ...”，状态会在导航栏文件名称后方显示。

保存在云文档中的文件，打开时默认显示为“已保存”状态，对已保存的文件执行任何操作后都会显示为“已编辑”状态，XD 会自动执行保存操作，显示为“正在保存 ...”状态，保存完成后显示为“已保存”状态。

保存在本地计算机中的文件，打开时同样默认显示为“已保存”状态，对已保存的文件执行任何操作后会显示为“已编辑”状态。

未命名-1 — 已保存　未命名-1 — 已编辑　未命名-1 — 正在保存...

技巧提示

需要注意的是，保存在本地计算机中的文件不会执行自动保存操作，需要执行“文件 > 保存”菜单命令，或使用快捷键 Command+S（Mac OS）或 Ctrl+S（Windows）进行保存，已经选择保存位置的文件不会再有弹窗显示，状态直接显示为“正在保存 ...”状态，保存完成后显示为“已保存”状态。

2.1.4 关闭文件

在关闭文件前需要查看文件保存状态是否显示为“已保存”状态，如果不是，未保存的设计部分可能会丢失。执行“文件 > 关闭”菜单命令，或使用快捷键 Command+W（Mac OS）或 Ctrl+W（Windows）可关闭文件。若当前文件有未保存的部分，这时会弹出提示框，单击提示框中的“存储”按钮 存储 ，将存储对当前文件所做的更改；单击“不存储”按钮 不存储 ，对当前文件所做的更改未保存的部分将会丢失；单击“取消”按钮 取消 ，将取消保存并继续编辑文件。

关闭文件后系统将回到启动页面，这时可新建文件或关闭 XD。

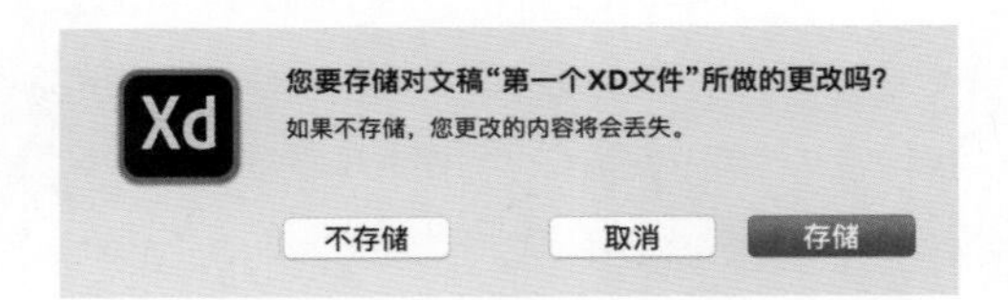

2.1.5 撤销和重做

在设计过程中，经常会遇到执行了错误的操作或对一部分效果不满意的情况。使用 XD 进行设计时，可以随时执行撤销即恢复到上一步操作，快捷键为 Command+Z（Mac OS）或 Ctrl+Z（Windows），多次使用可撤销多步。撤销后可以使用“重做”命令恢复撤销的内容，快捷键为 Command+Shift+Z（Mac OS）或 Ctrl+Shift+Z（Windows）。在 XD 菜单栏的“编辑”菜单中也可以找到“撤销”和“重做”命令来执行撤销和重做操作。

2.2 视图管理

观看在线教学视频

在 XD 中显示设计内容的区域为视图区域。在设计的过程中，视图所显示的区域和大小可以进行调整，调整显示大小并不会改变文件中元素和画板的尺寸。通过改变视图的显示区域和大小，可以更方便快捷地进行设计工作，如缩小查看整体效果、放大调整某一区域的细节等。

XD 视图无默认显示比例。打开任何一个文件，视图都会自动缩放以显示当前文件中的全部内容。单击 XD 启动页面中的“开始教程”按钮 开始教程 ，打开 XD 学习文件，视图显示比例为 6.2%。同时，不同的显示器分辨率不同，打开显示的比例数值也不相同。

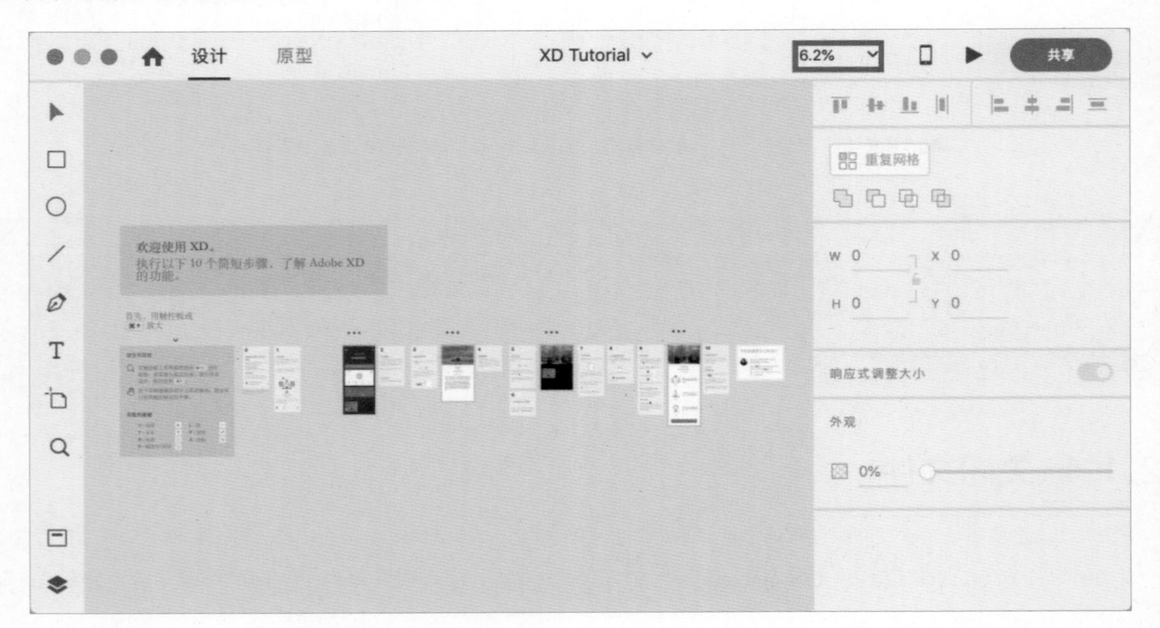

2.2.1 放大视图显示比例

使用快捷键 Command++（Mac OS）或 Ctrl++（Windows）可对文件执行显示视图并依次放大的操作。例如，将视图显示比例从 6.2% 依次放大到 10%、15%、25%、33%、50% 及 100%。XD 支持的视图显示最大比例为 6400%。

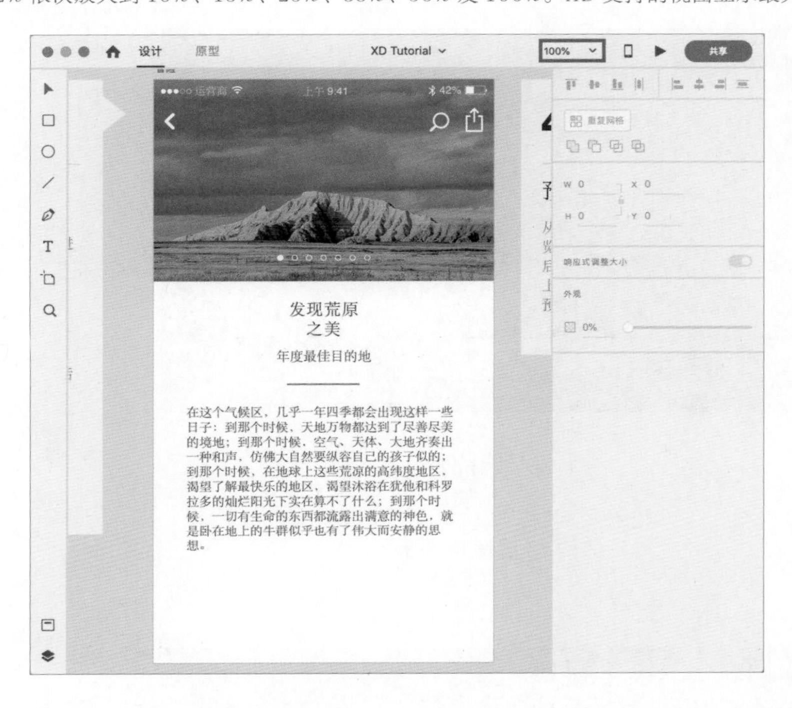

选择工具栏中的“缩放”工具，此时鼠标指针变为“放大”图标，单击画板中任意一点，视图的显示比例就会放大。在视图显示比例为 100% 的基础上单击，视图显示比例将变为 200%。

按住鼠标左键并拖动鼠标指针会出现一个选择框。松开鼠标左键，选择框内的区域会在整个设计工作区域内最大化显示。

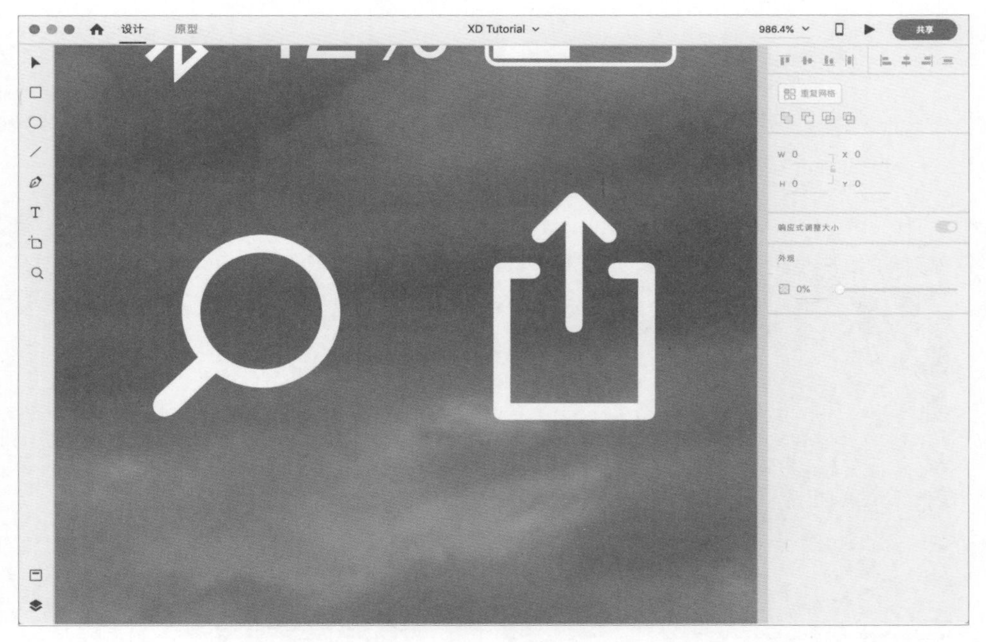

2.2.2 缩小视图显示比例

使用快捷键 Command+-（Mac OS）或 Ctrl+-（Windows）可执行显示视图并依次缩小的操作。XD 支持的视图显示最小比例为 2.5%。

选择工具栏中的"缩放"工具，此时鼠标指针变为"放大"图标，按住 Option 键（Mac OS）或 Alt 键（Windows）不放，鼠标指针变为"缩小"图标。单击画板中任意一点，视图的显示比例会缩小。在视图显示比例为 800% 的基础上单击，视图显示比例将变为 700%。

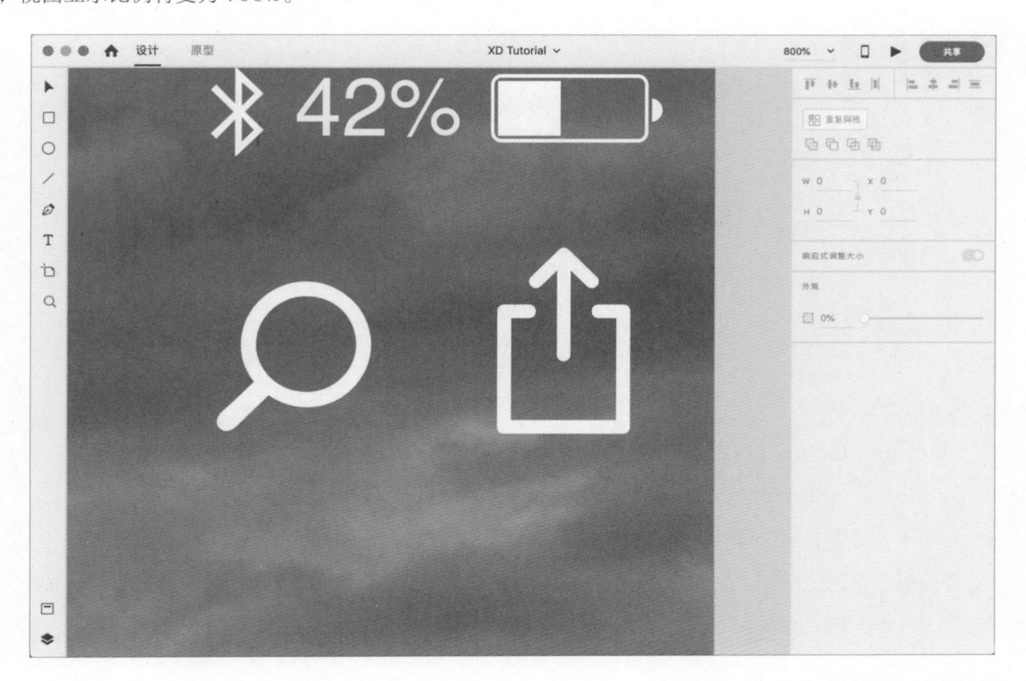

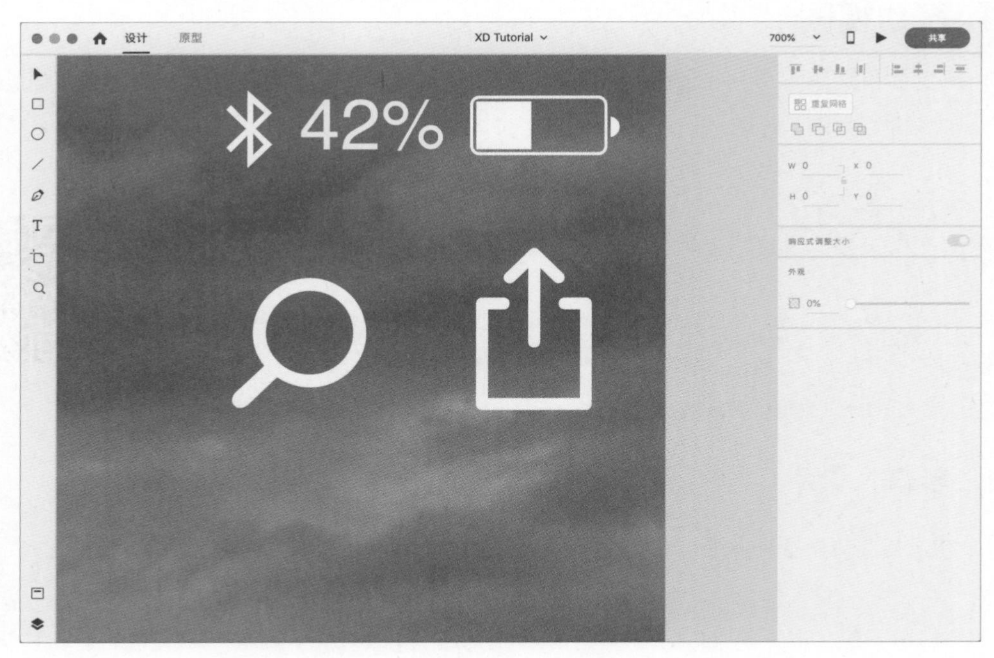

2.2.3 缩放视图至指定显示比例

在导航栏的视图显示比例数值上单击可以输入精确的数值，输入数值后按回车键或单击空白区域，可以缩放视图至指定显示比例。

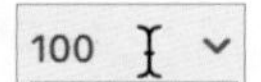

单击导航栏的视图显示比例数值右侧的下拉箭头，会出现“常用显示比例”下拉列表。在下拉列表中包含25%、50%、100%、150%、200%、300%和400%7个常用显示比例，单击可以快速选择并应用。

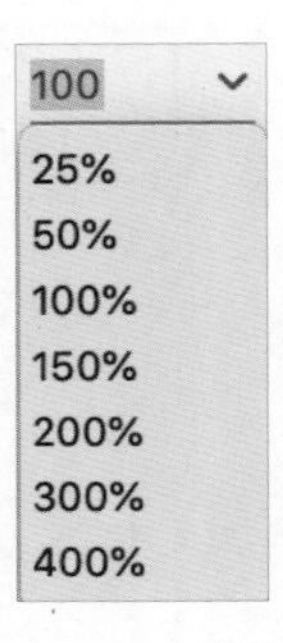

XD支持使用快捷键将视图缩放至部分指定的显示比例，具体说明如下。

快捷键Command+0（Mac OS）或Ctrl+0（Windows）：在视图范围内显示全部内容。

快捷键Command+1（Mac OS）或Ctrl+1（Windows）：视图以100%比例显示。

快捷键Command+2（Mac OS）或Ctrl+2（Windows）：视图以200%比例显示。

选中设计区域中的部分内容后，按快捷键Command+3（Mac OS）或Ctrl+3（Windows），被选中的部分将在设计区域内以最合适且更大的比例显示。

2.2.4 移动视图

在视图的显示比例放大后，视图区域不能显示全部的设计内容。在英文输入法下按住空格键，并待鼠标指针变为手的形状后拖曳画布，可以移动视图来查看或编辑每一个区域。

2.3 选择工具

观看在线教学视频

在需要对某个对象进行移动、修改等操作时，首先需要选中该对象。这时候一般会使用到“选择”工具。单击“选择”工具，“选择”工具会变为蓝色，在设计区域单击任何一个对象都可将其选中。同时，在XD中处于激活状态的内容均显示为蓝色。

2.3.1 多选

选中一个对象后，按住Shift键并单击其他对象，可以同时选中多个对象。再次单击选中的对象，可以取消选择当前对象。

使用“选择”工具，然后在合适的位置按住鼠标左键不放并拖动鼠标指针，可以框选多个内容。

技巧提示

使用快捷键Command+A（Mac OS）或Ctrl+A（Windows）可以全选当前画板中的所有对象。在全选状态下，使用快捷键Command+Shift+ A（Mac OS）或Ctrl+Shift+A（Windows）可以取消全选。

2.3.2 选择对象内部的元素

需要选中路径的某个锚点，双击当前路径后可以进行选择，锚点同样支持多选。

需要选中组的内部的某个对象，双击组可以进入组的内部选择。

多层嵌套的元素可多次双击来选择，如包含编组的重复网格，双击重复网格可选择重复网格中的编组，选择编组后再次双击编组可选择编组中的元素。

按住 Command 键（Mac OS）或 Ctrl 键（Windows）并移动鼠标指针，鼠标指针经过组、符号及重复网格时，组、符号或重复网格内部的元素会高亮显示，单击可以直接选中。

> **技巧提示**
>
> 选择对象后，通过方向键可对其进行移动操作，每单击一次上、下、左、右方向键，选中的对象往上、下、左、右方向移动 1 个单位。按住 Shift 键，每单击一次上、下、左、右方向键，选中的对象往上、下、左、右方向移动 10 个单位。

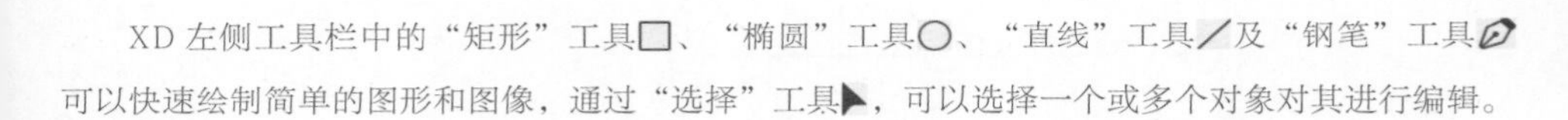

2.4 绘制基础形状

XD 左侧工具栏中的“矩形”工具、“椭圆”工具、“直线”工具及“钢笔”工具可以快速绘制简单的图形和图像，通过“选择”工具，可以选择一个或多个对象对其进行编辑。

2.4.1 绘制矩形和圆角矩形

新建一个空白的 XD 文件，选中左侧工具栏中的“矩形”工具（或按快捷键 R），此时鼠标指针变为“十字右下角有一个小矩形”的状态，在画板中按住鼠标左键不放，即可以拖动的距离为对角线绘制一个矩形。按住 Option 键（Mac OS）或 Alt 键（Windows）可以从鼠标指针落点的地方为中心开始绘制矩形。

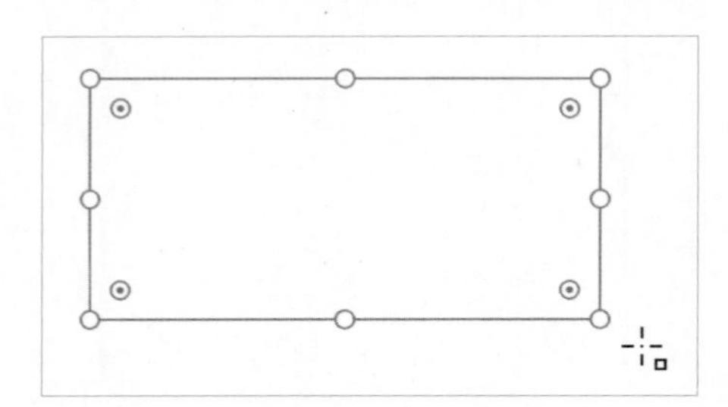

如果需要绘制一个正方形，在拖动鼠标指针的同时，按住 Shift 键，即可以拖动的距离为对角线绘制一个正方形。

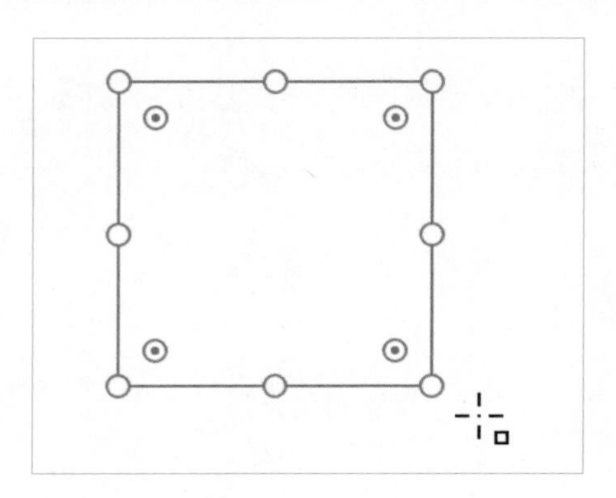

绘制完成的矩形或正方形上有 8 个空心圆圈○和 4 个内有圆点的圆圈⊙。将鼠标指针放在顶部、右侧、底部及左侧中间的这 4 个位置的空心圆圈○上，然后按住鼠标左键不放并拖动鼠标指针，可以以相反方向为基准在当前方向上修改形状的大小。将鼠标指针放在左上角、右上角、右下角及左下角这 4 个位置的空心圆圈○上，然后按住鼠标左键不放并拖动鼠标指针，可以以相反方向的顶点为基准在当前方向上同时修改宽和高的大小。拖动鼠标指针时按住 Shift 键，可以锁定宽高比并以等比例形式缩放图形。

4 个内有圆点的圆圈⊙属于“半径编辑”手柄，在任意一个“半径编辑”手柄上按住鼠标左键不放并将手柄向矩形的中心拖动，可以同时修改矩形 4 个角的圆角大小，制作出圆角矩形。

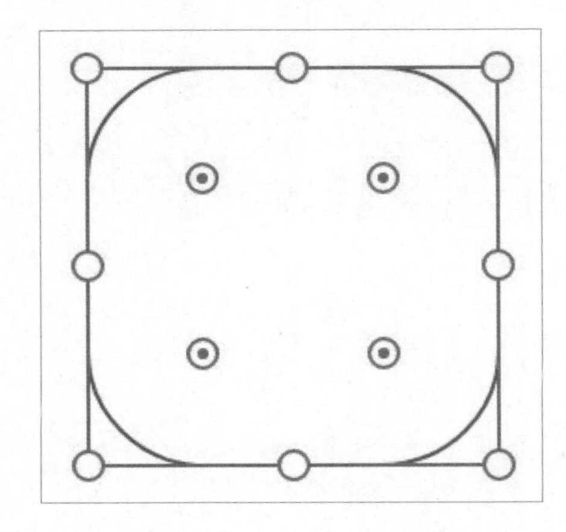

如果需要单独调整某一个角，可以按住 Option 键（Mac OS）或 Alt 键（Windows）并拖动“半径编辑”手柄⊙，这时只会更改选中的圆角半径。

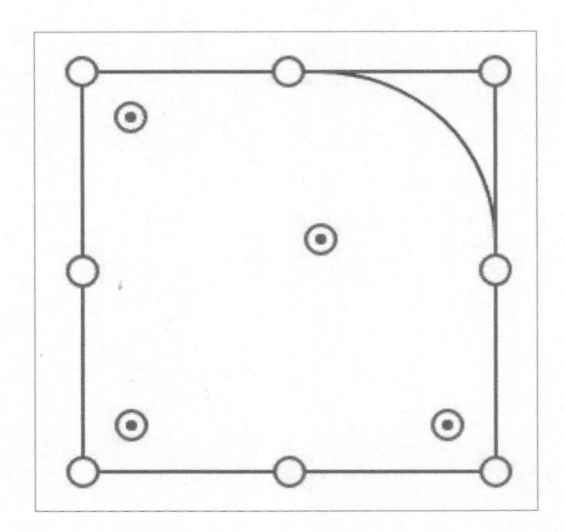

技巧提示

在后面的章节中，还将讲解如何通过属性检查器更精确地设置图形的“宽高”和“圆角”属性。

2.4.2 绘制椭圆和圆

在左侧工具栏中单击“椭圆”工具○（快捷键 E），然后按住鼠标左键不放并拖动鼠标指针，可以得到一个椭圆。按住 Option 键（Mac OS）或 Alt 键（Windows）可以以鼠标指针落点的地方为中心开始绘制椭圆。

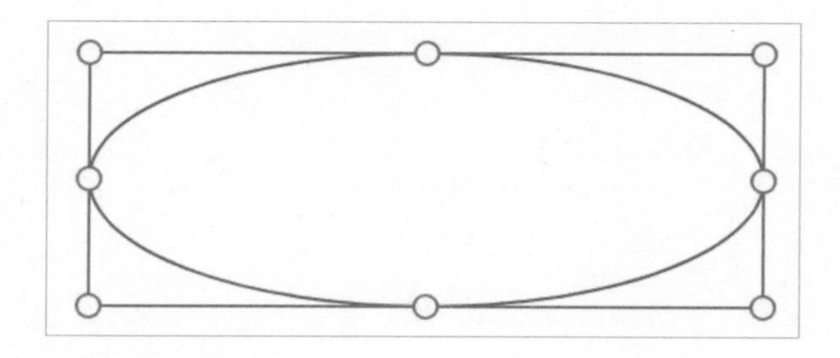

如果需要绘制一个正圆，在拖动鼠标指针的同时按住 Shift 键即可。

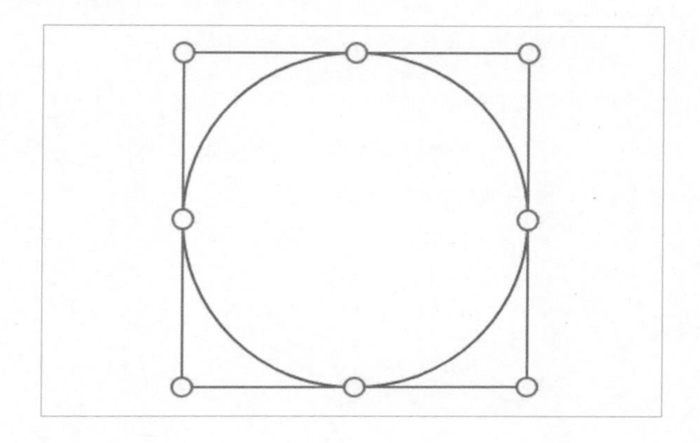

2.4.3 绘制直线

在左侧工具栏中单击“直线”工具（快捷键 L），然后按住鼠标左键不放并拖动鼠标指针，可以得到一条直线，按下鼠标左键和松开鼠标左键的位置分别是直线的起点和终点。拖动鼠标指针时按住 Shift 键，可以得到以 45° 角为倍数的角度的直线，如水平方向（0° ）的直线、垂直方向（90° ）的直线等。

2.5 钢笔工具

观看在线教学视频

在 XD 中，“钢笔”工具主要用来创建路径。“钢笔”工具除了可以用来绘制直线，还可以勾画出平滑的曲线，完成使用基础形状工具无法完成的工作。

2.5.1 绘制直线

在左侧工具栏中单击“钢笔”工具（快捷键 P），然后选择一个起点并进行单击，将定义第一个锚点。移动并再次单击可以创建一条线段（如果在鼠标指针移动的过程中按住 Shift 键，线段的角度将被限制为 45° 的倍数），空心的圆○为锚点，锚点被选中后显示为实心的圆●。继续移动鼠标指针并单击可以添加更多的锚点，并以此来创建更多的线段。如果需要断开路径，按下 Esc 键即可退出。要闭合路径，需要在定义的第一个锚点上进行单击，并通过闭合路径来创建一个形状。如果不想闭合路径而是选择并拖动第一个锚点，可通过按住 Command 键（Mac OS）或 Ctrl 键（Windows）来实现。

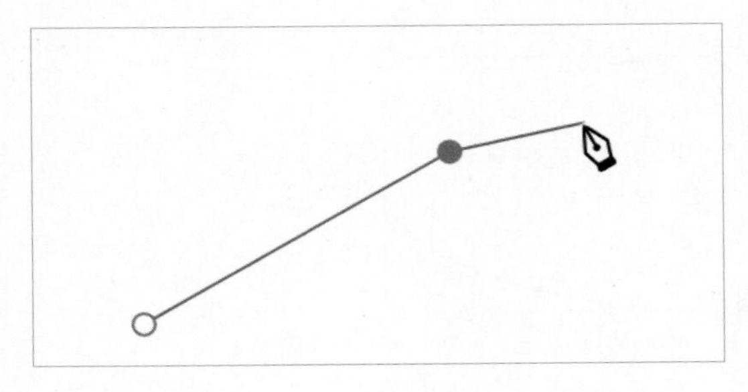

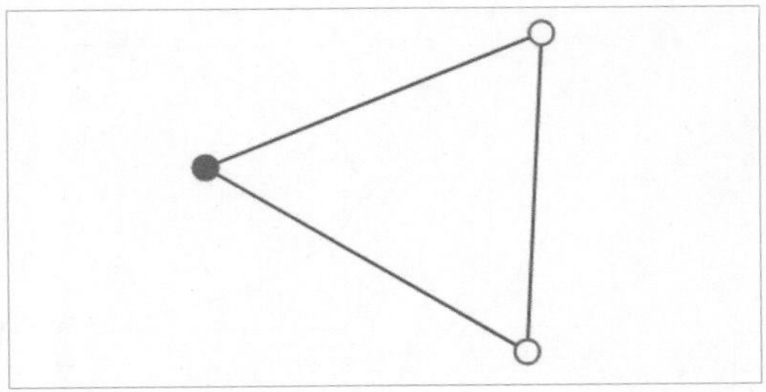

2.5.2 绘制曲线

使用“钢笔”工具可以轻松地绘制曲线。在定义第一个锚点后，在曲线改变方向的位置按住鼠标左键不放，然后添加一个锚点并拖动它，即可创建一条曲线，并且此时会出现两条方向线。方向线的长度和角度可以决定曲线的形状，拖动方向线可修改方向线的长度和角度，曲线的形状也会随之改变。

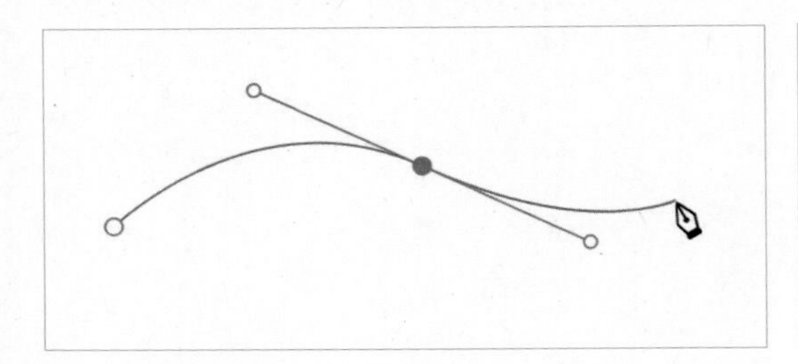

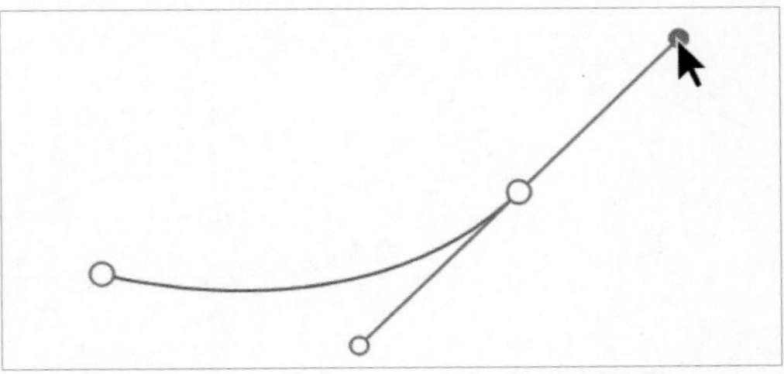

2.5.3 编辑路径

“钢笔”工具除了可以绘制路径，还可以对现有路径进行编辑。双击任何一个形状或路径，进入“路径编辑”模式。在此模式下可以单独对一个或多个锚点进行移动、直角点 / 曲线点转换及删除操作，同时也能增加锚点。锚点为实心圆●是选中状态，空心圆○是未选中状态。

在选中状态下，单击 Delete 键可删除锚点；按住 Shift 键并单击其他空心圆状态的锚点可以多选锚点；双击锚点可以在直角点与平滑点之间进行转换，在路径上单击可以增加锚点。

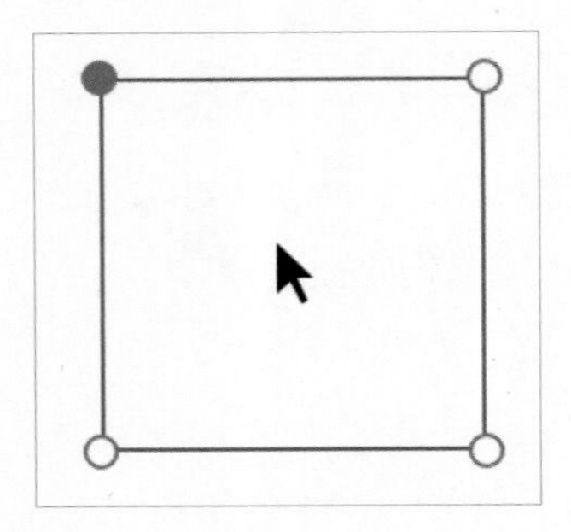

2.5.4 禁用锚点对齐

在创建定义的第一个起点后的锚点时，鼠标指针靠近前面的锚点的垂直或水平方向，且会自动吸附到前面的锚点的垂直或水平方向上，此时会显示一条蓝色的对齐线。如果需要禁用，可按住Command键（Mac OS）或Ctrl键（Windows）临时禁用。

技术专题：断开路径

【演示视频：断开路径】

在 XD 中绘制矩形或椭圆默认支持断开路径。例如想删除一个矩形的某一条路径，不能单独选择某条路径，但是双击可以选择单独的锚点。选择一个锚点后按下 Delete 键删除该锚点，会发现矩形变成了一个三角形，仍然是闭合的路径。

目前在 XD 界面和 XD 官网上都找不到任何关于断开路径的信息。但是笔者发现使用快捷键 Option+Delete（Mac OS）或 Alt+Delete（Windows）可以实现断开路径的操作，但仍有一定的局限性。双击选中矩形中的任意一个锚点（如右上角的锚点），然后按快捷键 Option+Delete（Mac OS）或 Alt+Delete（Windows），会发现确实删除了一条路径，但是删除的路径与选择的锚点无关。

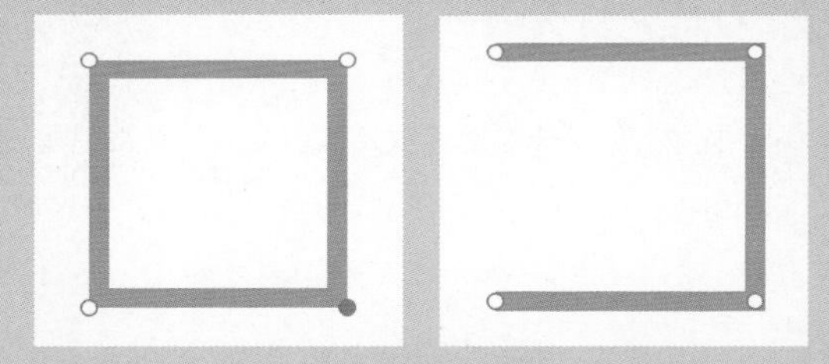

笔者经过实际测试发现，选中任意路径双击选择其任意锚点后，使用快捷键 Option+Delete（Mac OS）或 Alt+Delete（Windows）删除一条路径，都是删除该形状的顺时针方向的最后一条路径。双击圆形选中任意锚点，使用快捷键 option+Delete（Mac OS）或 Alt+Delete（Windows）删除一条路径，可得到环形的 3/4 部分。

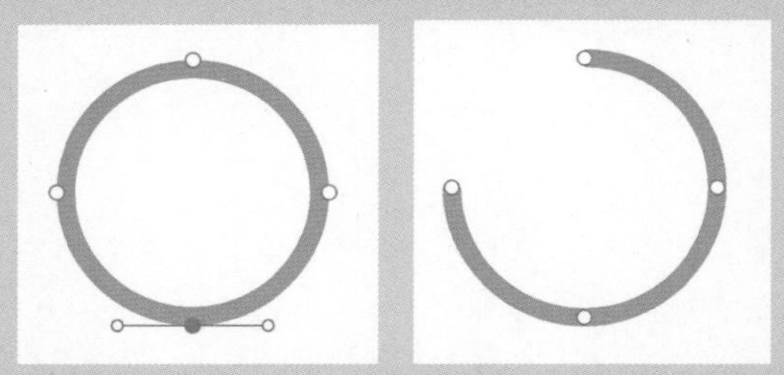

在实际操作中，可以通过添加的锚点来删除更小的一段路径。例如，需要一个完整度为 80% 左右的环形图时，可先绘制一个圆形，在圆形的路径上左上角的位置添加一个锚点，然后使用快捷键 Option+Delete（Mac OS）或 Alt+Delete（Windows）删除一条路径即可。

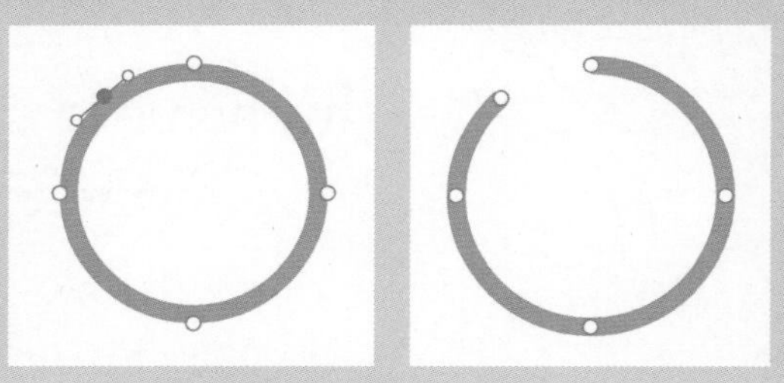

2.6 文本工具

观看在线教学视频

“文本”工具T（快捷键 T）主要用于创建文本，文本分为点文本和区域文本。点文本默认只有一行，高度与文字的高度相同，宽度由文字内容的多少决定，一般不需要换行也不会超出页面区域的短文本（如标题“热门商品”）会创建点文本。区域文本需要设置宽和高，输入时若一行文字的宽度大于区域文本的宽度会自动换行，一般大段文字（如有上百字的段落）会创建区域文本。

2.6.1 点文本

在左侧工具栏中单击“文本”工具T（快捷键 T），在需要输入文字的地方单击即可创建点文本，此时可输入文字内容，按 Esc 键可提交文本，按回车键可对文本进行换行。

2.6.2 区域文本

与点文本不同的是，区域文本需要通过按住鼠标左键不放并拖动鼠标指针来创建一个文本框。在文本框内单击可以输入文本，当文本的宽度达到文本区域的宽度，文本会进行自动换行。超过文本区域高度的文本仍然会显示，但按下 Esc 键提交后，超出文本区域的内容会被隐藏，按回车键可以进行手动换行。

2.6.3 拼写检查

拼写检查是一项比较智能的功能。可以在 XD 菜单的“编辑”菜单中找到并开启“拼写和语法”功能。开启该功能后，输入的英文文本存在错误时系统会进行提示。不过需要注意的是，这里的文本拼写检查目前并不支持中文。

在拼写错误的单词下方会显示红色下画线。例如，输入“my neme is”，在“neme”的下方会出现红色下画线表示单词拼写错误。此时在“neme”上单击鼠标右键，会自动弹出正确的建议列表，只需要选择正确的“name”字样，系统会自动进行单词替换。

自动更正的词的下方会显示蓝色下画线。句子中出现语法错误时，会显示绿色的下画线。

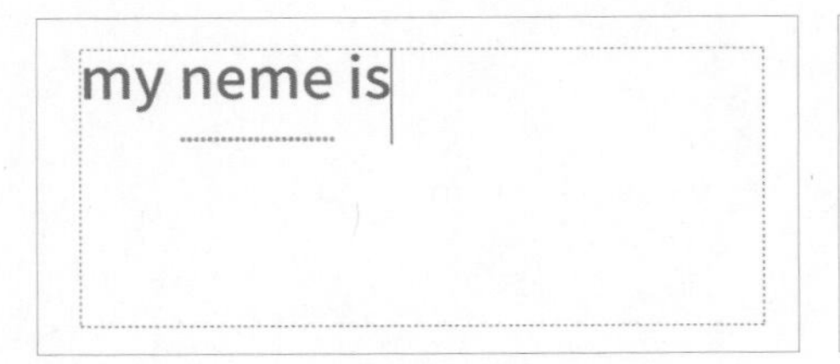

2.7 画板工具

观看在线教学视频

在启动页可以创建含有单个画板的 XD 文件。单击左侧工具栏中的画板工具（快捷键 A），可以对画板进行管理、修改画板尺寸及修改画板名称，使其看上去更加规范。在同一个 XD 文件中，可以创建多个相同尺寸的画板，用来设计同一个产品的不同界面（如主页、列表页及文章页等），也可以创建多个不同尺寸的画板，用来设计同一个界面在不同设备（如手机端、计算机端及平板端等）中的排版方式。

2.7.1 增加画板

在启动页单击“移动端”图标，创建一个默认的包含 iPhone X/XS 画板的空白文件，单击“画板”工具（快捷键 A），此时右侧属性栏会变为“画板”选项。“画板”选项偶尔会新增在属性栏最下方。鼠标指针移动到属性栏，并将右侧显示的滚动栏往下拖动，即可看到新增的“画板”选项。“画板”选项分为四类，移动端按厂商分为三类，分别为 APPLE、GOOGLE 及 MICROSOFT，电脑端单独一类为 WEB 端，根据设计需求选择对应的产品型号，并单击其名称，将会在画布上自动创建画板，分别单击“Android 手机 360 × 640”“Web 1280”“iPhone X/XS”，可自动创建出这 3 种画板。

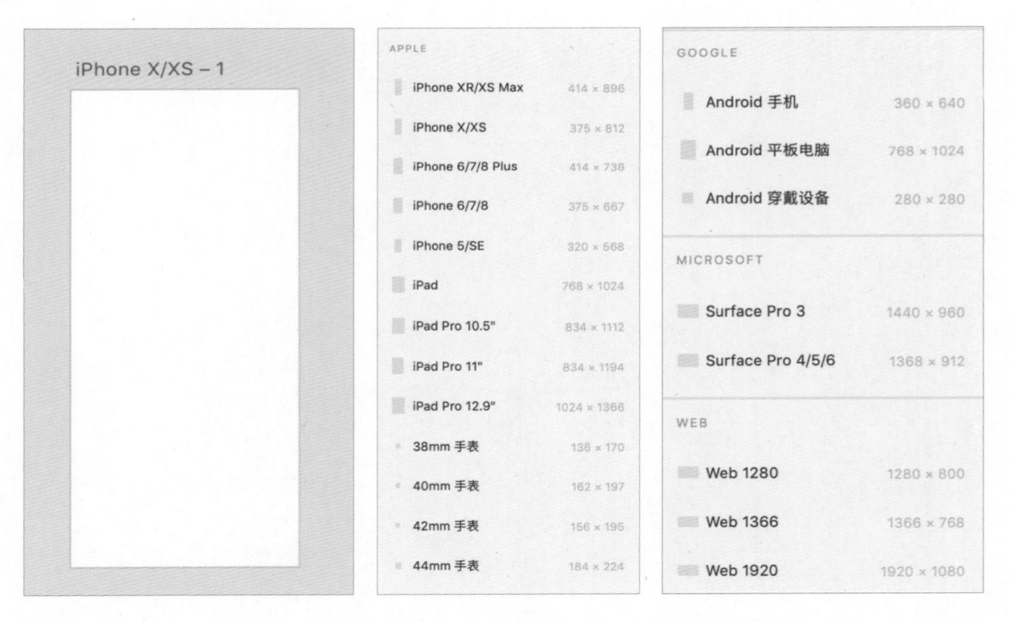

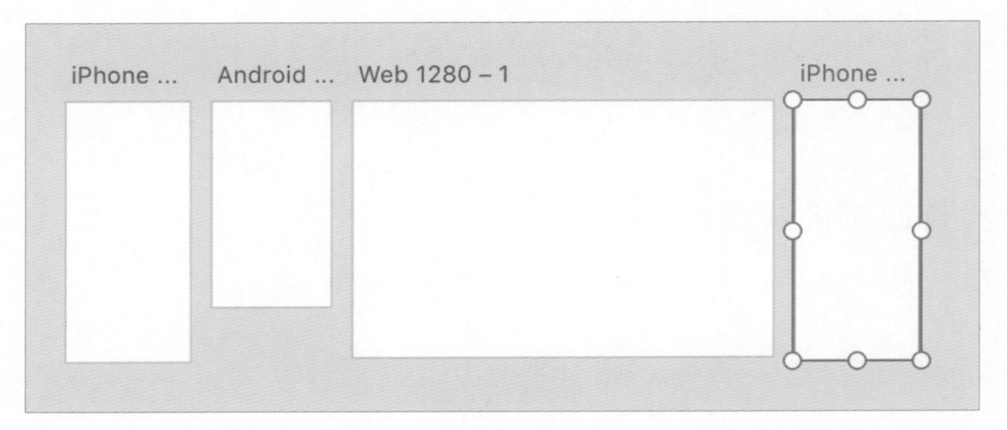

在“画板”工具激活的状态下，将鼠标批针移动到画布右侧的空白区域，然后单击一下，可以创建一个与前一个画板尺寸相同的画板，新的画板将自动摆放在合适的位置。将鼠标指针移动到画布下方的空白区域，然后单击一下，新创建的画板则摆放在第一个画板的下方合适的位置。

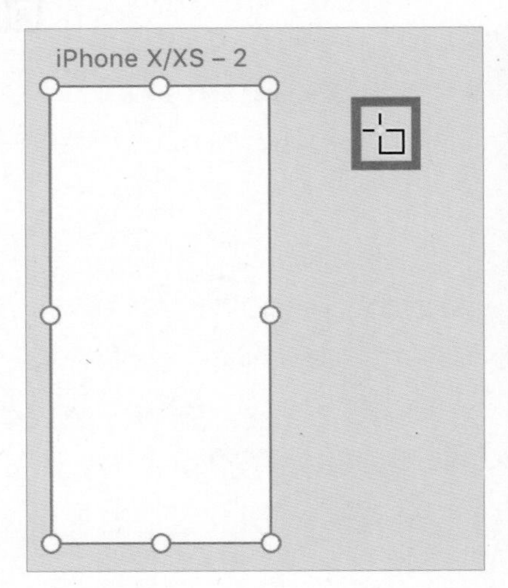

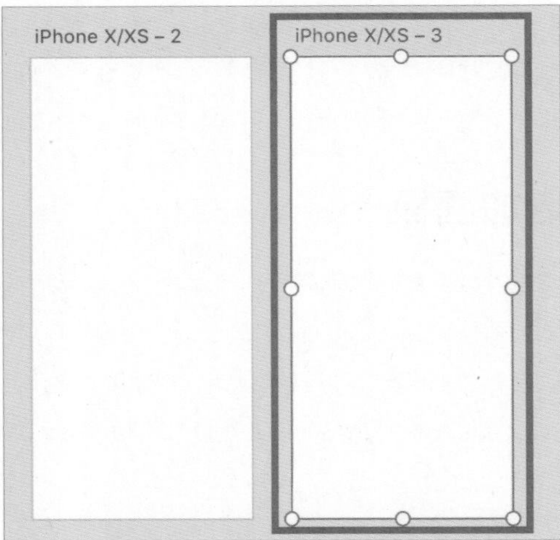

2.7.2 修改画板名称

单击画板左上角的画板名称，可以选中画板。双击画板名称，名称会变为可编辑状态。在“选择”工具、“矩形”工具、“椭圆”工具、“直线”工具、“钢笔”工具、“文本”工具及“画板”工具激活状态下，都支持单击选中画板和双击编辑画板名称的操作，只有在使用缩放工具的状态下不支持。

输入画板名称，按回车键可提交保存，按 Esc 键可取消保存。

2.7.3 修改画板尺寸

在界面设计的过程中，内容的高度往往会超过一个画板的高度，这时选中画板可以对其尺寸进行调整。单击画板名称并选中画板，这时画板边缘四周会出现 8 个空心圆◯的控制点，拖动控制点◯可在当前方向上修改画板尺寸。在通常情况下，只需要选择最下方的控制点◯，然后向下拖动来修改画板的高度。在必要的情况下，也可以在选中画板后通过拖动画板右侧的控制点◯来修改画板的宽度。

2.8 隐藏的辅助功能

观看在线教学视频

如今，参考线和标尺是设计软件的标配。参考线和标尺主要是辅助设计师在设计过程中完成精准、精确的设计，但是在 XD 中却没有它们的身影，且无法打开或创建。那么，这是不是意味着在 XD 中做设计相比其他软件要更困难呢？答案是不一定。

在 XD 中，虽然没有参考线和标尺这些有效的辅助功能，但是其拥有的距离测量、智能参考线及自动吸附等辅助功能却有可能替代甚至超越参考线和标尺这两种功能。

2.8.1 距离测量

在 XD 中，选中一个矩形对象并按住 Option 键（Mac OS）或 Alt 键（Windows），XD 会自动测量距离并显示测量值。如果选中的对象不是矩形，XD 会在选中的对象周围绘制矩形界定框，从界定框的边界开始测量。选中多个对象时，只会绘制一个界定框。

选中任意一个对象，按住 Option 键会默认显示当前对象到画板距离测量值，如下图选中的矩形对象所在位置为当前画板的 x 轴为 135、y 轴为 36 的位置。

选中任意一个对象，按住 Option 键并拖动鼠标指针使其经过其他对象，会显示两个对象之间距离的测量值，如下图两个元素的上下间距为 11，左右间距为 25。

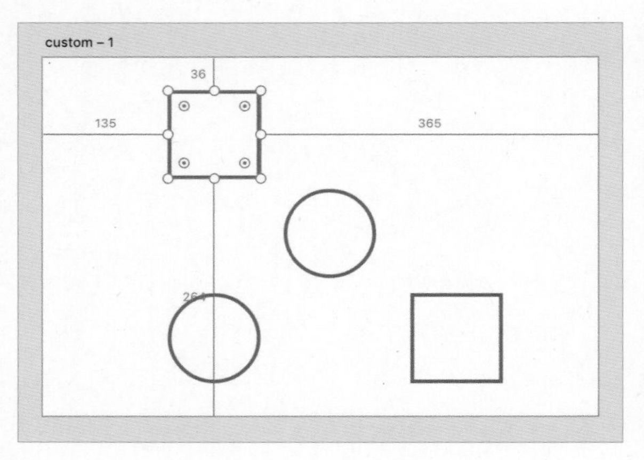

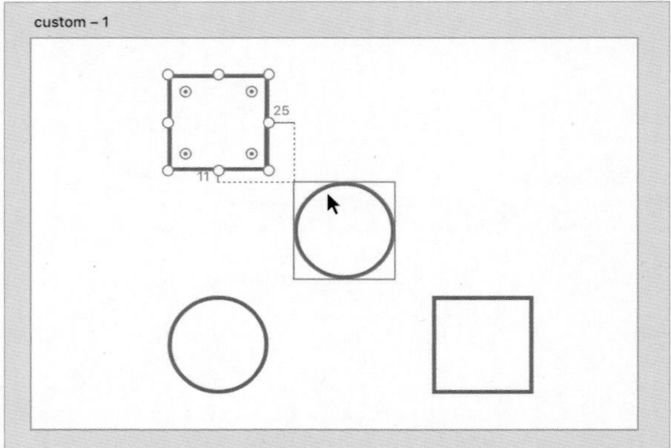

2.8.2 更智能的参考线

当需要创建一个矩形对象时，选择“矩形”工具□，鼠标指针经过当前画板已有对象边缘的垂直方向或水平方向时，会自动显示对齐参考线。这时可方便地在与现有对象对齐的位置创建对象，无须创建完后手动对齐。

当鼠标指针经过当前画板和当前画板上已有元素的中心点的垂直方向或水平方向时，同样会自动显示对齐参考线。

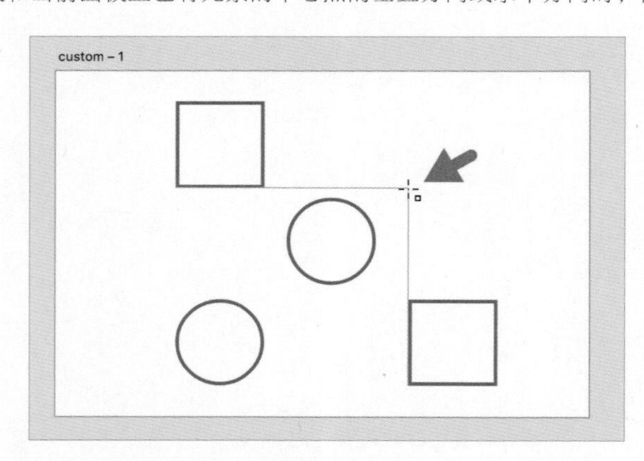

选择一个对象并拖动，当选中的对象经过其他对象的边缘、中心时，会自动显示参考线和距离值，无须使用对齐工具也能很方便地对齐画板中已有的元素。

2.8.3 自动吸附

在其他软件中可能总会遇到这样的情况，拖动一个对象与另一个对象对齐时，不是往左偏离了 1px，就是往右偏离了 1px，而在 XD 中就不会遇到这样的情况，拖动一个对象到与另一个对象接近对齐的位置时，会自动吸附到对齐的位置进行对齐。

同时，选择一个对象并拖动，当与其他对象的间距与另外一个对象的间距接近时，会自动吸附至相同间距的位置并显示间距，可以快速对多个对象进行精确、整齐的排列。

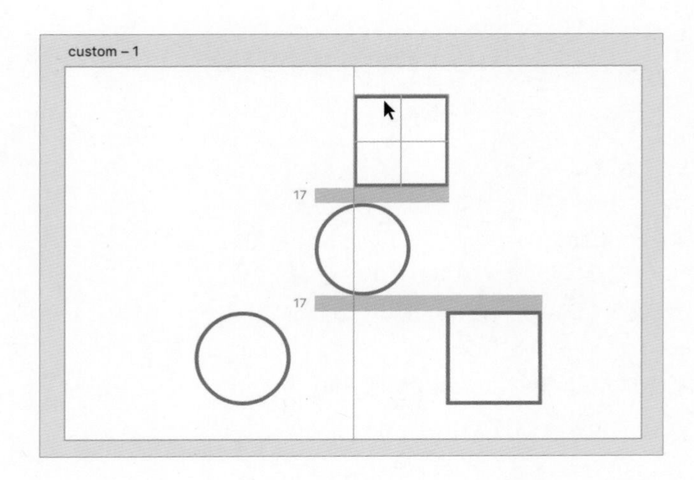

选择一个对象调整对象的大小时，拖动该对象的边缘到与其他对象接近对齐的位置时，也会自动吸附到相对齐的位置，可以方便地进行对齐或制作相同大小的对象。

2.9 对象管理

观看在线教学视频

在 XD 中，对象管理是指对对象进行复制、粘贴、编组及锁定等操作。

2.9.1 剪切、复制和粘贴

选择对象后，使用快捷键 Command+C（Mac OS）或 Ctrl+C（Windows）可以复制对象，使用快捷键 Command+X（Mac OS）或 Ctrl+X（Windows）可以剪切对象，使用快捷键 Command+V（Mac OS）或 Ctrl+V（Windows）可以粘贴已复制或已剪切的对象，按 Delete 键可以删除所选对象。

选择对象后，单击鼠标右键也可以执行剪切、复制、粘贴及删除操作。

在 XD 菜单中的“编辑”菜单中同样可以执行剪切、复制、粘贴及删除操作。

剪切	⌘X
复制	⌘C
粘贴	⌘V
粘贴外观	⌥⌘V
删除	⌫
锁定	⌘L
隐藏	⌘;
组	⌘G
为资源添加颜色	⇧⌘C
制作符号	⌘K
添加导出标记	^⌘E
置为顶层	⇧⌘]
前移一层	⌘]
后移一层	⌘[
置为底层	⇧⌘[
对齐像素网格	

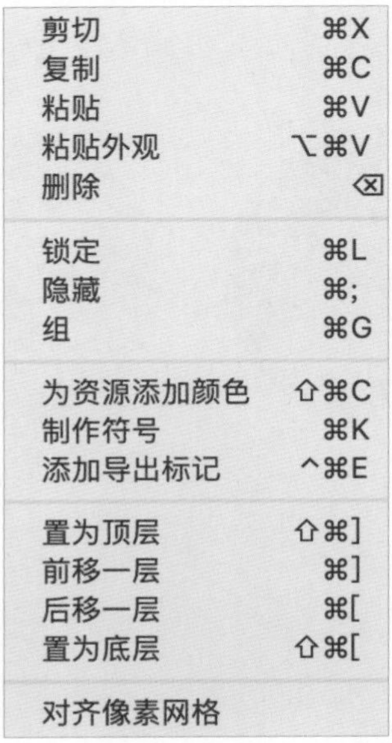

技术专题：快速复制

【演示视频：快速复制】

观看在线教学视频

使用快捷键 Command+D（Mac OS）或 Ctrl+D（Windows）可以快速复制对象，效果等同于直接完成复制和粘贴，对对象和画板均可以使用。

选择对象后，使用快捷键 Command+D（Mac OS）可复制当前对象并粘贴在原来对象的位置，然后选择并拖动对象，可以看到原来的对象被新复制的对象覆盖着。

选择画板时，会复制所选择画板上的所有内容，并在当前画板的右侧或下方合适的位置新建一个画板。

多次按快捷键 Command+D（Mac OS）可以复制多个对象。

2.9.2 编组

如果需要将多个对象进行整体操作或编辑，可以将它们进行编组。多个对象编组后可以一起进行位置移动、修改大小等操作。

选择要编组的对象，然后使用快捷键 Command+G（Mac OS）或 Ctrl+G（Windows）可以对对象进行编组。选择已编组的对象，使用快捷键 Command+Shift+G（Mac OS）或 Ctrl+Shift+G（Windows）可以取消编组。

选择需要编组或取消编组的对象，单击鼠标右键，可以根据需要选择编组或取消编组。

在 Mac OS 操作系统上，从 XD 的菜单“对象”的子菜单中也可以进行编组或取消编组。

需要选中组中的对象，选择组后双击可以进入组的内部进行选择，按住Command键（Mac OS）或Ctrl键（Windows）并单击对象，可以快速选择组内部的对象。

在“图层”面板中也可以选择对象进行编组或取消编组。

2.9.3 锁定和解锁对象

在选择对象受到其他对象干扰而无法选中，或为了防止已完成部分设计的对象被移动或再次编辑时，可以锁定对象。

选择对象后，使用快捷键 Command+L（Mac OS）或 Ctrl+L（Windows）可将对象进行锁定，在选择锁定的对象时，对象的左上角会出现一个“锁定”图标。

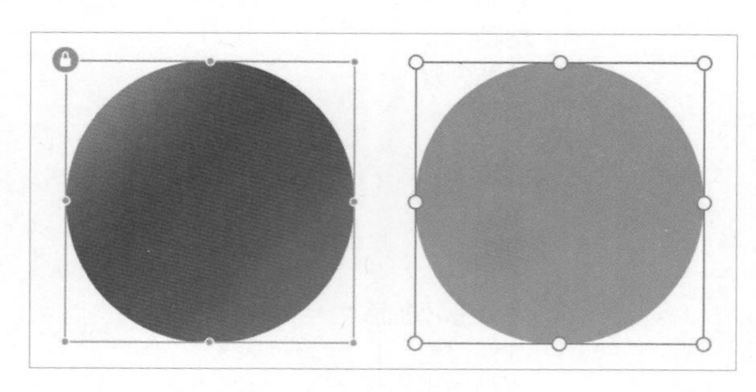

再次使用快捷键 Command+L（Mac OS）或 Ctrl+L（Windows），或单击锁定对象左上角的“锁定”图标，可以解锁已锁定的对象。

选中对象后单击鼠标右键，选择“锁定”或“解锁”，也可以锁定或解锁对象。

在 Mac OS 系统中，用户在菜单中的“对象”子菜单中找到“锁定”或“解锁”，可以锁定或解锁对象。

锁定的对象可以被选中但是无法移动或编辑。

2.9.4 隐藏或显示

在 XD 中，所有对象默认为显示状态，使用“隐藏”功能可使其在文件中不可见。选择对象后，使用快捷键 Command+,（Mac OS）或 Ctrl+,（Windows）可以显示或隐藏对象。在隐藏状态下的对象不可被单击选中。

如果需要显示当前画板中所有隐藏对象，可使用快捷键 Command+A（Mac OS）或 Ctrl+A（Windows）全选所有对象，然后使用快捷键 Command+,（Mac OS）或 Ctrl+,（Windows）隐藏全部对象，再次使用快捷键 Command+,（Mac OS）或 Ctrl+,（Windows）可以显示全部对象。

选中对象后单击鼠标右键，选择“隐藏”选项，也可以隐藏对象。

在 Mac OS 系统中，用户在菜单中的“对象”子菜单中找到“隐藏”命令，可以隐藏对象。

2.10 图层面板

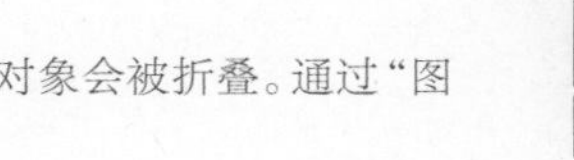

观看在线教学视频

每一个对象都是一个图层。“图层”面板中显示所有对象的名称，组合的对象会被折叠。通过“图层”面板，也可以对对象进行选择、锁定、隐藏及编组等操作。

单击工具栏中的“图层”工具，或者按快捷键 Command+Y（Mac OS）或 Ctrl +Y（Windows），可以打开或关闭“图层”面板。

2.10.1 XD 中的图层面板

XD 中的“图层”面板与其他设计软件中的“图层”面板有所不同。单击 XD 启动页中的“了解基础知识”中的“开始教程”，打开教程文件，单击左侧工具栏中的“图层”工具，可打开“图层”面板。在未选择任何对象的情况下，“图层”面板中只显示所有画板列表和粘贴板。

选择任意画板如“首页”中的对象，“图层”面板中仅显示当前画板中的所有对象的图层列表，上方显示画板名称“首页”，单击画板名称“首页”左侧的“返回”箭头，可以回到默认状态。

“粘贴板”中为所有不在任何画板上的内容。

在“图层”面板中，根据图层的不同属性，图层左侧的图标有不同的外观，常见的图标有“画板”图标、“粘贴板”图标、“折叠的组”图标、“展开的组”图标、“路径”图标、“文本”图标、“矩形”图标、“椭圆”图标及“重复网格”图标。

在刚打开一个 XD 文件默认显示画板名称列表的情况下，单击画板名称左侧的“画板”图标，“图层”面板显示该画板的全部图层列表（组和重复网格会被折叠）。

双击折叠的组的名称或单击“折叠的组”图标，在“图层”面板中会展开显示组内的详细图层列表。

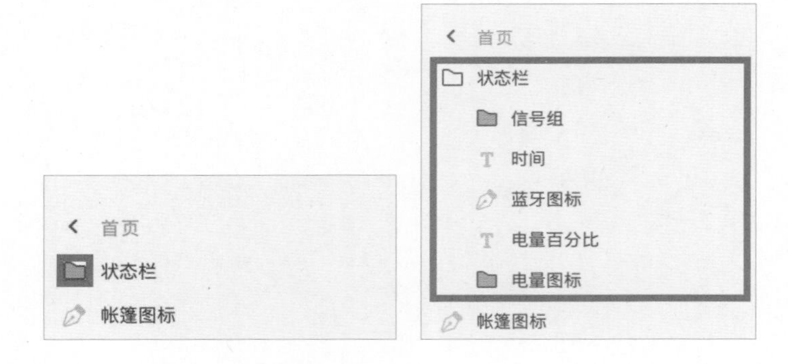

在图层面板中单击图层名称即可选择对象。

按住 Command 键（Mac OS）或 Ctrl 键（Windows）并单击图层，可以选择多个对象。

按住 Shift 键并单击图层，可以选择连续的多个对象。

2.10.2 锁定 / 解锁和显示 / 隐藏

在“图层”面板中，同样可以对对象进行锁定 / 解锁和显示 / 隐藏操作，鼠标指针经过对象图层会显示相应图标，单击即可进行相应操作。

在图层默认为解锁状态的情况下，将鼠标指针移动到图层名称区域并单击图层名称后方的“锁定”图标，可以锁定图层，再次单击该图标可以解锁图层。

在图层默认为显示状态的情况下，将鼠标指针移动到图层名称区域并单击图层名称后方的“隐藏”图标，可以隐藏图层，且隐藏的图层名称和图标会变为浅灰色，再次单击该图标，可显示图层。

锁定和隐藏的图层在“图层”面板中，锁定和隐藏图标会一直显示。

2.10.3 调整图层顺序

“图层”面板中的图层名称是按图层从上到下的叠放顺序排列的，最上方图层的名称显示在最上方，最下方图层的名称显示在最下方。

调整图层顺序时，单击选择图层后按住拖动，此时会出现一条蓝色的线条，松开鼠标左键，所选择的图层的顺序被调整到蓝色线条所在的位置，调整时可以选择多个图层。

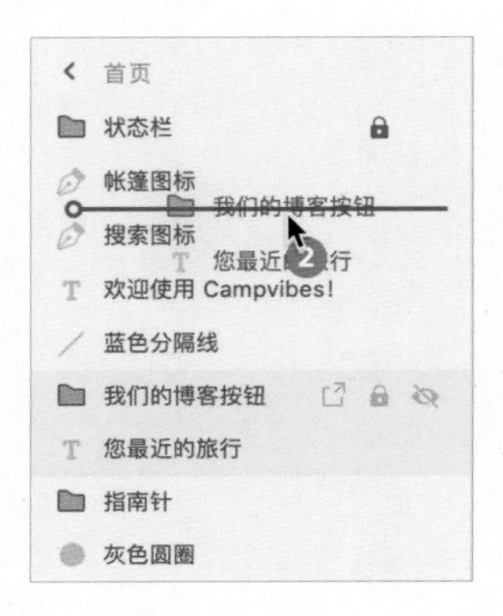

当然，使用快捷键也可以调整图层顺序，具体方法如下。

快捷键 Command+Shift+]（Mac OS）或 Ctrl+ Shift+]（Windows）：移动到顶层。

快捷键 Command+]（Mac OS）或 Ctrl+]（Windows）：上移一层。

快捷键 Command+[（Mac OS）或 Ctrl+[（Windows）：下移一层。

快捷键 Command+Shift+ [（Mac OS）或 Ctrl+Shift+ [（Windows）：移动到底层。

在设计工作区选择图层后，可通过单击鼠标右键，然后选择“置为顶层”“前移一层”“后移一层”或“置为底层”选项命令调整图层顺序。

2.10.4 编组

通过“图层”面板进行编组和取消编组的方法与 2.9.2 节讲解的编组方法类似。在“图层”面板中选择对象后，使用快捷键 Command+G（Mac OS）或 Ctrl+G（Windows）可以对对象进行编组。

选择已编组的对象的图层，使用快捷键 Command+Shift+G（Mac OS）或 Ctrl+Shift+G（Windows）可以取消编组。

选择需要编组或取消编组的对象的图层，单击鼠标右键，可以根据需要选择编组或取消编组。

在 Mac OS 操作系统上，从 XD 的菜单“对象”的子菜单中也可以进行编组或取消编组。

在“图层”面板中，还支持将选择的对象加入已有的编组中，且操作方法较简单，只需选择对象后将其拖动到已有编组的图层上即可。

2.10.5 搜索和筛选

在“图层”面板中支持搜索和筛选图层，功能在“图层”面板的最上方。

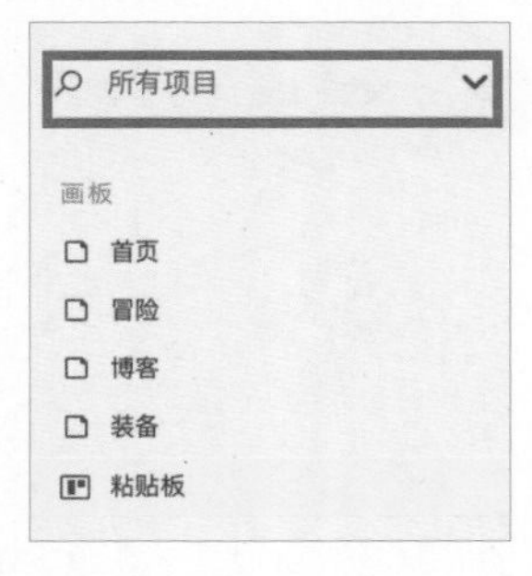

单击右侧的“下拉”箭头，可以对图层进行筛选。图层被分为“图像”“形状”及“文本”3 类，默认为“所有项目”。例如在选择“图像”时，在“图层”面板中会按画板分类显示当前文件中所有图像的图层。

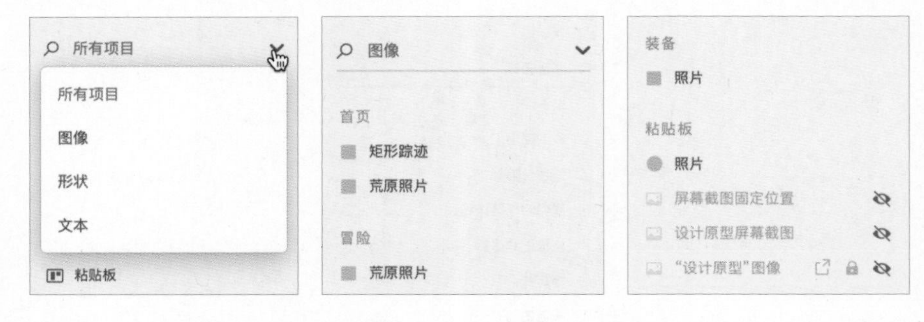

在“搜索”图标后侧单击文本，使其变为可编辑状态，然后输入关键词，可在整个文件中搜索图层名称包含关键词的对象，搜索的结果会按画板名称分类展示。同时，此时右侧的下拉箭头变为“关闭”按钮，单击“关闭”按钮，可取消搜索。

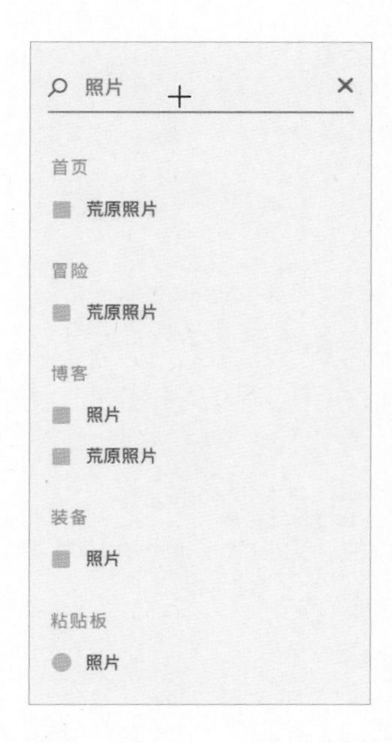

2.10.6 修改图层名称

在“图层”面板中双击图层名称，进入可编辑状态，可以修改图层名称，输入完成后按回车键可提交编辑，按 Esc 键可取消编辑。

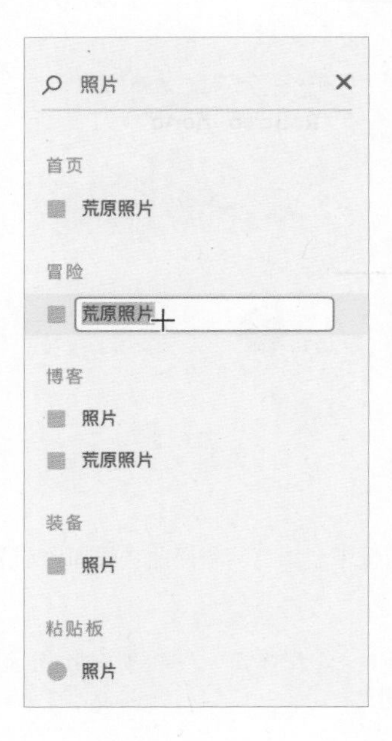

2.11 资源面板

观看在线教学视频

使用资源面板可以轻松地管理当前文件中所有的资源，将颜色、字符样式及符号保存到资源面板中，在当前文件中任意地方随时都可以使用。

2.11.1 资源面板界面

单击工具栏中的资源面板图标▭，或按快捷键 Command+Shift+Y（Mac OS）或 Ctrl+Shift+Y（Windows），可以打开或关闭资源面板。

关于资源面板的解释说明如下。

A 为搜索功能，使用方法与“图层”面板中的搜索功能相同。

B 为颜色功能，展示已保存的颜色和渐变列表。

C 为字符样式，展示已保存的字符样式，字符样式保存字体、字号、字重及颜色等属性。

D 为符号功能，展示当前文件中的全部符号。

E 为筛选功能，使用方法与“图层”面板中的筛选功能相同。

F 为视图切换，可以切换资源面板中资源的展示方式，左侧图标☰为“列表视图”展示方式，右侧图标▦为“网格视图”展示方式。

G 为添加资源按钮，包含颜色、字符样式及符号等。

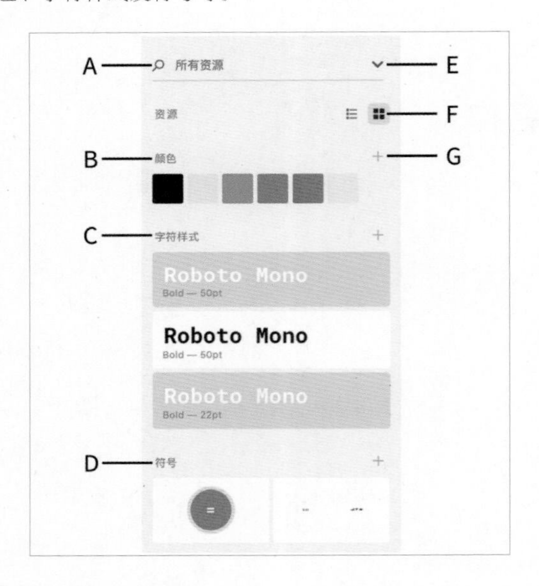

2.11.2 添加和删除资源

选择任何一个或多个对象，单击资源面板中“颜色”右侧的“添加资源”按钮＋，可以将所选对象的填充颜色或渐变、描边颜色添加到资源面板中。

选择点文本或区域文本，单击资源面板中“字符样式”右侧的“添加资源”按钮＋，可以将字符样式添加到“资源”面板中。

选择对象后，单击鼠标右键，选择“为资源添加颜色”或“为资源添加字符样式”选项命令，可以往资源面板中添加资源。

选择画板或者使用快捷键 Command+A（Mac OS）或 Ctrl+A（Windows）全选 XD 文件中的全部内容，可以将选择对象的颜色和字符样式统一添加到资源面板中。

添加到资源面板中的资源仅存储于当前文件中，删除当前文件中的对象，已添加到“资源”面板的颜色、字符样式仍会保留。

2.11.3 资源重命名

在列表视图下双击资源名称，进入可编辑状态，可以对资源重命名。

2.11.4 修改资源面板中元素的顺序

在资源面板中，单击并按住鼠标左键，可以拖动调整元素的顺序。

按住 Command 键（Mac OS）或 Ctrl 键（Windows），可以选择多个资源；按住 Shift 键，可以连续选择多个资源。

2.11.5 符号

符号是 XD 中可以多次重复使用的对象，每个符号可以看成是一个模板，一个模板可以创建多个实例对象。

XD 中的对象都可以转换为符号，选择需要转换为符号的对象后，使用快捷键 Command+K（Mac OS）或 Ctrl+K（Windows）可以转换为符号。

选中对象后单击鼠标右键，选择“制作符号”选项命令，也可以转换为符号。

在资源面板单击“符号”后的“添加资源”按钮＋，可以转换为符号。

Mac OS 用户还可以执行“对象 > 制作符号”菜单命令将对象转换为符号，转换为符号后界定框会变为绿色，同时资源面板中也会出现。

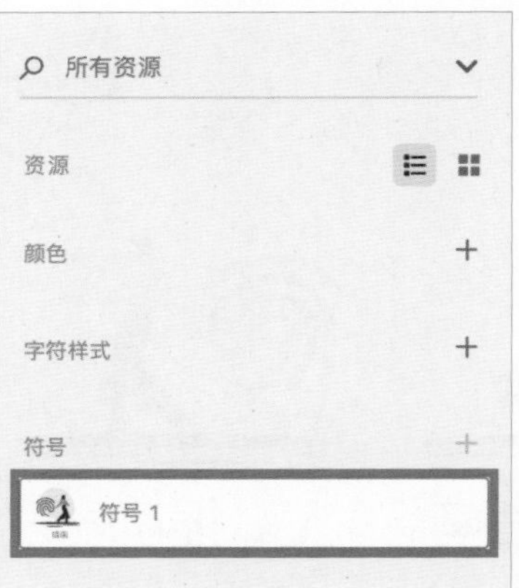

在画板上双击任何一个符号的实例，可以修改符号内容。除文本内容和图像外，该符号和符号的所有实例都会同步修改。

从资源面板中拖动符号到画板上，可以创建一个该符号的实例，直接复制实例，也可以创建一个新实例。

需要对某个实例单独修改而不同步到其他实例，可以使用快捷键 Command+Shift+G（Mac OS）或 Ctrl+Shift+G（Windows），或单击鼠标右键，选择“取消符号编组”选项命令，取消符号编组，之后的修改不再同步。

仅修改符号中的文本或图像，其他实例不会同步，无需取消符号编组。如果要同步文本或图像的修改，可在修改后单击鼠标右键选择“推送重写”命令来同步。

从资源面板中拖动一个符号到画板的另一个符号上可以替换画板上的符号，画板上符号的所有实例都会被替换。

技术专题：跨文档共享符号

【演示视频：跨文档共享符号】

观看在线教学视频

在 XD 中有一个“链接符号”的功能，通过链接符号可以让符号在不同的 XD 文件中共享。例如可以在某个文件中用符号来存储和管理公共样式库作为模板，在其他文件中可以使用模板中的符号来创建实例，当模板中的符号进行了修改，所有包含使用该符号创建的实例的文件都会收到通知，可以选择是否同步修改。

使用链接符号前首先要保证其在模板文件中已经制作为符号，没有的话可以单击鼠标右键，选择“制作符号”选项命令，或按快捷键 Command+K（Mac OS）或 Ctrl+K（Windows）制作符号。

在模板文件中复制符号，在其他文件中粘贴符号，即可创建链接的符号，链接的符号右上角会有一个绿色的“链接”图标，同时在该文件的资源面板中，会显示有一个灰色的“链接”图标。

在需要链接符号的情况下，只能修改文本和图片。同一个文件中有多个相同的实例，修改其中一个实例文本或图片时，其他实例并不会同步，如将左边实例的文本“插画”修改为“好看的插画”，右边的实例中“插画”不会改变。如果需要同步修改的内容，可以单击鼠标右键，选择“推送重写”选项命令，这时右边的实例文本也改为了“好看的插画”。

如果需要修改除文本和图像外的其他内容，可以在模板文件中修改原来的符号，在链接符号上或资源面板中的符号上单击鼠标右键，并在弹出的右键菜单中选择“在源文档中编辑 ...”选项命令来实现操作。

- 剪切 ⌘X
- 复制 ⌘C
- 粘贴 ⌘V
- 粘贴外观 ⌥⌘V
- 删除 ⌫
- 锁定 ⌘L
- 隐藏 ⌘;
- 组 ⌘G
- 在源文档中编辑...
- 取消符号链接 ⇧⌘G
- 推送重写
- 为资源添加颜色 ⇧⌘C
- 为资源添加字符样式 ⇧⌘T
- 添加导出标记 ^⌘E

在模板文件中对原来的符号进行修改，保存后打开其他文件链接的符号，右上角的“链接”图标会变为蓝色，工具栏中的资源面板图标也会显示为蓝色，同时资源面板中会出现“全部更新”按钮，并且按钮上会显示模板文件中符号更改的数量。

当鼠标指针移动到资源面板中，在“链接”图标上可以直接预览更新后的效果。单击“链接”图标，或单击“全部更新”按钮，可以更新所有修改过的符号。

如果想更改某个链接符号的属性并继续保留其他链接符号，可以将链接符号转换为本地符号。符号的转换操作只需要在资源面板的符号上单击鼠标右键，选择“制作本地符号”选项命令来完成。

- 删除
- 在源文档中编辑...
- 画布高亮显示
- 制作本地符号
- 更新

如果想更改某个链接符号的属性，且该链接符号的其他实例不变，可以取消链接符号的链接。取消链接符号的链接的操作只需要通过先选择该实例，然后使用快捷键 Command+Shift+G（Mac OS）或 Ctrl+Shift+G（Windows），或者单击鼠标右键，选择“取消符号链接”选项命令来完成。

如果想要将某个链接符号在当前文件中的所有实例转换为普通对象，只需要在资源面板中找到链接符号并单击鼠标右键，选择“删除”选项命令来完成。

当模板文件被移动位置、删除、重命名或模板文件中的符号被删除，链接符号的左上角的“链接”图标会显示为红色，资源面板中符号上的“链接”图标也会显示为红色，在资源面板中单击“链接”图标，可以重新在本地计算机中选择之前的模板文件进行链接。

2.11.6 高亮显示

在资源面板中的元素上单击鼠标右键，在弹出的右键菜单中选择“画布高亮显示”选项命令，这时该资源在画板中的所有应用的对象都会高亮显示，方便快速查找元素。

在画板中选择对象后，单击鼠标右键，在弹出的右键菜单中选择“显示资源中的颜色”选项命令，此时如果该对象使用的颜色有保存在资源面板中，该对象的颜色会在资源面板中高亮显示。

在画板中选择对象后，单击鼠标右键，在弹出的右键菜单中选择“显示资源中的字符样式”选项命令，如果该对象使用的字符样式有保存在资源面板中，该字符样式会在资源面板中高亮显示。

在画板中选择符号的实例，单击鼠标右键，在弹出的右键菜单中选择“显示资源中的符号”选项，该符号的模板会在资源面板中高亮显示。

CHAPTER 3

第 3 章

属性检查器

属性检查器位于XD工作界面的最右侧，属性检查器根据所选择的不同对象显示不同的内容。通过属性检查器，可以根据选择的对象利用不同的选项来定义其不同的属性。例如，使用矢量运算可以对多个对象进行不同的组合来创建新的对象，修改对象的宽高、位置、尺寸、颜色、边框、阴影，以及使用加、减、乘、除等数学计算来创建精确的数学设计等。

3.1 对齐

观看在线教学视频

在设计中，将对象进行对齐，既符合用户的认知特性，也能引导视觉流向，让用户更流畅地接收信息。

3.1.1 对齐工具

对齐工具组位于属性检查器的最上方，默认为浅灰色，且在未激活状态下不可使用。从左至右，对齐工具组包含的工具有 8 个——“顶对齐”工具、“垂直居中对齐”工具、“底对齐”工具、“水平分布”工具、“左对齐”工具、“水平居中对齐”工具、“右对齐”工具及“垂直分布”工具。

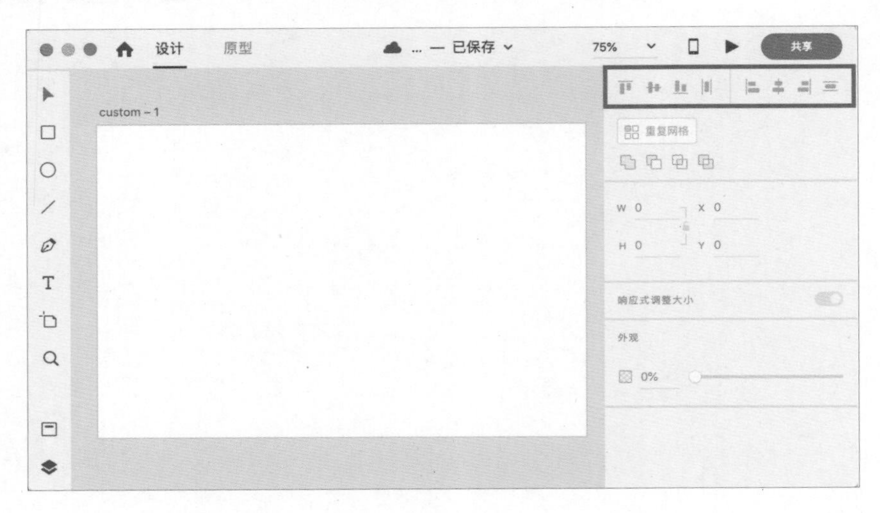

使用每个对齐工具的快捷键如下。

“顶对齐”工具：Command+Control+ ↑（Mac OS）或 Ctrl+Shift+ ↑（Windows）。

“垂直居中对齐”工具：Command+Control+M（Mac OS）或 Shift+M（Windows）。

“底对齐”工具：Command+Control+ ↓（Mac OS）或 Ctrl+Shift+ ↓（Windows）。

“水平分布”工具、：Command+Control+H（Mac OS）或 Ctrl+Shift+H（Windows）。

“左对齐”工具：Command+Control+ ←（Mac OS）或 Ctrl+Shift+ ←（Windows）。

“水平居中对齐”工具：Command+Control+C（Mac OS）或 Shift+C（Windows）。

“右对齐”工具：Command+Control+ →（Mac OS）或 Ctrl+Shift+ →（Windows）。

“垂直分布”工具：Command+Control+V（Mac OS）或 Ctrl+Shift+V（Windows）。

在选中 3 个以下对象时，除了“水平分布”工具和“垂直分布”工具，其他对齐工具呈深灰色可用状态。在选中 3 个或 3 个以上对象时，所有对齐工具均呈深灰色可用状态。

3.1.2 相对于画板对齐

在仅选中一个对象时使用对齐工具，默认相对于当前对象所在的画板对齐，并且所有画板中的圆均在居中位置。从左至右并从上到下分别选中 6 个画板中的圆，单击“顶对齐”工具、“垂直居中对齐”工具、“底对齐”工具、“左对齐”工具、“水平居中对齐”工具及“右对齐”工具，可得到如下图所示的操作效果。

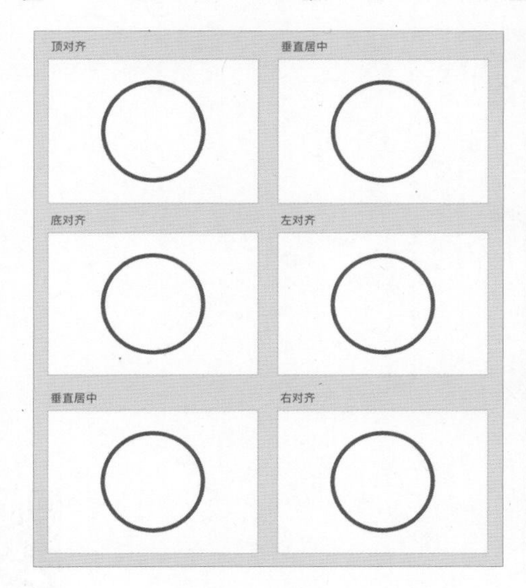

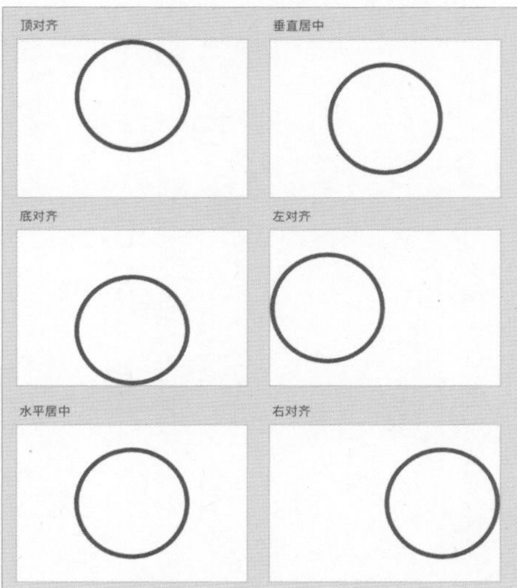

3.1.3 多个元素对齐

在选中多个对象时使用对齐工具，将会进行相对对齐。下面每个画板中都有 3 个元素，然后从左至右并从上到下分别选中 6 个画板 3 个元素，并单击“顶对齐”工具、“垂直居中对齐”工具、“底对齐”工具、“左对齐”工具、“水平居中对齐”工具及“右对齐”工具，可得到如下图所示的操作效果。

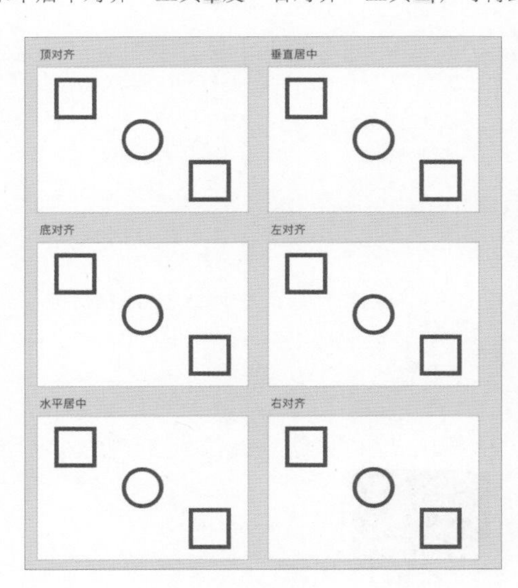

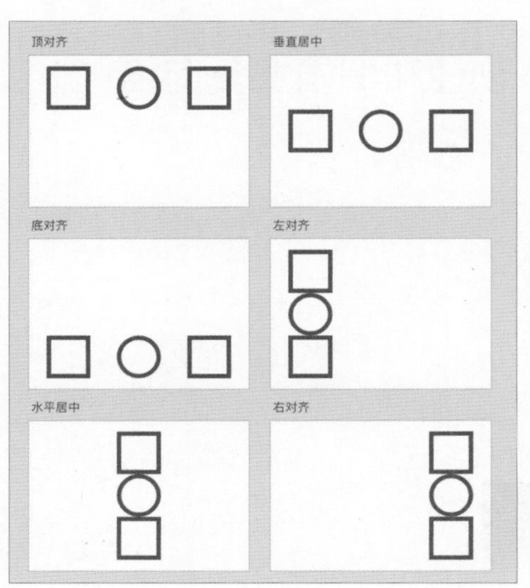

3.1.4 水平分布和垂直分布

“水平分布”工具可以让 3 个或 3 个以上的对象，在水平方向上平均分配相同的间距。

“垂直分布”工具可以让 3 个或 3 个以上的对象，在垂直方向上平均分配相同的间距。

同时选中①画板上 4 个对象，然后单击“水平分布”工具，将得到②画板中的效果，水平方向上最左侧对象到最右侧对象之间所有对象的间距被平均分配，且每两个相邻对象之间在水平方向上的间距相等。同时选中③画板上 4 个对象，然后单击“垂直分布”工具，将得到④画板中的效果，垂直方向上最上方的对象到最下方的对象之间所有对象的间距被平均分配，且每两个相邻对象之间在垂直方向上的间距相等。

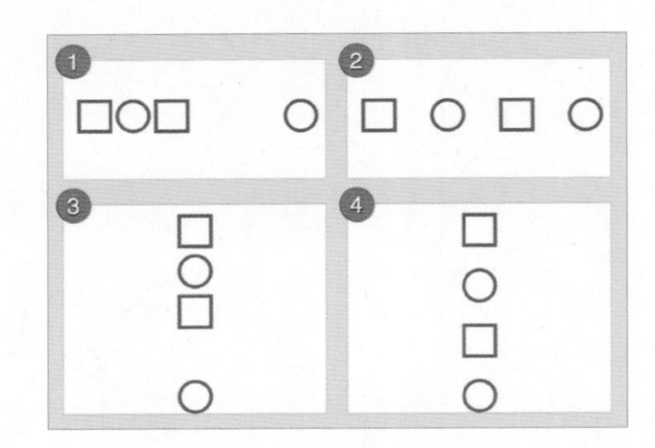

3.2 重复网格

观看在线教学视频

设计师在设计过程中通常需要花费大量的时间来复制、粘贴或修改同一个列表中的相同元素。在完成设计后，很有可能会面临着修改其中的一部分标题或图形元素的情况，而任何一个看似简单的要求都会浪费大量的时间和精力。

基于此，XD 有了“重复网格”这个概念。针对一个列表中相同的元素，只需要完成其中一组的设计，然后选择这一组元素中的全部对象，并开启“重复网格”功能，同时拖动对象就可以快速复制并生成一个列表。而且只需修改一组中某个元素的属性，其他组内相同的元素都会自动同步。

3.2.1 创建和编辑重复网格

从理论上说，每一个重复网格都是一个特殊类型的组。选择一个对象或一组对象，然后单击属性检查中的“重复网格”按钮可以创建重复网格，这能让设计师从单调、烦琐的工作中解脱出来。

打开本书学习资源中“CH03>3.2 重复网格”文件夹中的“初始文件 .XD”文件，其中包含单独的图片、标题等元素，使用“选择”工具框选画板上所有元素，单击属性检查器中的“重复网格”按钮或使用快捷键 Command+R（Mac OS）或 Ctrl+R（Windows），可将所选对象转换为重复网格，并且转换为重复网格后，元素的边界右侧和下方将显示出一些较大的按钮。

按住右侧的“重复”按钮▯并向右拖动，元素将在水平方向重复复制。按住底部的“重复”按钮⊂⊃并在垂直方向向下拖动，元素将在垂直方向重复复制。

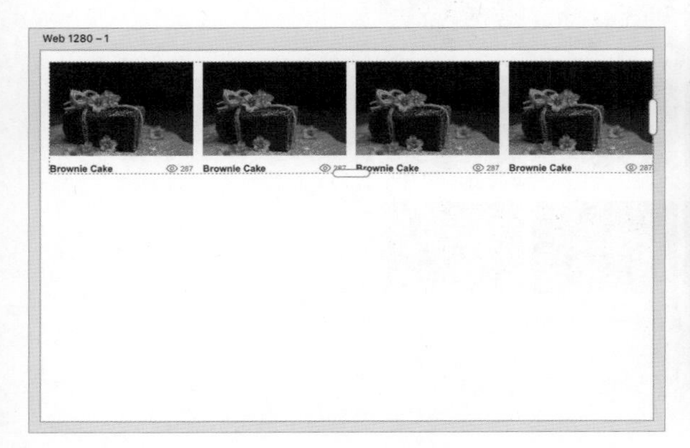

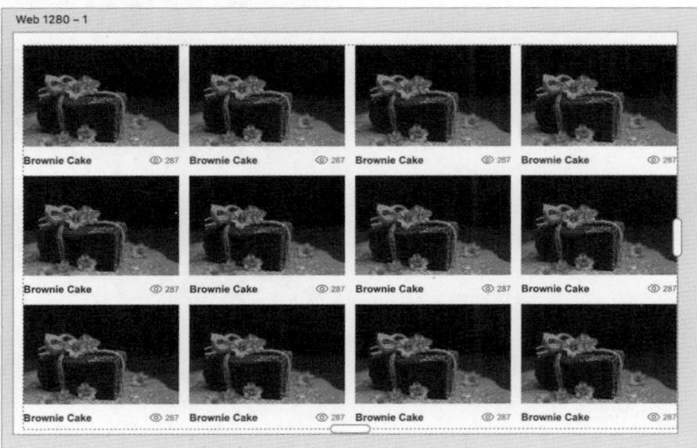

3.2.2 调整重复网格中元素的间距

将鼠标指针移动到重复网格中两组元素之间的空白区域，当鼠标指针变为双箭头后，空白区域显示为红色。

在水平方向间距上按住鼠标左键并拖动可以调整所有水平方向上相邻的两组元素之间的间距，同时每组元素的间距上方都会显示间距的距离值。在垂直方向间距上按住鼠标左键并拖动可以调整所有垂直方向上相邻的两组元素之间的间距，同时每组间距的左侧都会显示间距的距离值。

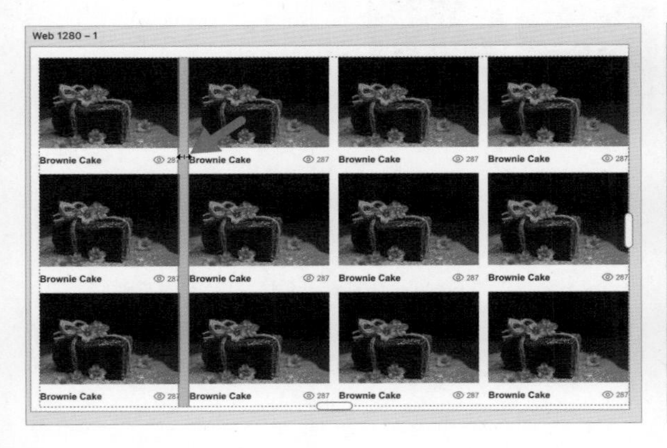

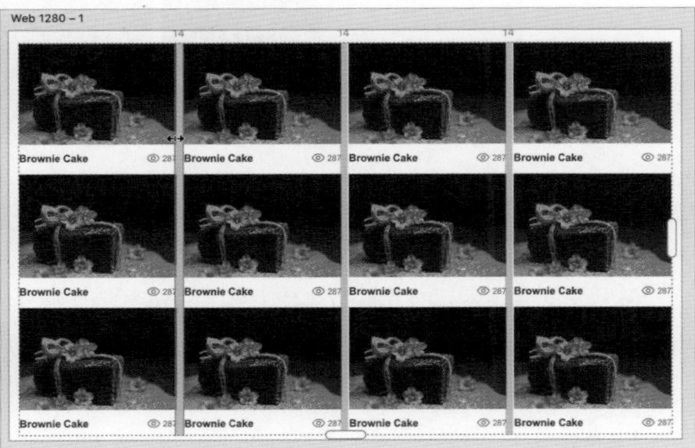

3.2.3 编辑重复网格中的元素

需要对重复网格中的元素进行修改时，选中重复网格双击可以进入重复网格内部选择其中的元素，重复网格中已编组的元素可以继续双击进入组内部。按住 Command 键（Mac OS）或 Ctrl 键（Windows）可以直接选择重复网格中的任意元素。

例如，双击重复网格选中任意一张图片，拖动图片半径编辑手柄增加圆角，所有的图片都会被同步修改，完成编辑后按 Esc 键可以退出编辑。

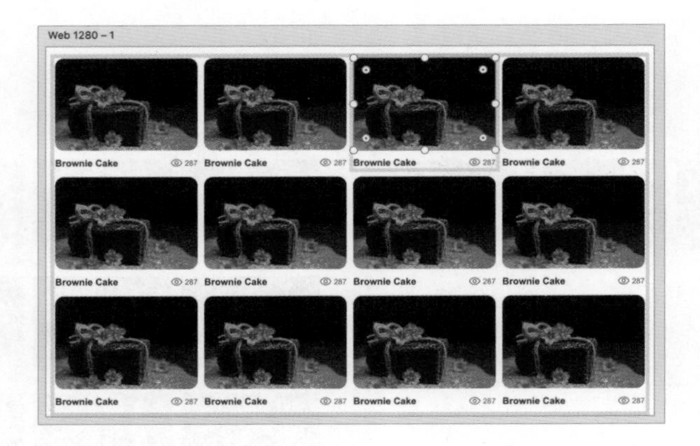

修改文本中的文字内容，其他组的元素不会同步，如将重复网格中第 2 组元素的标题由“Brownie Cake”修改为“Forest Trees Nature”，其他组元素标题未更改。

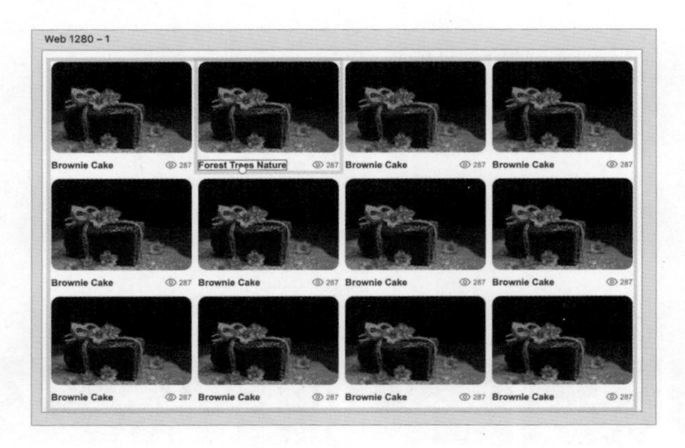

3.2.4 批量替换文本

在界面设计中使用虚假的文本或图片，可能会导致产品具有不符合实际的潜在设计缺陷。看似美观的设计在上线后，可能很快就会出现令人意想不到的结果。假数据确实可以确保产品拥有漂亮的外观，但它不能反映实际情况。使用真实的数据进行真正有效的设计，使设计的产品能够更加出色，过稿率也可能会更高。

XD 中的重复网格功能支持批量替换文本。批量替换文本首先要准备一个扩展名为 .txt 的文本文件。

使用 Mac OS 操作系统中的文本编辑功能 TextEdit 或 Windows 操作系统中的“记事本”功能，又或者是任何其他文本编辑器来制作一个 TXT 文件。

这里使用的是 TextEdit 来制作一个 TXT 文件。打开 TextEdit 输入文本内容，每一行输入一条数据，按回车键换行。

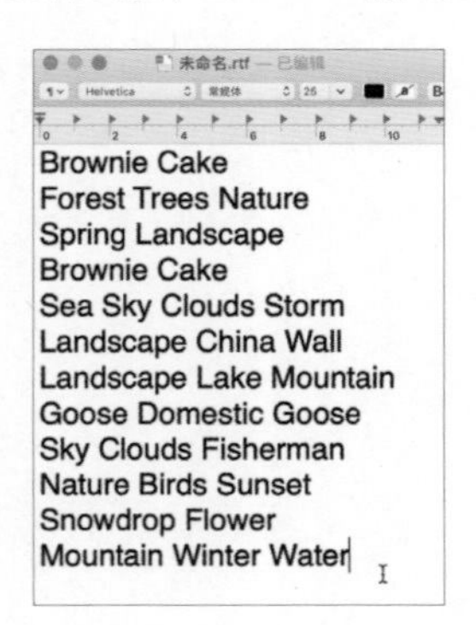

在 TextEdit 菜单中执行“格式 > 制作纯文本”命令，将输入的内容转换为纯文本。

在 TextEdit 菜单中执行“文件 > 存储”命令，在弹出的窗口中①处输入文件名称如“标题”，在②处选择存储位置，③处必须选择为“Unicode（UTF-8）”，并勾选④处“如果没有提供扩展名，则使用‘.txt’。”，单击⑤处“存储”按钮 存储 保存 TXT 文件

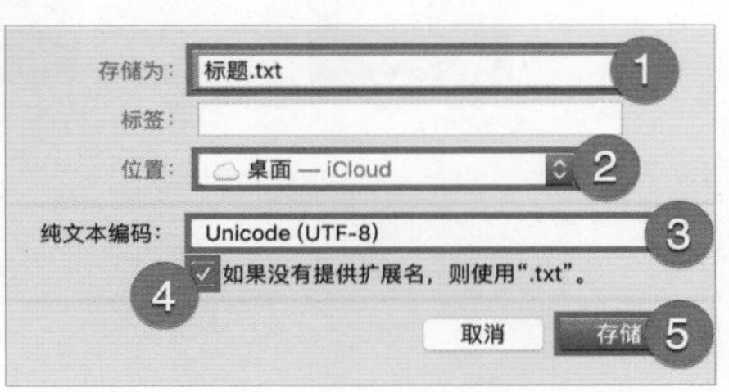

在本地计算机的文件管理器中找到上一步存储的 TXT 文件，并拖入到重复网格的标题上，重复网格中所有标题都会被替换，顺序与 TXT 文件中的顺序相同。

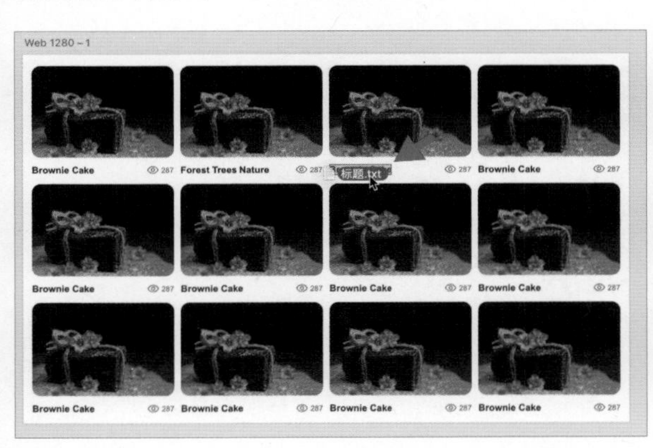

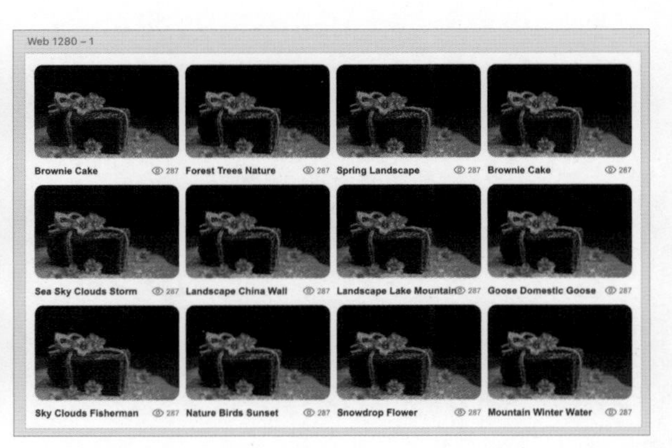

3.2.5 批量替换图片

XD 的重复网格中的图片元素同样支持批量替换。在本地文件管理器中选中多个图像，拖动到重复网格的任意图片上，重复网格中的图片会被批量替换。

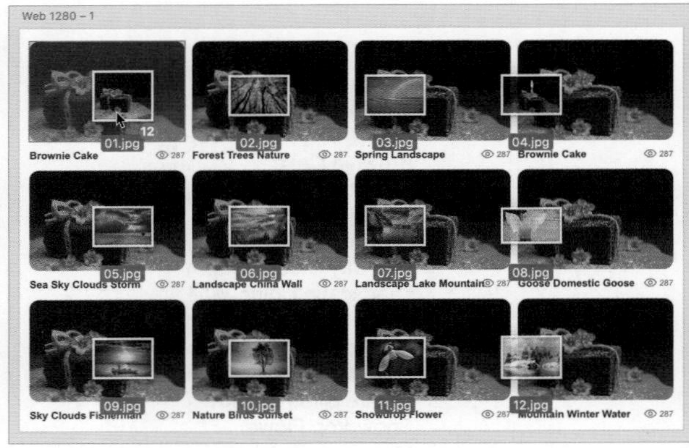

3.2.6 取消重复网格

在需要对重复网格中的元素进行单独编辑时，可取消重复网格，操作方式有以下 3 种。

（1）选中重复网格后，单击属性检查器中的“取消网格编组”图标 取消网格编组 ，可以取消重复网格。

（2）选中重复网格后，使用快捷键 Command+Shift+G（Mac OS）或 Ctrl+Shift+G（Windows）可取消重复网格。

（3）选中重复网格后，单击鼠标右键，并在弹出的右键菜单中选择“取消网格编组”选项命令。

剪切 ⌘X
复制 ⌘C
粘贴 ⌘V
粘贴外观 ⌥⌘V
删除 ⌫
锁定 ⌘L
隐藏 ⌘;
组 ⌘G
取消网格编组 ⇧⌘G

为资源添加颜色 ⇧⌘C
为资源添加字符样式 ⇧⌘T
制作符号 ⌘K
添加导出标记 ^⌘E
置为顶层 ⇧⌘]
前移一层 ⌘]
后移一层 ⌘[
置为底层 ⇧⌘[
对齐像素网格

实战 音乐 App 首页

实例位置	实例文件>CH03>3.2实战：音乐播放器首页
难易指数	★☆☆☆☆
技术掌握	重复网格

本案例将通过制作一个模拟的音乐 App 首页，学习重复网格的创建、使用、批量替换文本和图片等操作技巧。下图所示为制作好的音乐 App 首页效果。

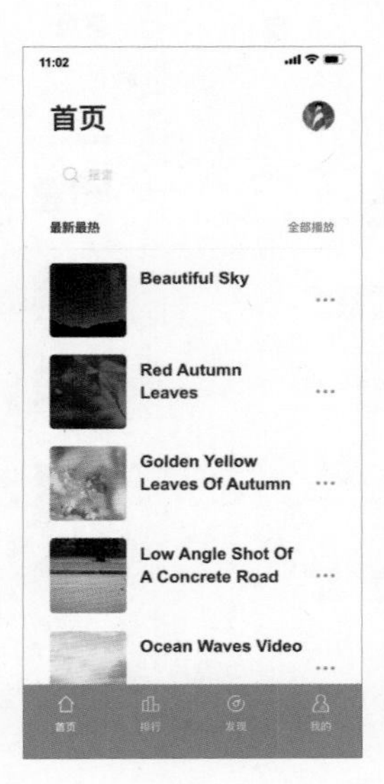

01 使用快捷键 Command+Shift+O (Mac OS) 或 Ctrl+Shift+O (Windows) 打开本书学习资源中的“CH03>3.2 实战：音乐播放器首页 > 初始文件 .XD”文件。使用“选择”工具在音乐列表中框选需要重复出现的内容，然后单击属性检查器中的“重复网格”按钮，创建一个音乐列表重复网格，框选的元素右侧和下方会出现“重复”按钮和。

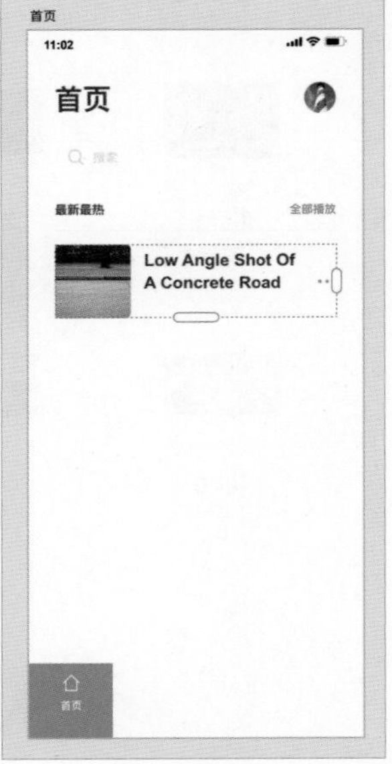

02 将鼠标指针移动到音乐列表重复网格下方的“重复”按钮上，然后按住按钮，并将其向下拖动至当前画板下方合适的位置，让音乐列表重复网格中生成含有 5 组元素的列表。

03 将鼠标指针移动至任意两组元素的中间间距处，当鼠标指针变为双箭头后，按住鼠标左键并拖动调整两组元素之间的间距至 20px。

04 打开本书学习资源中的“CH03>3.2 实战：音乐播放器首页”文件夹将“标题.TXT”文件，然后将其拖到音乐列表重复网格中任意标题上自动批量替换标题。

05 打开本书学习资源中的“CH03>3.2 实战：音乐播放器首页 > 图片素材”文件夹全选图片，将全选的图片拖到音乐列表重复网格任意图片上自动批量替换图片。

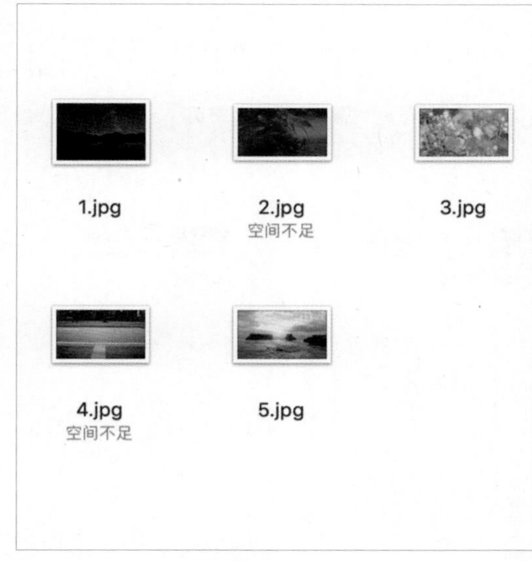

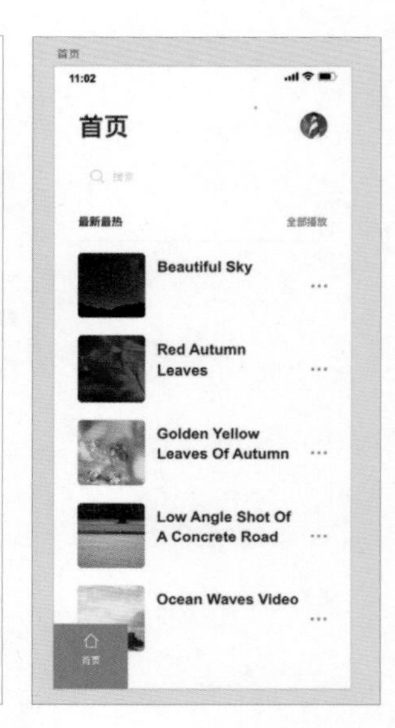

06 同时选中底部菜单中的“首页”文本、图标及绿色矩形背景，然后单击属性检查器中的“重复网格”按钮 重复网格，创建一个底部菜单重复网格，接着按住右侧的重复按钮向右拖动使其生成4组元素后，将鼠标指针移动至任意两组元素的中间间距处，当鼠标指针变为双箭头后，按住鼠标左键并拖动调整重复网格中元素的间距为0px。

07 打开本书学习资源中的“CH03>3.2 实战：音乐播放器首页 > 图标素材”文件夹，然后全选图片，并将全选的图片拖到底部菜单重复网格任意一个图标上自动批量替换图标。

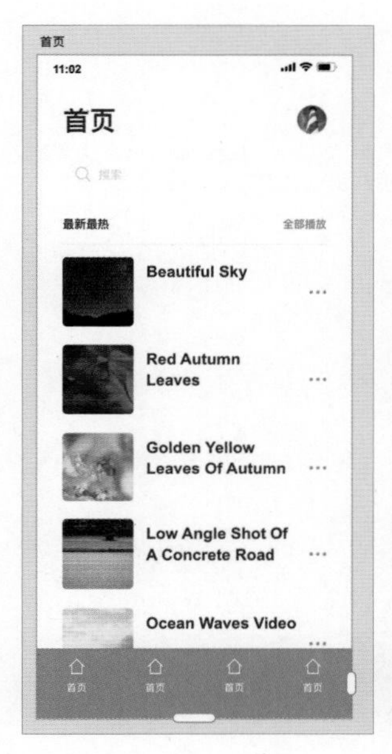

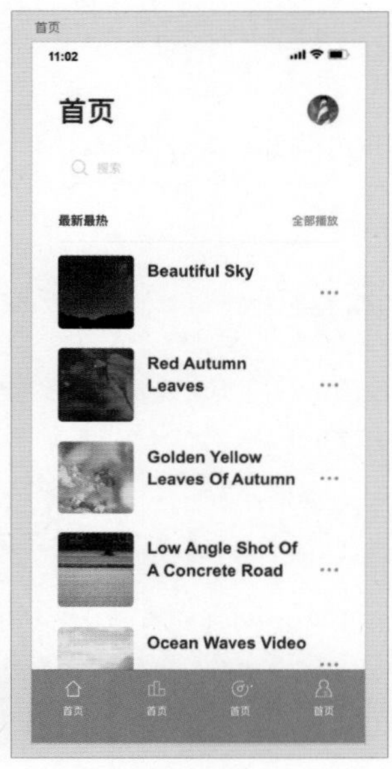

08 按住 Command 键（Mac OS）或 Ctrl 键（Windows），然后分别选择底部菜单重复网格中的每一个文本，并双击进入可编辑状态，并分别将文本修改为“首页”“排行”“发现”及“我的”。

09 按住 Command 键（Mac OS）或 Ctrl 键（Windows）选择底部菜单重复网格中的任意一个文本，打开吸管工具（快捷键 I），同时将鼠标指针移动到底部菜单中的“发现”的图标上并单击吸取灰色（R:219，G:219，B:219）作为文本的填充颜色。

10 由于当前页面为首页，因此“首页”文本应突出显示为白色（R:255，G:255，B:255），并且不改变其他文本的灰色（R:219，G:219，B:219）。选择底部菜单重复网格后，单击属性检查器中的“取消网格编组”按钮 取消网格编组 取消网格编组，选择第一组对象，并双击进入内部选中“首页”文本，打开吸管工具（快捷键 I），并将鼠标指针移动到画板空白区域单击吸取白色（R:255，G:255，B:255）作为文本的填充颜色，保存文件。音乐 App 首页界面设计完成。

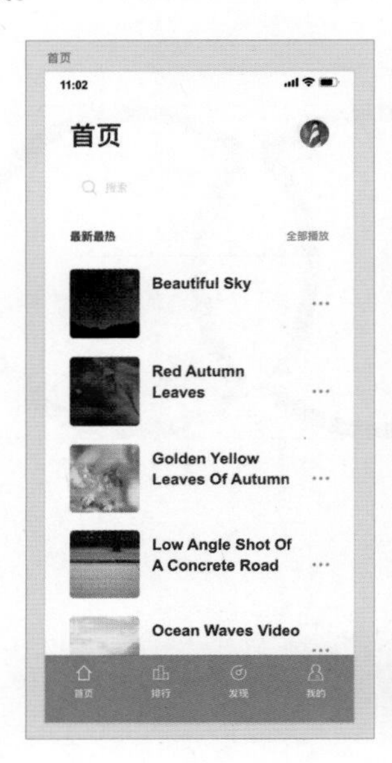

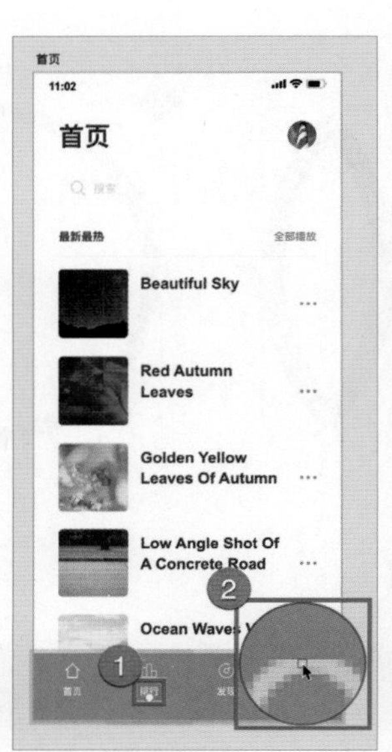

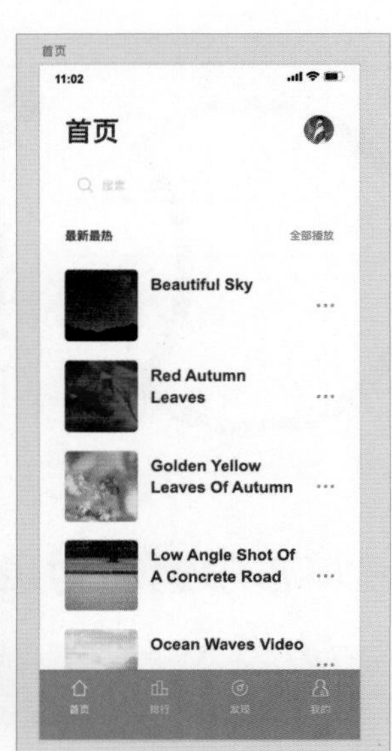

3.3 布尔运算

观看在线教学视频

布尔运算是数字符号化的逻辑推演法，包括联合、相交及相减。几乎所有的形状化设计软件都引用了这种逻辑运算方法。

3.3.1 使用布尔运算

布尔运算工具组位于右侧属性检查器的上方，与“重复网格”工具并列，包含“添加”工具、“减去”工具、“交叉”工具、“排除重叠”工具。

布尔运算工具组中的各个工具快捷键如下。

“添加”工具：Command+Option+U（Mac OS）或 Ctrl+Alt+U（Windows）。

“减去”工具：Command+Option+S（Mac OS）或 Ctrl+Alt+S（Windows）。

“交叉”工具：Command+Option+I（Mac OS）或 Ctrl+Alt+I（Windows）。

“排除重叠”工具：Command+Option+S（Mac OS）或 Ctrl+Alt+S（Windows）。

通过布尔运算，可以将简单的基本形状组合并产生新的形状，但仅适用于多个对象。

选择需要组合的形状，如下图中的两个图形，然后使用“添加”工具，可以将两个形状组合在一起并组成新的形状①。使用“减去”工具，可以从下方圆形区域中减去上方圆形的区域并组成新的形状②。使用“交叉”工具，可以仅保留两个圆形相交的区域并组成新的形状③。使用“排除重叠”工具，可以删除重叠区域，同时保留剩余区域并组成新的形状④。

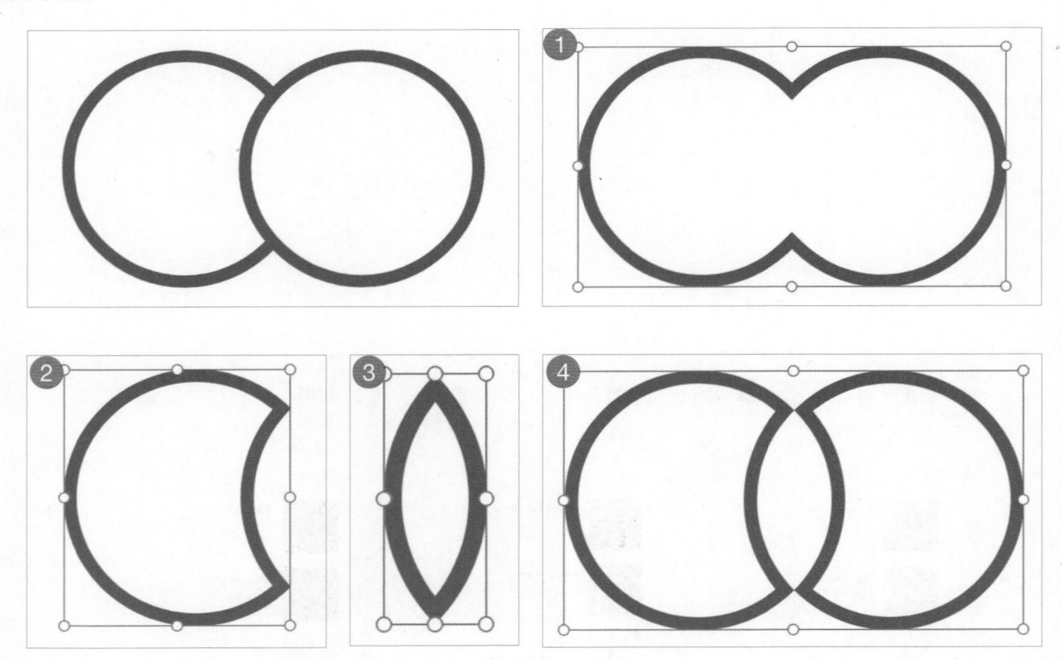

3.3.2 编辑布尔运算对象

需要对已经进行过布尔运算的对象进行编辑时，只需要双击对象即可进行编辑。如对已经进行过相加的对象进行双击，可选择任意一个原始对象进行移动位置、调整大小等编辑。

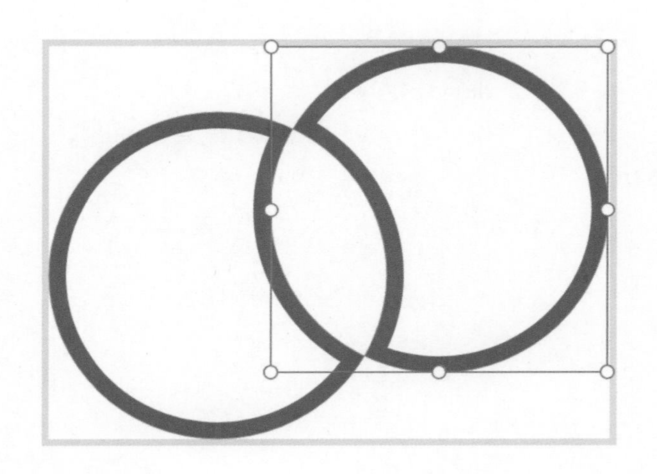

实战　绘制一条小鱼

实例位置	实例文件>CH03>3.3实战：绘制一条小鱼	观看在线教学视频
难易指数	★☆☆☆☆	
技术掌握	绘图工具、布尔运算	

本案例将使用圆形工具和布尔运算绘制一条小鱼，学习布尔运算的使用技巧。下图所示为绘制好的小鱼。

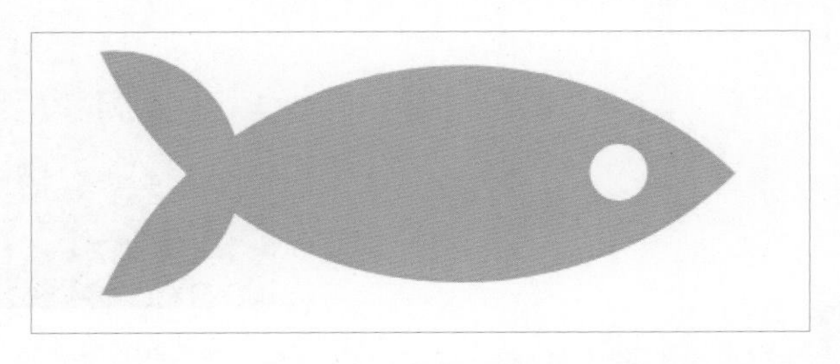

01 新建文件，将画板大小设置为 600×600px，然后在左侧工具栏中选择“椭圆”工具○（快捷键 E），将鼠标指针移到画板上并按住 Shfit 键，拖动绘制一个圆形。

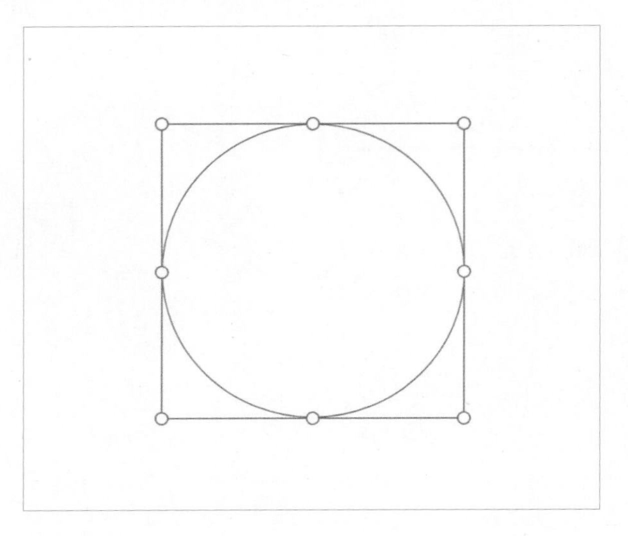

02 使用“选择”工具▶（快捷键 V）选中圆形后，在属性检查器中修改“W”为 300、“H”为 300、“X”为 150、“Y”为 30，单击属性检查器的“外观”组中“填充”描述文本左侧的“颜色”方块▭，系统将弹出“拾色器”面板。单击“拾色器”面板左下方“Hex”右侧的下拉箭头✔，弹出“颜色模式”选择菜单，选择“RGB”选项，并在后方输入框里修改颜色为粉红色（R:250，G:140，B:150），其他属性设置保持不变。

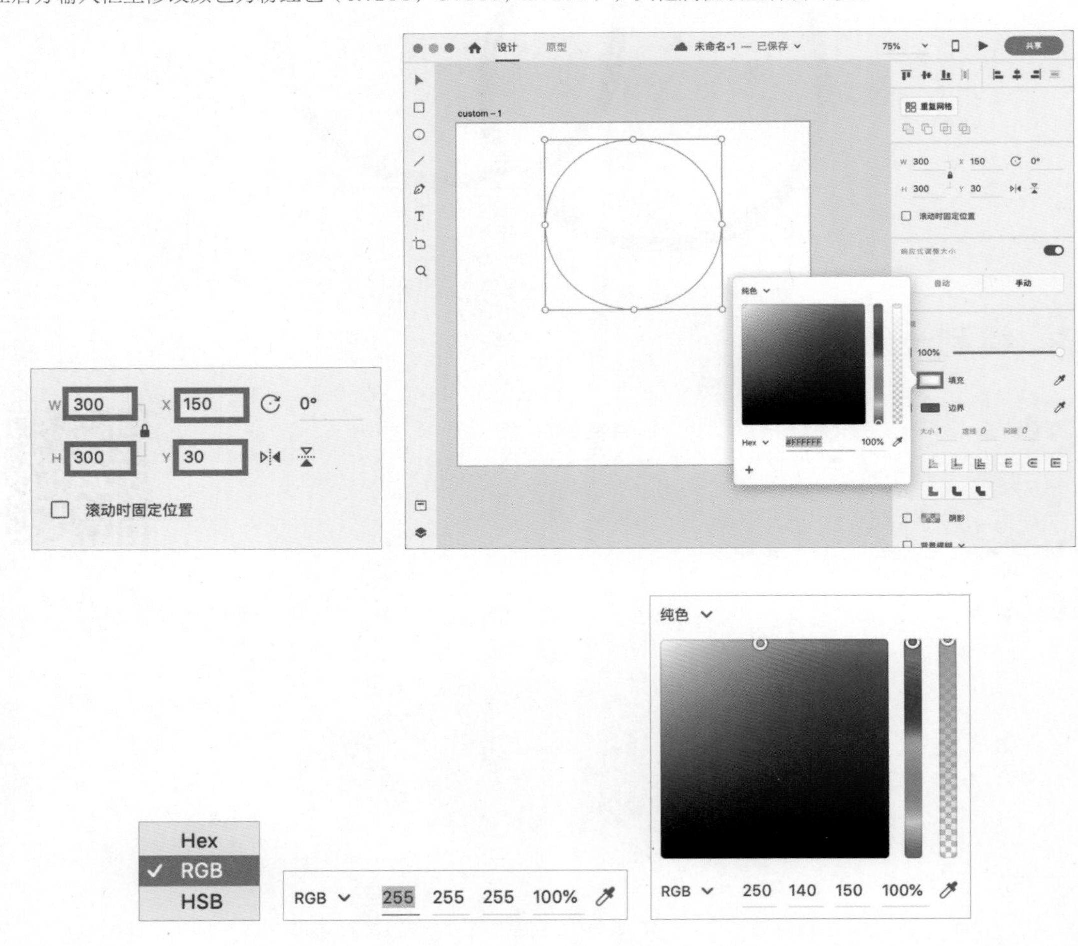

03 在属性检查器“外观”组中取消勾选“边界”选项，其他属性设置保持不变。修改后圆形将变为粉红色（R:250，G:140，B:150）。

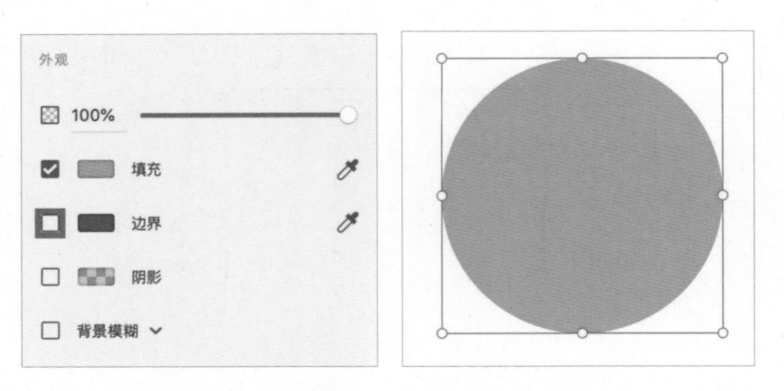

04 选择圆形，使用快捷键 Command+C（Mac OS）或 Ctrl+C（Windows）复制一个圆形，然后使用快捷键 Command+V（Mac OS）或 Ctrl+V（Windows）粘贴一个圆形出来，在属性检查器中修改“Y”为 245。

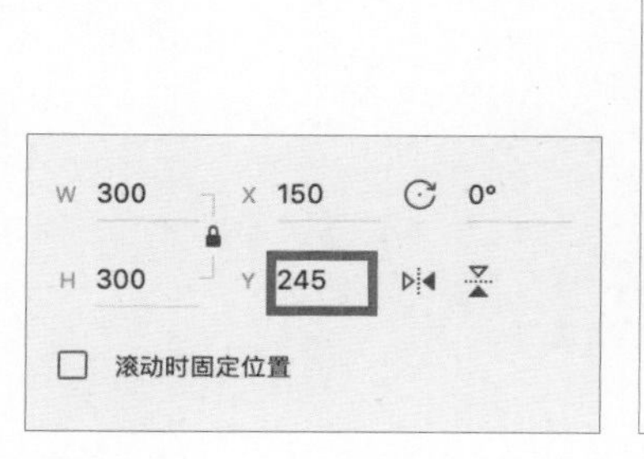

05 同时选中两个圆形，在属性检查器的布尔运算工具组中单击“交叉”工具，得到一个新的形状。

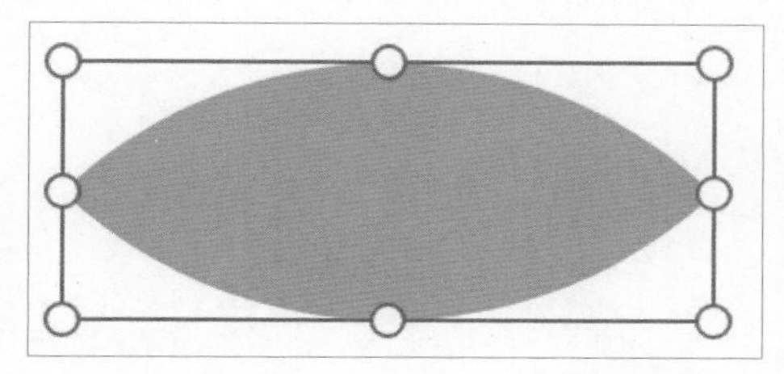

06 选择上一步得到的形状，使用快捷键 Command+C（Mac OS）或 Ctrl+C（Windows）复制，使用快捷键 Command+V（Mac OS）或 Ctrl+V（Windows）粘贴一个出来，在属性检查器布尔运算工具组中单击“添加”工具进行合并。在左侧工具栏中选择“椭圆”工具，将鼠标指针移到画板上并按住 Shfit 键拖动绘制一个新的圆形，并在属性检查器中将“W”改为 96、“H”改为 96、“X”改为 120、“Y”改为 239。单击“吸管”工具（快捷键 I），将鼠标指针移动到画板中吸取粉红色（R:250，G:140，B:150）作为背景颜色，并在属性检查器外观组中取消勾选“边界”选项。

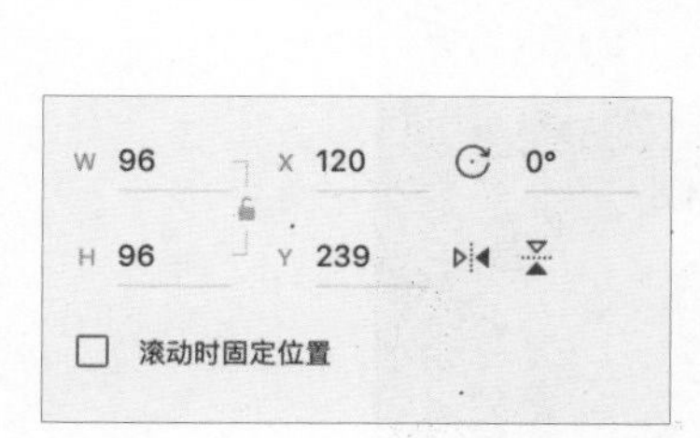

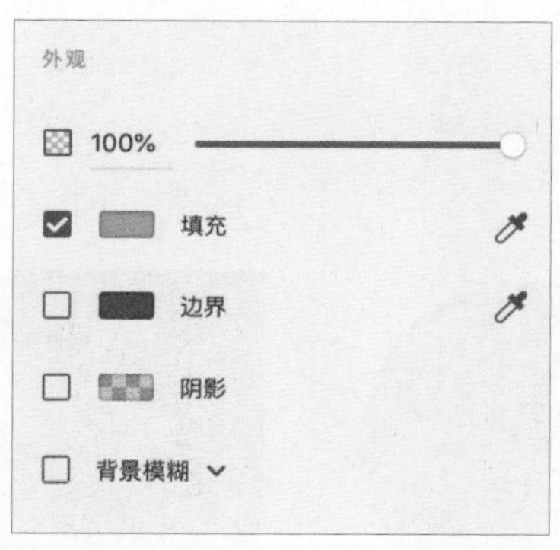

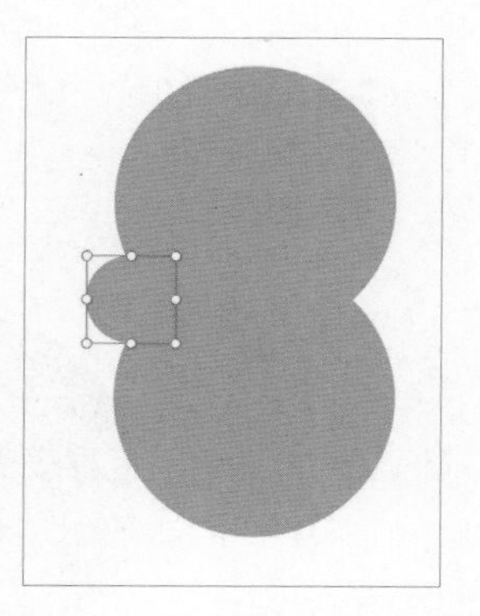

07 选择第 06 步中新建的圆形和第 04 步合并得到的对象，单击属性检查器布尔运算组中的“交叉”工具，使对象相交，得到一条鱼的基本形状效果。

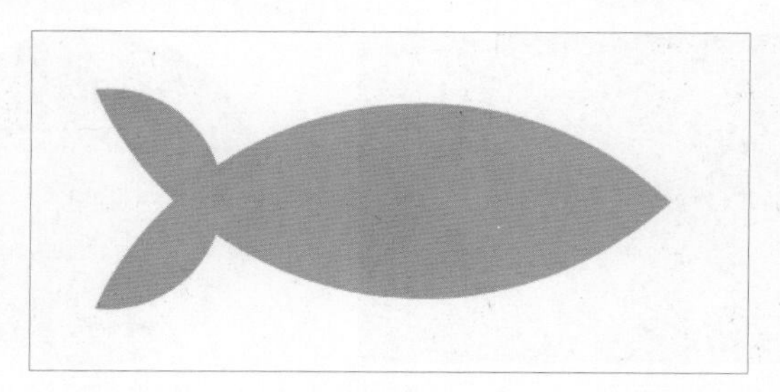

08 再次在左侧工具栏中选择“椭圆”工具○，将鼠标指针移到画板上并按住 Shfit 键拖动绘制一个新的圆形，并在属性检查器中修改“W”改为 22、“H”改为 22、“X”改为 249、“Y”改为 276。

09 同时选中第 08 步中新创建的圆形和第 05 步中交叉得到的对象，然后单击属性检查器布尔运算组中的“减去”工具，得到一条完整效果的小鱼。

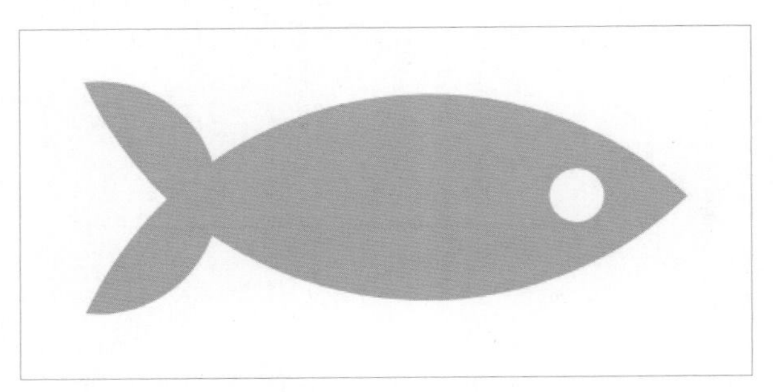

技术专题：剪贴蒙版

【演示视频：剪贴蒙版】

观看在线教学视频

剪贴蒙版，简单来讲就是将一个形状和一个图像叠放后进行组合，组合后图像显示形状范围内的内容，形状外的内容不显示。例如，需要制作一个圆形的头像时，可以在 XD 的画板上画一个圆形，将需要作为头像的图像拖入到 XD 中，然后将圆形和图像叠放在一起，同时选中圆形和图像，使用快捷键 Command+Shift+M（Mac OS）或 Ctrl+Shift+M（Windows）创建剪贴蒙版，然后会看到图像中只显示圆形范围内图像上的内容。

创建剪贴蒙版不仅可以通过快捷键完成，还可以通过选中对象后，单击菜单中的“对象 > 带有形状的蒙版”命令来完成。

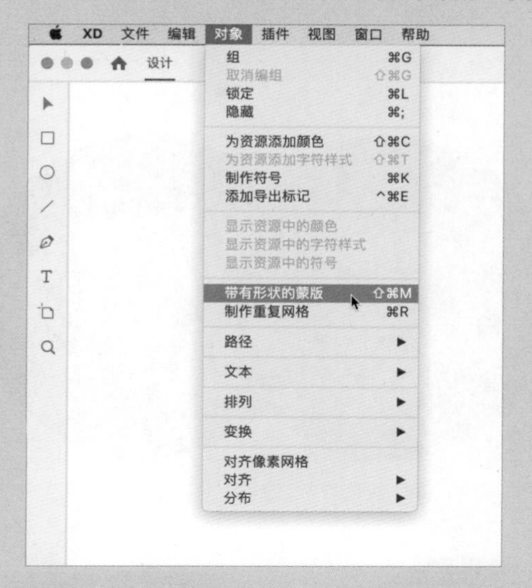

从计算机的文件管理器中拖动图像到 XD 的对象上，可以直接创建剪贴蒙版，并且直接拖入图像创建剪贴蒙版时图片会自动适应大小。

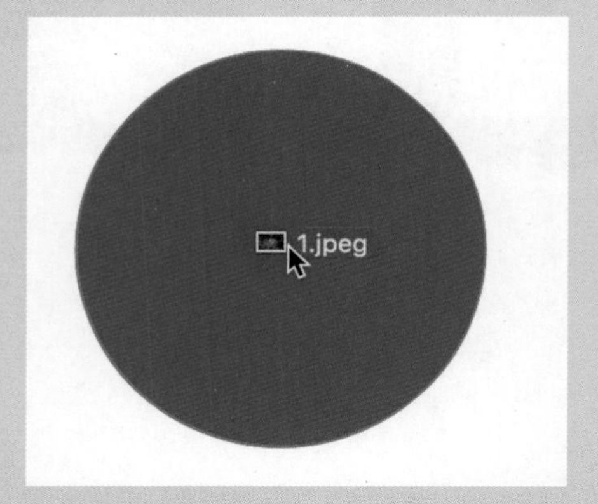

剪贴蒙版不会将原来的图像和形状损坏。如果需要调整剪贴蒙版中图像和形状的大小和位置，只需要双击进入剪贴蒙版内部进行调整即可。拖入图像创建的剪贴蒙版，只能调整图像，不能调整形状。

将本地计算机中的图像拖到 XD 的图像中也能创建剪贴蒙版，但是在 XD 中的两个图像不能创建剪贴蒙版，而两个矢量形状可以创建剪贴蒙版。

编组后的对象也能创建剪贴蒙版，如包含两个剪贴蒙版的编组与矩形创建剪贴蒙版。

如果需要在 XD 中取消剪贴蒙版，有以下几种方式。

（1）选择剪贴蒙版后，使用快捷键 Command+Shift+G（Mac OS）或 Ctrl+Shift+G（Windows）可取消剪贴蒙版。

（2）选择剪贴蒙版后，单击鼠标右键，并在弹出的右键菜单中选择“取消蒙版编组”可取消剪贴蒙版。

（3）选择剪贴蒙版后，单击菜单“对象 > 取消蒙版编组”命令可取消蒙版编组。

需要注意的是，从本地文件中拖入图像创建的剪贴蒙版无法取消蒙版编组（剪贴蒙版）。

剪贴蒙版会使矢量形状不可见。如果想将需要剪贴的内容剪贴到某个背景上，同时保留背景，需要复制一个背景出来，并且在剪贴后，将剪贴蒙版放到背景上。

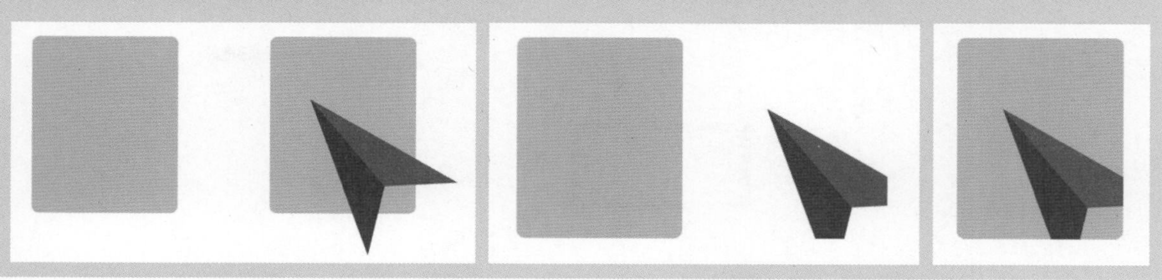

3.3.3 转换为路径

进行了布尔运算的对象在双击后仍然可以进行编辑。如果不需要再编辑，可以在选择对象后，使用快捷键 Command+8（Mac OS）或 Ctrl+8（Windows）将对象转换为路径，也可以单击 XD 菜单中的“对象 > 路径 > 转换为路径”命令将对象转换为路径。转换为路径后两个对象将变为一个对象，双击直接显示锚点，不能再对布尔运算之前的对象进行编辑。

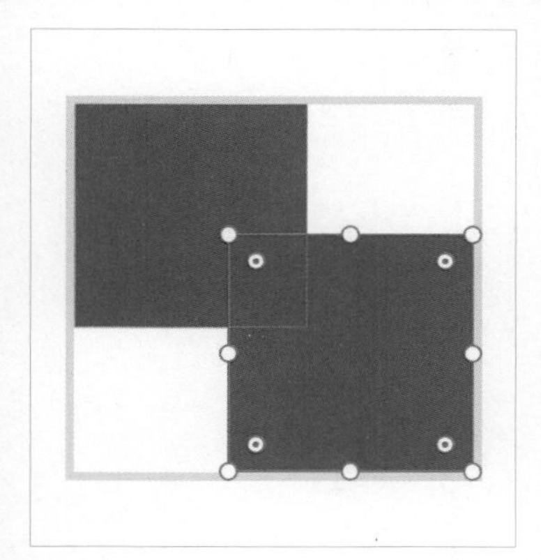

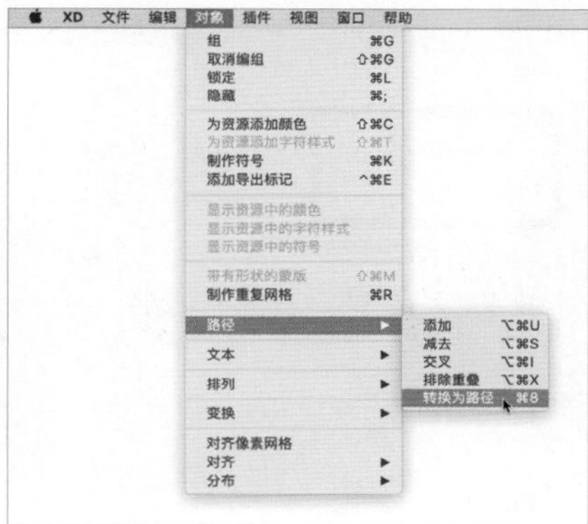

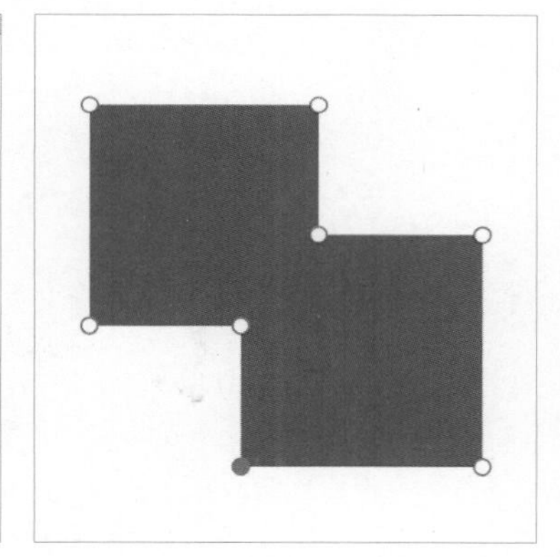

3.4 常用属性和工具

观看在线教学视频

在 XD 属性检查器中，除前面介绍到的对齐工具组、重复网格及布尔运算工具组外，还可以对所选对象或画板的宽、高、坐标、旋转角度、方向等常用属性进行设置。

3.4.1 宽高和坐标

宽、高、坐标为对象的基础属性，选择任意一个对象后，在属性检查器中，“W”为当前对象的宽度值，“H”为高度值，“X”表示当前元素左上角第一个像素点距离当前画板最左侧像素点水平方向的距离值，“Y”表示当前元素左上角第一个像素点距离当前画板最上方像素点垂直方向的距离值。

例如，下面画板中有一个宽为 200px、高为 100px 的矩形，选中该矩形后按住 Option 键（Mac OS）或 Alt 键（Windows）测量距离当前画板左侧边缘 88px，距离当前画板最上方 148px，与属性检查器中的值一致，属性检查器中“W”的值为 200、“H”的值为 100、“X”的值为 88、“Y”的值为 148。

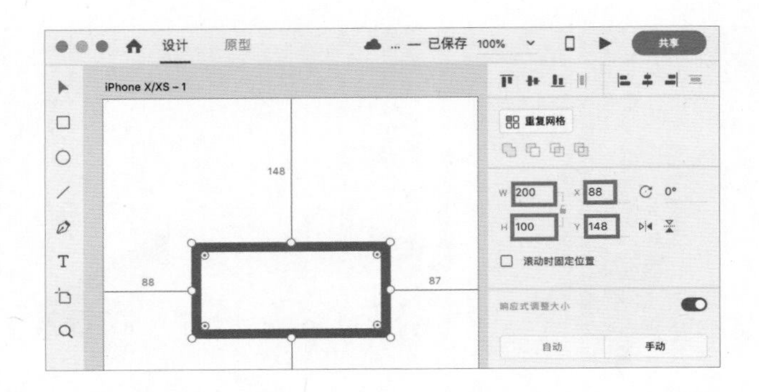

当选择两个或两个以上对象时，若选择的对象宽或高存在相同的属性，相同的宽或高的属性值会在属性检查器中显示，两个属性值相同时都会显示，属性值不相同会显示短横线。选中的两个对象的宽均为 200px，但一个高为 100px，一个高为 50px，此时属性检查器中“W”的值为 200，“H”的值显示为短横线。同时无论选中多少个对象，“X”和“Y”的值只显示为从左至右并从上至下第一个对象的 X、Y 坐标。

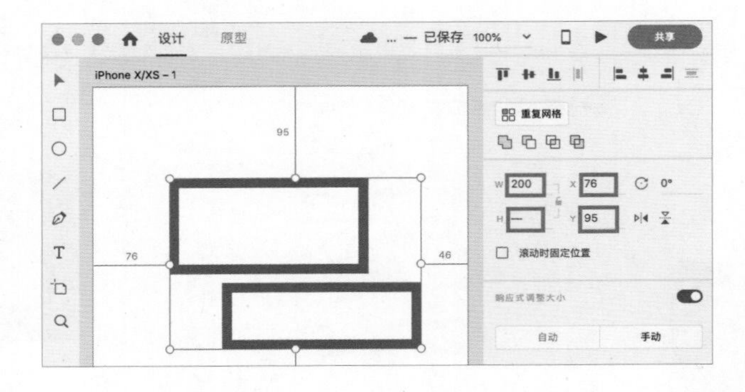

对选择对象进行移动、修改大小等操作后，其属性变化也将实时反应在属性检查器中。在属性检查器中，单击任一下方有横线的属性值，都可以进入编辑状态，这时可通过手动输入精确的数值来修改所选择对象的属性。

3.4.2 旋转角度

旋转角度在属性检查器中“X”坐标值的右侧，显示当前所选择的对象是否进行旋转。在未旋转时角度值显示为 0°，在顺时针方向旋转时角度值显示为正数角度值，在逆时针方向旋转时角度值显示为负数角度值，最小值为 -360°，最大值为 360°。

在选择对象后，将鼠标指针移动到所选择对象的界定框任何一个角附近外侧时，这时鼠标指针会变为，此时按住鼠标左键并拖动，可以旋转所选择的对象，旋转的同时按住 Shift 键，可将旋转角度值锁定在 15° 的倍数，如 30°、135° 及 -15° 等。

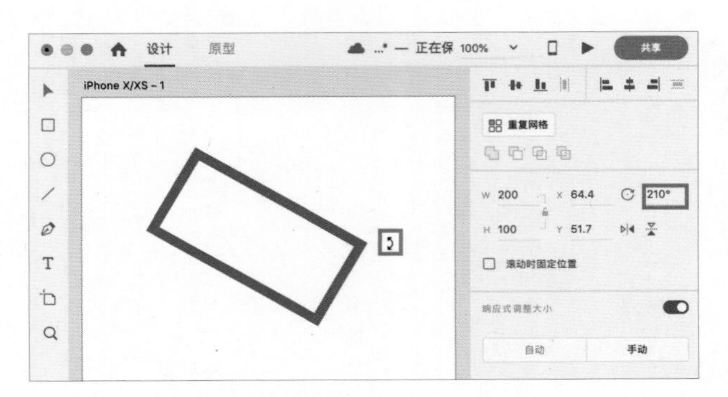

技巧提示

在选择的画板时，旋转角度在属性检查器中不显示。在手动输入旋转角度值时，无需输入角度符号“° ”。

3.4.3 画板方向设置

手机 App 界面除了有垂直方向使用的情况，有时也有水平方向使用的情况，如游戏界面等。XD 提供了画板方向设置的按钮组，仅在选中画板的时候显示。所在位置与“旋转角度”图标的位置相同，在选择画板时“旋转角度”图标会被隐藏，“画板方向设置”按钮会显示出来。

在默认情况下，画板均为垂直方向，垂直方向“画板”按钮为蓝色，水平方向“画板”按钮为灰色。单击水平方向的“画板”按钮，水平方向画板按钮变为蓝色，垂直方向画板按钮变为灰色，所选择的画板方向变为水平方向。

3.4.4 翻转工具

使用“翻转”工具可以以对象或组的中心点为中心进行水平方向或垂直方向的轴翻转。

“翻转”工具位于属性检查器中“Y”坐标的右侧，有水平翻转和垂直翻转之分。使用“翻转”工具可以快速、精确地完成部分设计。例如，假设需要上、下、左、右 4 个方向的箭头，可以在绘制完成一个向左的箭头后，选中向左的箭头，然后复制一个，并单击“水平翻转”按钮，可以得到一个向右的箭头。选中向右的箭头，然后复制一个，并按顺时针方向旋转 90° ，可以得到一个向下的箭头。选择向下的箭头，然后复制一个，并单击“垂直翻转”按钮，可以得到一个向上的箭头。同时，翻转前后的对象可以保证宽高尺寸相同。

3.5 文本属性

文本属性只有在选择文件中的“点文本”或“区域文本”后才会在属性检查器中显示，可以对文本的字体、字号、字重及对齐方式等进行设置。

3.5.1 字体、字号和字重

文本属性组中第一个为字体选择，显示当前文本使用的字体名称。

单击字体名称进入可编辑状态，可以直接输入字体名称，并根据输入的内容自动匹配本地已安装的字体。同时在可编辑状态下按向上键或向下键，可以直接按已安装的字体名称的顺序应用字体到选择的文本上。

单击右侧的下拉箭头，会弹出本地计算机中已安装的所有字体列表，这时可以根据需要选择合适的字体来使用。

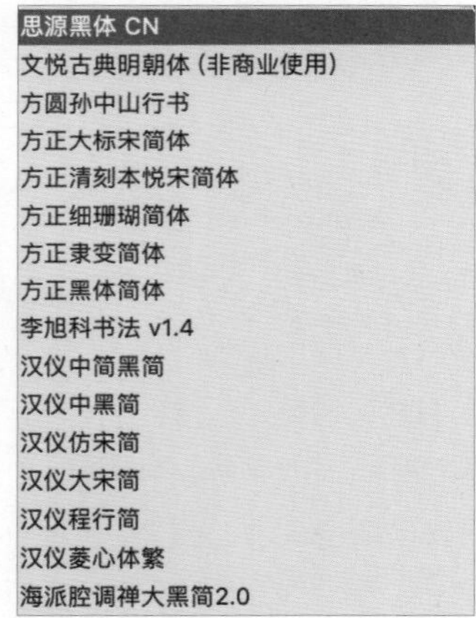

字体下方左侧为字号即字体大小，单击字号的值，进入可编辑状态，可手动精确输入字号。在选中点文本的状态下，将鼠标指针移到到点文本界定框下方的控制按钮上，并待鼠标指针变为双箭头，可拖动调整字号大小。

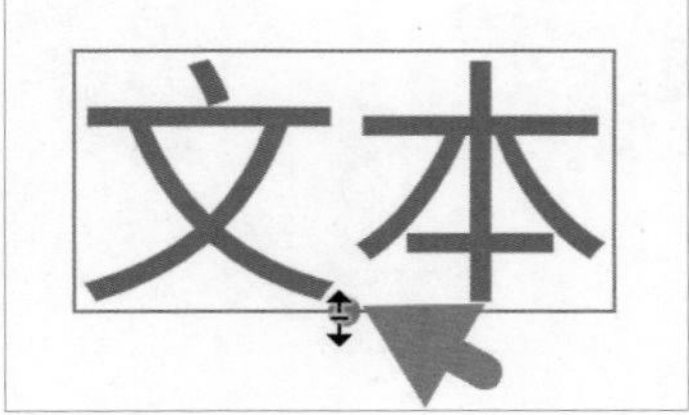

技巧提示

使用快捷键也可以调整文本的字号大小，将字号调大的快捷键是 Command+Shift+>（Mac OS）或 Ctrl+Shift+>（Windows），将字号调小的快捷键是 Command+Shift+<（Mac OS）或 Ctrl+Shift+<（Windows）。

很多字库字体文件名后方会标有“Regular”“Ligh”等字样，指的就是字重。不同字重的字体，笔画的粗细不同，如常用的思源黑体有 ExtraLight、Light、 Normal、Regular、Medium、Bold 和 Heavy 七种字重。字重选择在属性检查器中文本属性栏字号的右侧，单击字重名称后方的下拉箭头，会弹出本地计算机中已安装当前字体的字重列表，这时可选择并使用想要的字重。

3.5.2 文本的对齐方式

文本的对齐方式设置位于属性检查器的“文本”属性栏中，分为左对齐、居中对齐和右对齐 3 种不同的对齐方式。

不同的设计场景，建议选择不同的对齐方式，如 App 界面中左侧的“返回”按钮一般采用左对齐方式，标题一般采用居中对齐方式，右侧的“更多”按钮一般采用右对齐方式。

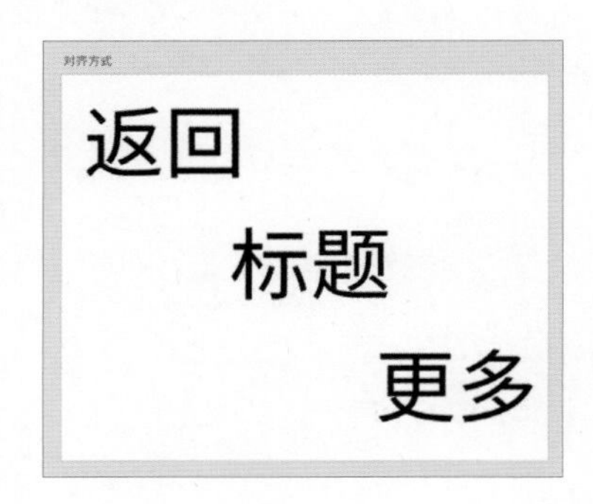

规范地设置文本的对齐方式有利于减少错误，当文本内容有了修改（如增加了文字），不会影响到原有的排版。

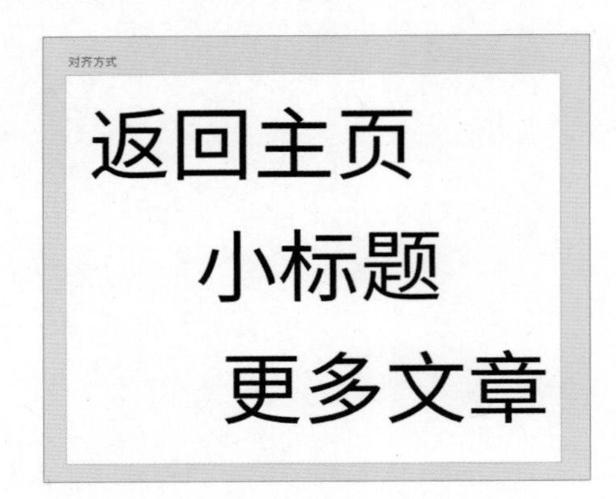

文本的对齐方式如果设置不规范，当文本内容有了修改（如增加了文字），会依然保持原来的排版方式，可能会出现排版错乱或超出页面范围的情况。

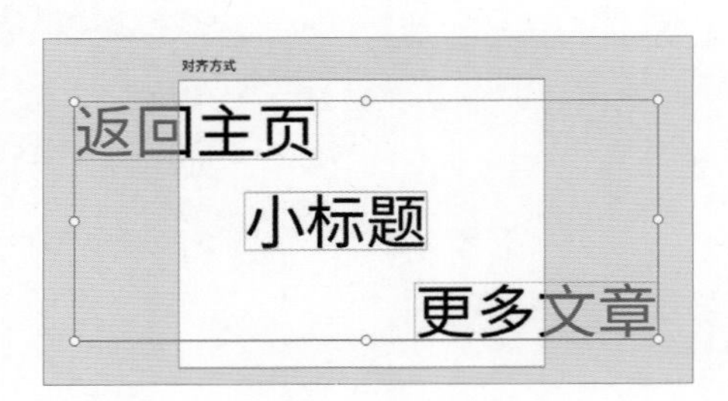

XD 中目前暂无两端对齐，因此大段的文字排版并不好看，后期 XD 可能会增加该功能。

盼望着，盼望着，东风来了，
春天的脚步近了。一切都像刚
睡醒的样子，欣欣然张开了
眼。山朗润起来了，水涨起来
了，太阳的脸红起来了。

3.5.3 点文本和区域文本切换

添加无需换行的短文本通常采取创建“点文本”的方式，添加大段的文字通常采取创建“区域文本”的方式。在属性检查器的“文本”属性栏中，可以单击相应图标按钮对“点文本”和“区域文本”进行切换。

3.5.4 下画线

“下画线”按钮位于属性检查器的文本属性栏中，单击“下画线”按钮 U，可以为文本添加下画线。再次单击“下画线”按钮 U，可以取消下画线，也可以使用快捷键 Command+U（Mac OS）或 Ctrl+U（Windows）添加或取消下画线。

当然，也可以使用直线工具画一条直线来充当下画线使用，这样还能调整线条的颜色和粗细。

盼望着，盼望着，东风来了，春天的脚步近了。一切都像刚睡醒的样子，欣欣然张开了眼。山朗润起来了，水涨起来了，太阳的脸红起来了。

3.5.5 字符间距、行间距和段落间距

“字符间距” AV 指两个字相互之间在水平方向上间隔的距离。字符间距越大，文字密度越小。

“行间距” 指每行文字的高度。两行字之间的空白距离等于行间距减去字号大小。行间距越大，两行之间的间距越大。

“段落间距” 指两个段落文字之间的距离。在同一个区域文本中，两个段落的段间距越大，两个段落之间的间距就越大。

字符间距为0

字 符 间 距 为 3 0 0

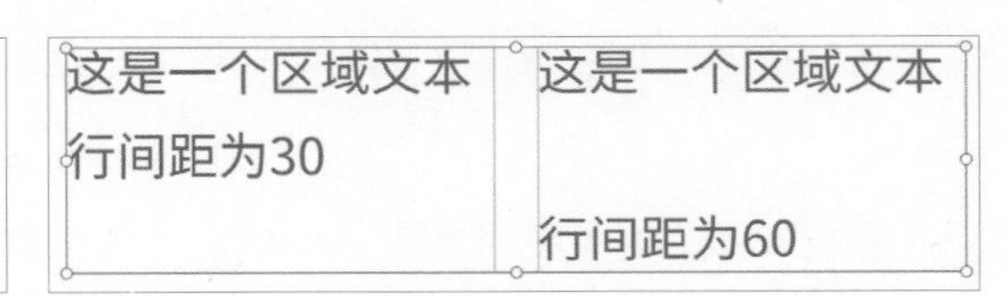

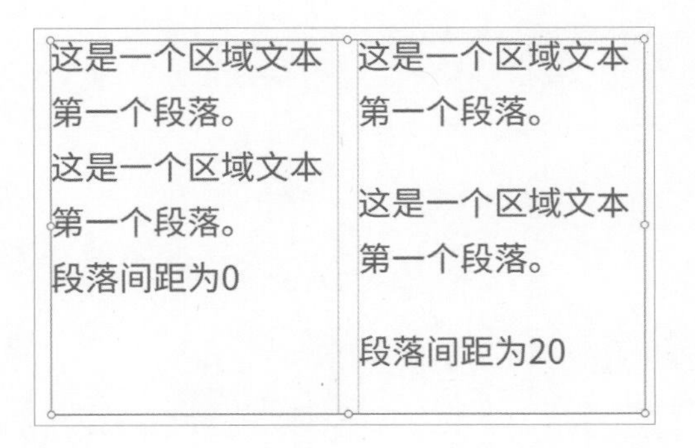

3.6 外观

属性检查器中的“外观”属性栏仅在选择对象后出现，通过“外观”属性栏可以方便地设置所选对象的透明度、填充颜色、描边、阴影及模糊等属性。

观看在线教学视频

3.6.1 透明度

“外观”属性栏中第一个设置项为“透明度”。除了单击属性值直接输入精确数值，还可以通过拖动右侧横向滑动控件来调整所选对象的透明度。当控制点被拖动到最左侧时，当前对象的透明度为 0%；当控制点被拖动到最右侧时，当前对象的透明度为 100%。

直接在数字键盘上按数字键，可以快速地控制所选对象的透明度。按“2”键所选对象透明度变为 20%，按“0”键所选对象透明度变为 100%，快速且连续按两次“0”键，所选对象透明度变为 0%，快速且连续按下“7”和“8”键，所选对象透明度变为 78%。

画板中 4 个矩形的透明度从左至右并从上至下分别为 0%、40%、70% 及 100%，当对象的透明度为 0% 时，对象不可见。

透明度控制所选对象的所有属性的透明度，包括填充、描边、阴影及模糊。

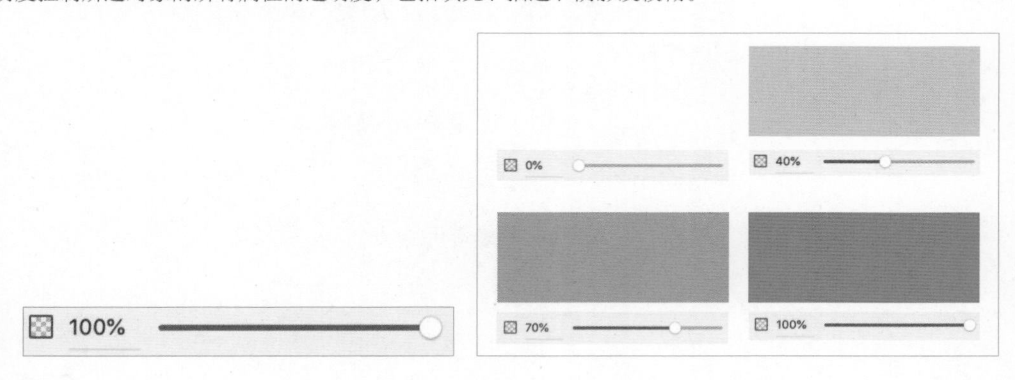

3.6.2 圆角

在前面的章节已经讲解过，矩形可以通过设置圆角半径变为圆角矩形。设置时只需要选择矩形并拖动其 4 个角的“圆角编辑器”◎即可。在属性检查器中，可以给矩形设置更精确的圆角半径。

在选中矩形且只有选中矩形的情况下，属性检查器中才会出现“圆角”设置栏，默认有两个按钮和一个可编辑框。

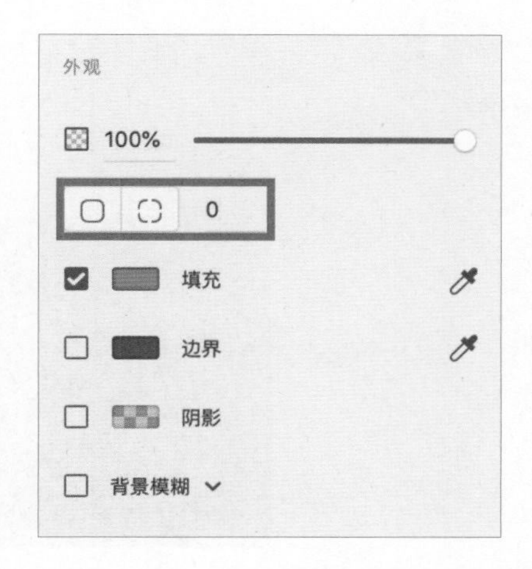

在选择第 1 个“所有圆角的半径相同”按钮 时，矩形 4 个角的圆角半径大小相同，单击后面的数值可进入可编辑状态，此时可以通过在输入框中输入数值精确地设置圆角大小，如输入 100 后可得到如图所示效果。

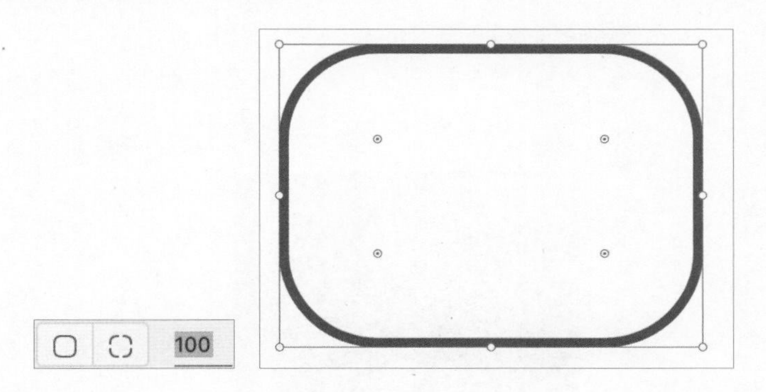

单击第 2 个“每个圆角的半径不同” 按钮时，右侧的可编辑框由 1 个变为 4 个，4 个输入框分别表示矩形左上角、右上角、右下角及左下角的圆角半径，当数值分别修改为 100、20、200、80 时，可得到如下图所示图形效果。

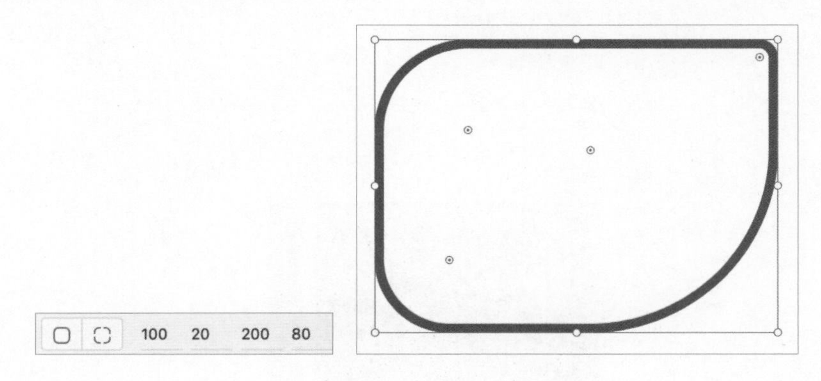

3.6.3 填充纯色和渐变

选择一个对象后，可以给其设置填充颜色。填充颜色设置控件由复选框、“颜色块”、“填充”字样及“吸管”工具组成。

复选框：默认为选中状态。单击可以取消填充颜色，且复选框变为未选中状态。再次单击使用填充颜色，复选框变为选中状态。

“吸管”工具：可以从当前显示器上任意位置吸取颜色进行纯色填充（快捷键 I）。

“颜色块”：可以调用拾色器设置颜色。

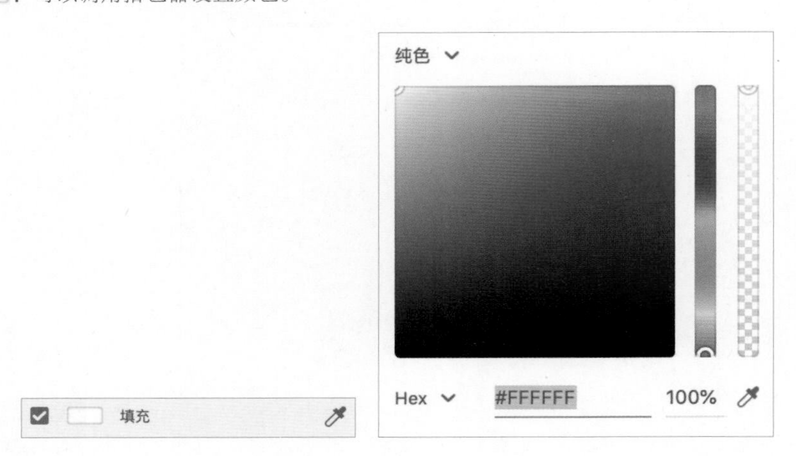

拾色器中默认为纯色，第 1 个控件为“色域”，在“色域”中单击鼠标左键，可以直接选择颜色。在水平方向拖动鼠标指针，可以调整颜色的饱和度，越往右饱和度越高。在垂直方向上拖动鼠标指针调整颜色的明度，越往下明度越低。

第 2 个控件为色相滑块，上下拖动滑块可切换色相。

第 3 个控件为“不透明度”滑块，与下方的不透明度值相对应，上下拖动调整透明度，单击输入框可以输入精确值。该“不透明度”滑块仅控制颜色的透明度。

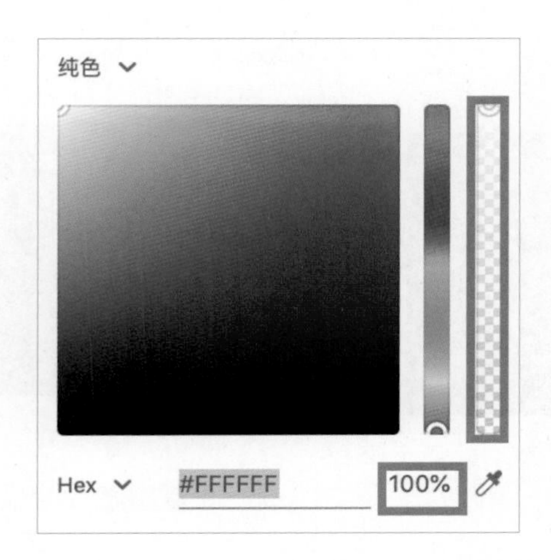

除了选择颜色，拾色器还支持直接输入精确的 HSBA、RGB 或十六进制值格式的颜色值。在左下角单击下拉箭头 ，可以对颜色模式进行切换。

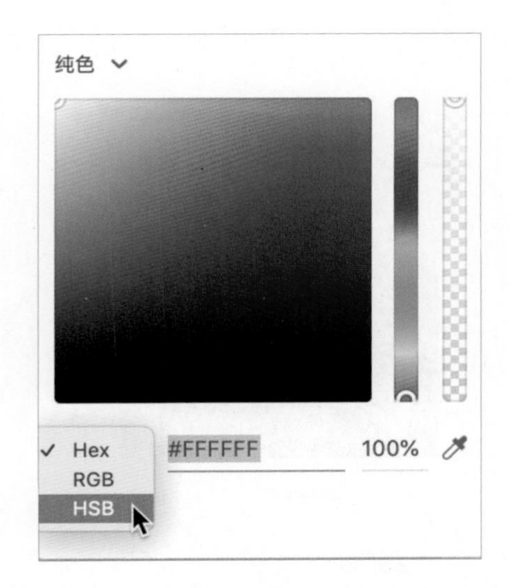

技巧提示

如果习惯使用十六进制颜色值，在拾色器中将颜色值格式切换为 Hex 后输入颜色值，XD 会自动补全字符——输入时可以不用输入 # 号，输入完按回车键会自动补全字符，如输入字符“AA6529”并按回车键，系统会自动补全为“#AA6529”。

输入单个字符如“A”并按回车键，系统会会自动补全字符为“#AAAAAA”，像常用的“#333333”“#666666”“#999999”，只需要输入字符“3”或“6”或“9”并按回车键，系统会自动补全。

输入两个字符如“E1”并按回车键，系统会自动补全字符为“#E1E1E1”。

输入 3 个字符如“ABC”并按回车键，系统会自动补全字符为“#AABBCC”。

输入 4 个字符时，系统会在前面自动补全“00”，如输入字符“AABB”并按回车键，系统会自动补全字符为“#00AABB”。

输入 5 个字符时，系统会在最前面补全“0”，如输入字符“E1E1E”并按回车键，系统会自动补全字符为“#0E1E1E”。

选择好的颜色可以进行保存。单击左下角的“添加”按钮+，可将颜色保存到 XD 的拾色器中，方便下次使用。当需要删除已保存的颜色时，在拾色器中拖动已保存的颜色块到空白区域中，可以对颜色进行删除。拖动颜色块也可以调整已保存的颜色块的顺序。

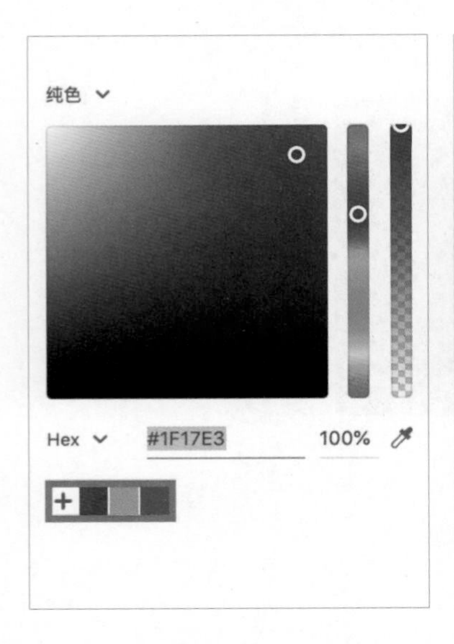

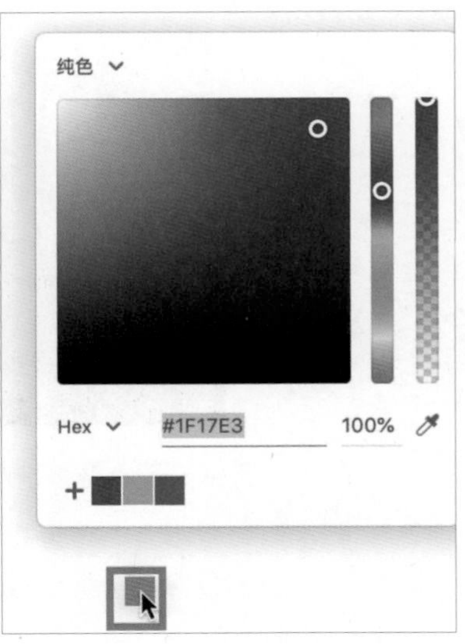

当需要设置渐变颜色时，单击拾色器左上角的下拉箭头，在下拉选项中可选择并使用渐变颜色，其中支持使用线性渐变和径向渐变两种渐变色类型。

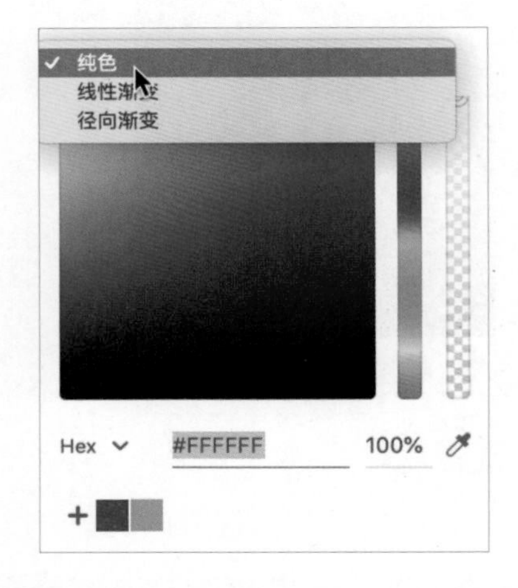

线性渐变即两个或多个颜色沿直线进行渐变。渐变的设置界面相比纯色设置界面多了以下 3 个控件。

A：画布上的渐变编辑器，拖动编辑器上的手柄可以改变渐变的方向。

B：渐变编辑器，可以快速预览渐变的效果，同时会显示色标。

C：色标，色标在渐变编辑器上用来设置颜色和两个颜色之间的距离。

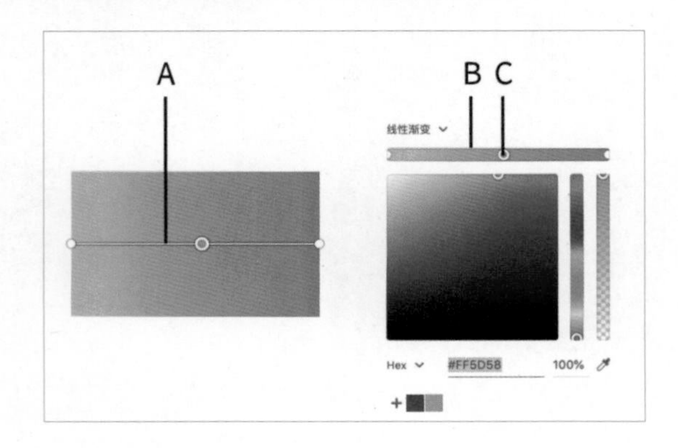

在默认情况下，渐变编辑器上只有两个色标，单击渐变编辑器可以添加色标。沿渐变编辑器拖动色标，可以更改色标的位置。如果想要删除或移除色标，只需将其从渐变编辑器中拖动到空白位置即可，或者在渐变编辑器中单击选中色标并按 Delete 键进行删除。

实战　使用渐变

实例及素材位置	实例文件>CH03>3.6.4 实战：使用渐变
难易指数	★☆☆☆☆
技术掌握	线性渐变、径向渐变

观看在线教学视频

本案例将通过对两个圆形分别设置线性渐变颜色和径向渐变颜色来学习渐变的使用技巧。下图所示为制作好的渐变效果。

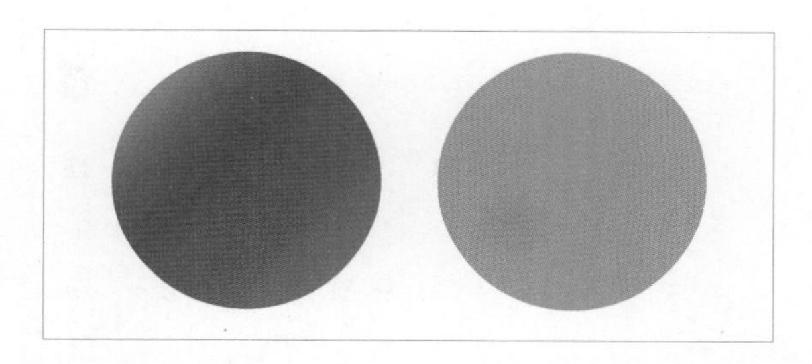

01 打开本书学习资源中的“CH03>3.6.4 实战：使用渐变 > 初始文件 .XD”文件，在画板中会看到文件包含有两个圆形。使用“选择”工具选择蓝色的圆形，并单击属性检查器中的“外观”属性栏填充的颜色块，为其添加线性渐变填充。

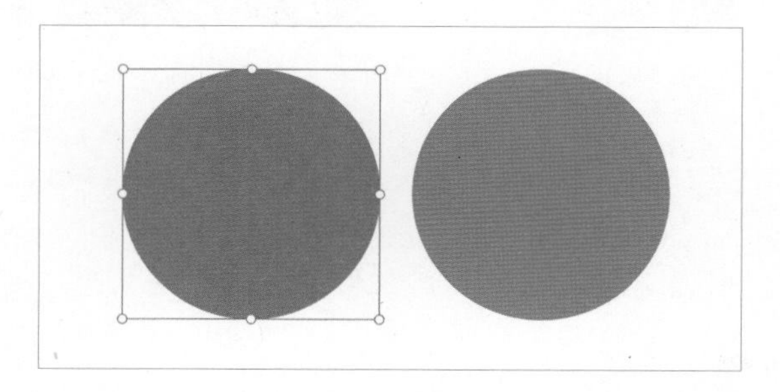

02 单击拾色器左上角“纯色”后方的下拉箭头，将颜色模式切换为“线性渐变”。

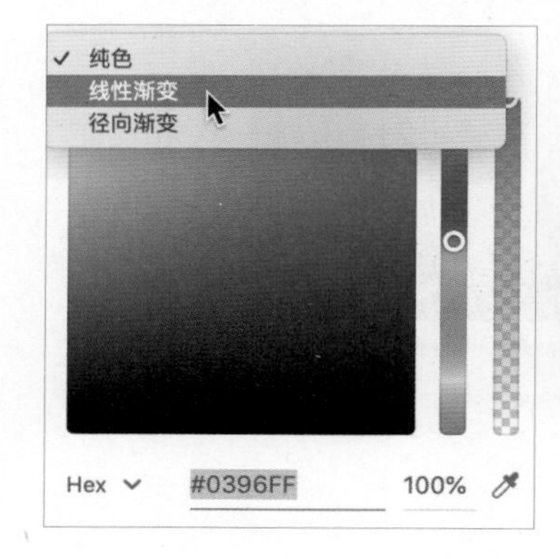

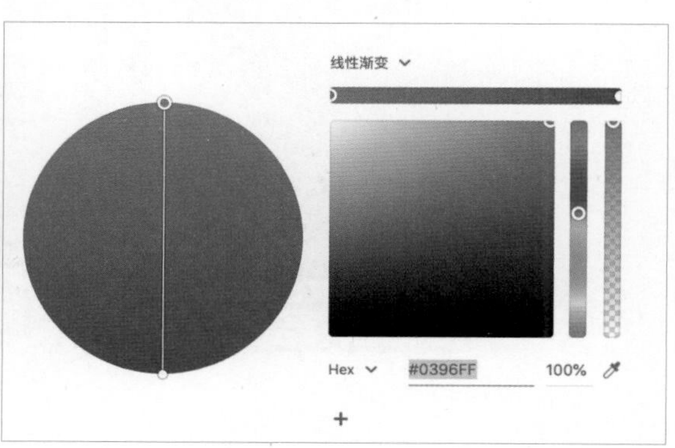

03 单击渐变编辑器第一个色标，修改颜色为蓝色（R:0，G:210，B:254）。单击渐变编辑器中间区域新增一个色标，修改颜色为紫色（R:185，G:0，B:255）。单击渐变编辑器最后一个色标，修改颜色为红色（R:246，G:60，B:48），此时该圆形呈现为三色线性渐变效果。

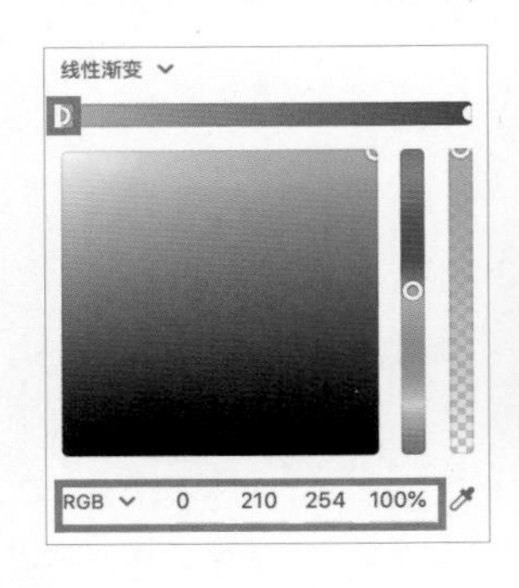

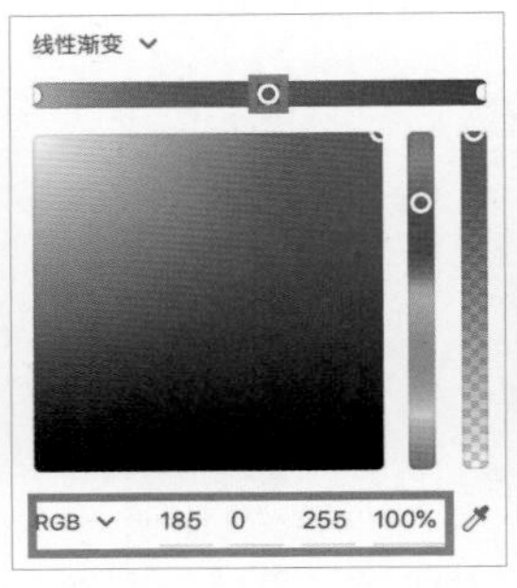

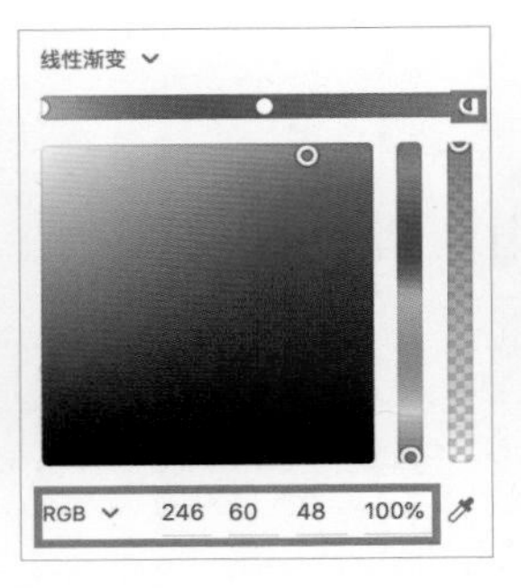

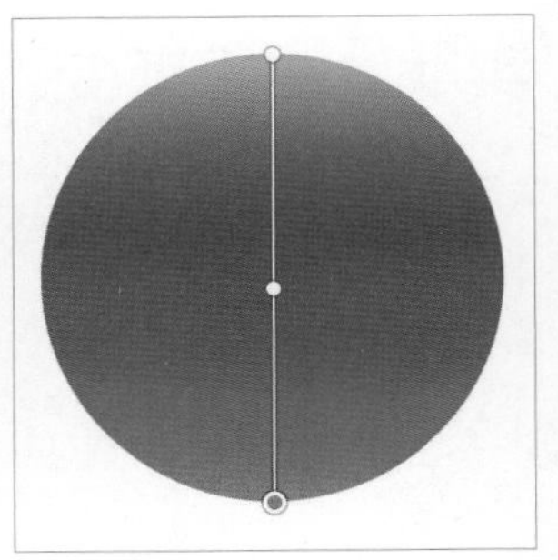

04 拖动圆形上渐变编辑器的控制点，适当调整渐变的起点位置、角度及距离，完成第1个圆形的线性渐变效果的制作。

05 接下来为第2个圆形设置径向渐变。首先选择红色的圆形，单击属性检查器中的“外观”属性栏填充的颜色块，单击弹出的“拾色器”左上角“纯色”后方的下拉箭头，将颜色模式切换为“径向渐变”。

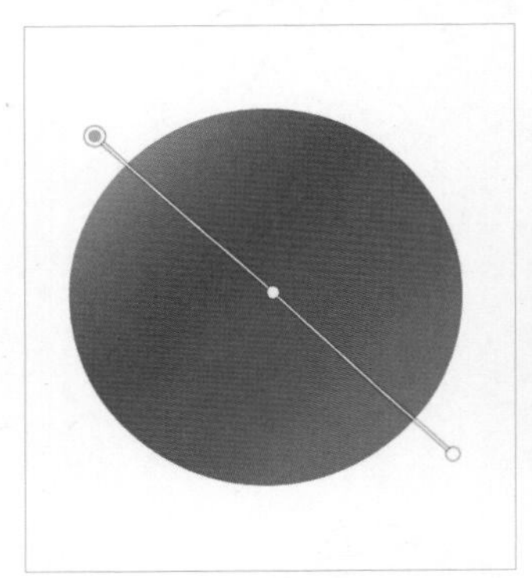
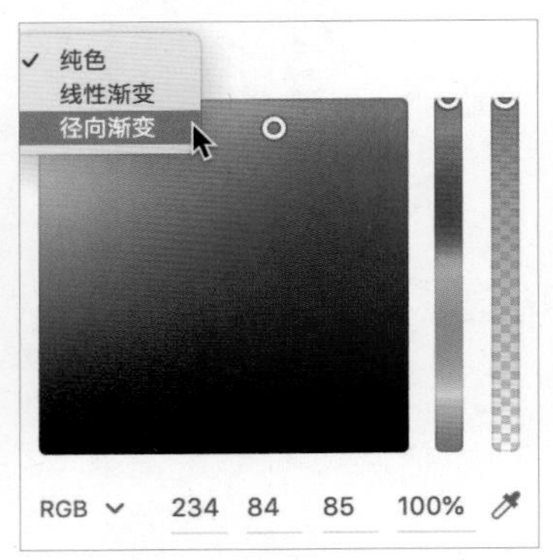

06 单击渐变编辑器中的第1个色标，修改颜色为蓝色（R:0，G:175，B:240）。单击渐变编辑器中的第2个色标，修改颜色为绿色（R:0，G:250，B:145）。后通过调整圆形上渐变编辑器的控制点，调整渐变的起点位置、角度及距离，完成第2个图形的线性渐变效果的制作。

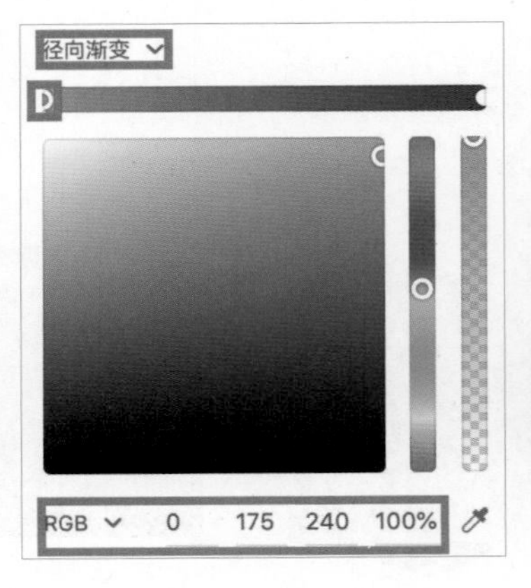

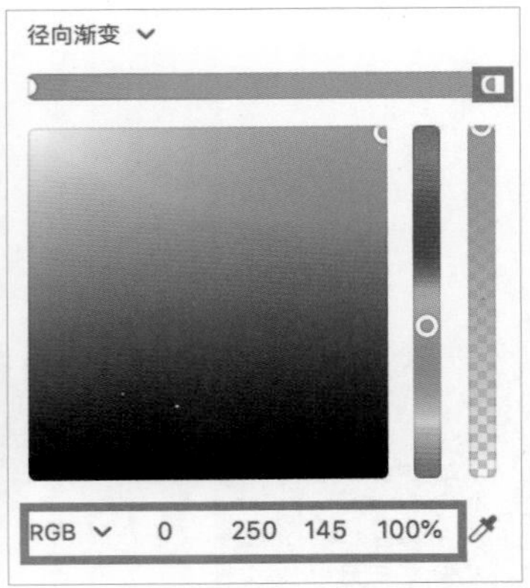

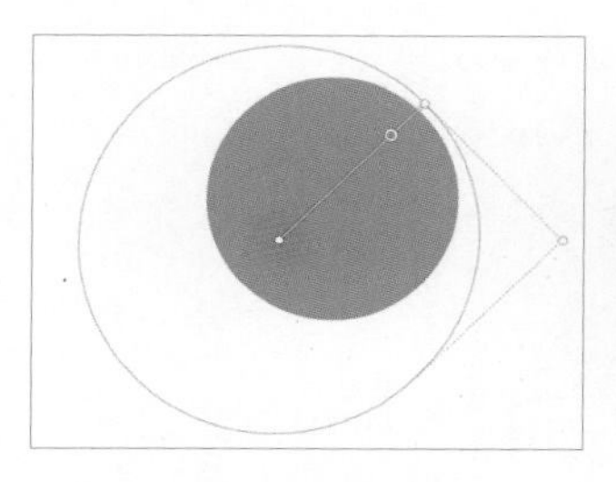

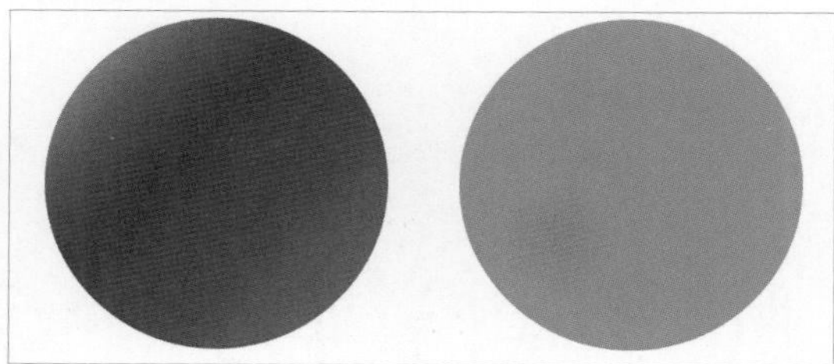

3.6.4 描边

选择对象后，可以设置其描边大小、颜色和样式。如果不需要描边，可以单击“边界”的复选框并使其变为未选中状态□，从而取消描边。

单击“边界”前的颜色块，可以调用拾色器为描边设置颜色，描边不支持渐变。单击“吸管”工具，可以吸取当前显示器屏幕中的颜色作为描边颜色。

属性检查器的“外观”属性栏中的描边“大小”的值的设置即为描边的粗细设置。描边默认为实线，“虚线”和“间隙”的值均为 0。

当需要制作虚线描边时，可以通过设置“虚线”和“间隙”的值来实现。“虚线”的值为每一段虚线的长度，“间隙”的值为每两段虚线之间的间距。

选中矩形后给矩形设置虚线描边，在属性检查器的“外观”属性栏中，设置描边的“大小”为 10、“虚线”为 20、“间隙”为 10，得到的效果如下。

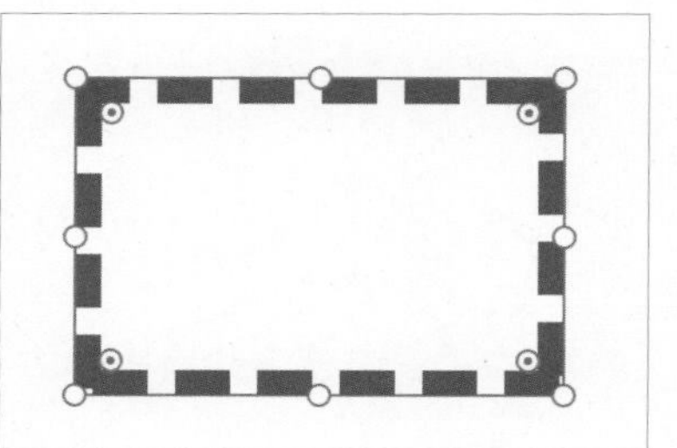

在默认情况下，XD 会使闭合路径中的描边内部对齐。需要对描边进行设置时，可以选择描边属性中的选项，包含 A“外部描边”选项、B“内部描边”选项、C“中心描边”选项、D“平头端点”选项、E“圆头端点”选项、F“方头端点”选项、G“斜接连接”选项、H“圆角连接”选项及 I“斜面连接”选项。

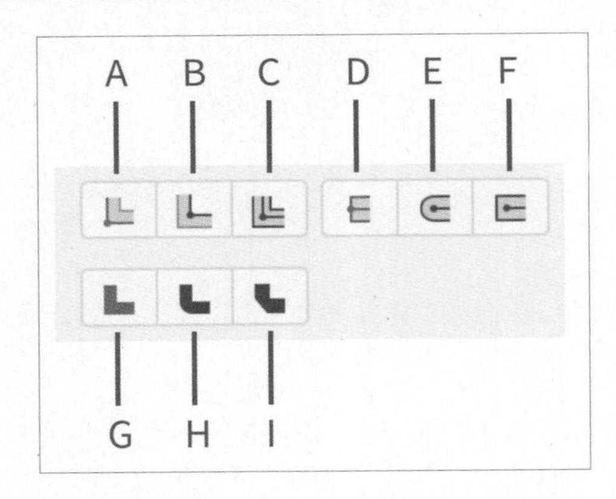

3.6.5 阴影

如果需要给选择的对象添加阴影效果，只需要单击并勾选属性检查器的“外观”属性栏中“阴影”前方的“复选框”☑即可，且勾选后可以为其设置详细的属性信息。

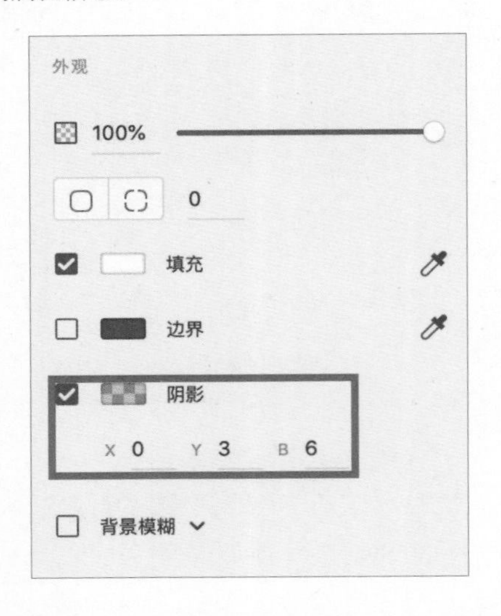

单击颜色块可调用拾色器并设置阴影颜色。在“拾色器”面板中，“X”指阴影从对象处水平方向偏离的距离，“Y”指阴影从对象处垂直方向偏离的距离，“B”指到要进行模糊处理的阴影边缘的距离。

为一个宽为 200px、高为 100px 的矩形如图 1 所示添加阴影，设置投影的“颜色”为红色（R:255，G:0，B:0），“不透明度”为 100，得到的效果如图 2 所示。

将“X”设置为 20、“Y”设置为 0、“B”设置为 0，即阴影仅从对象处水平方向偏离 20 的距离，得到的效果如图 3 所示。

将“X”设置为 0、“Y”设置为 20、“B”设置为 0，即阴影仅从对象处垂直方向偏离 20 的距离，得到的效果如图 4 所示。

将“X”设置为 0、“Y”设置为 0、“B”设置为 20，即阴影仅到进行模糊处理边缘的距离为 20，得到的效果如图 5 所示。

将“X”设置为 20、“Y”设置为 20、“B”设置为 20，即阴影从对象处水平方向偏离 20 的距离、垂直方向偏离 20 的距离、到进行模糊处理边缘的距离为 20，得到的效果如图 6 所示。

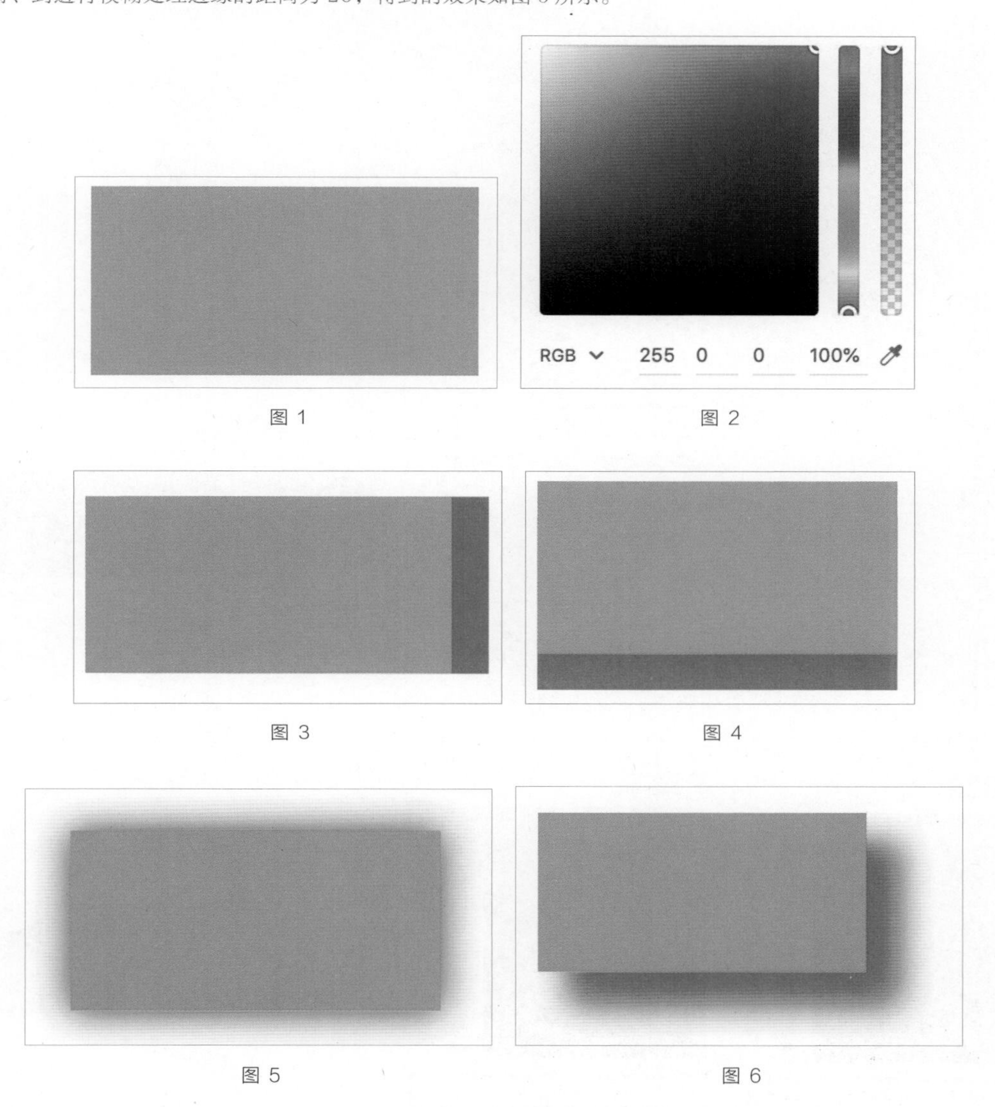

图 1　图 2

图 3　图 4

图 5　图 6

实战　带有投影的渐变颜色按钮

实例及素材位置	实例文件>CH03>3.6.6 实战：带有投影的渐变按钮
难易指数	★☆☆☆☆
技术掌握	投影、渐变

观看在线教学视频

本案例将通过学习制作带有投影的按钮来掌握投影的使用技巧。下图所示为制作好的渐变投影效果的按钮。

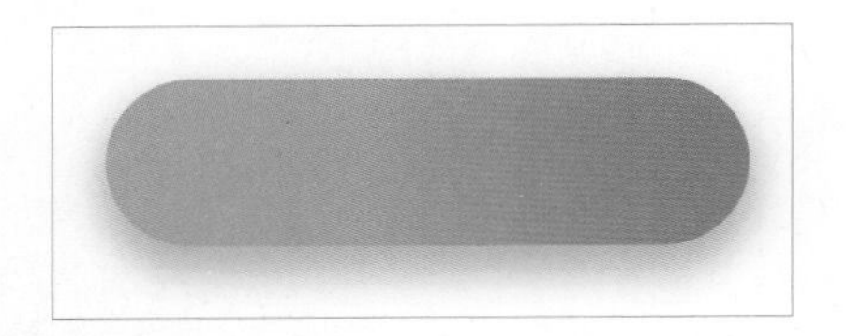

01 创建一个 600×400px 自定义大小的画板，使用矩形工具绘制一个矩形，并修改“W”为 300、“H”为 80、圆角为 40，并取消勾选描边即“边界”选项。为了让效果更直观，这里将填充颜色修改为红色（R:255，G:0，B:0）。

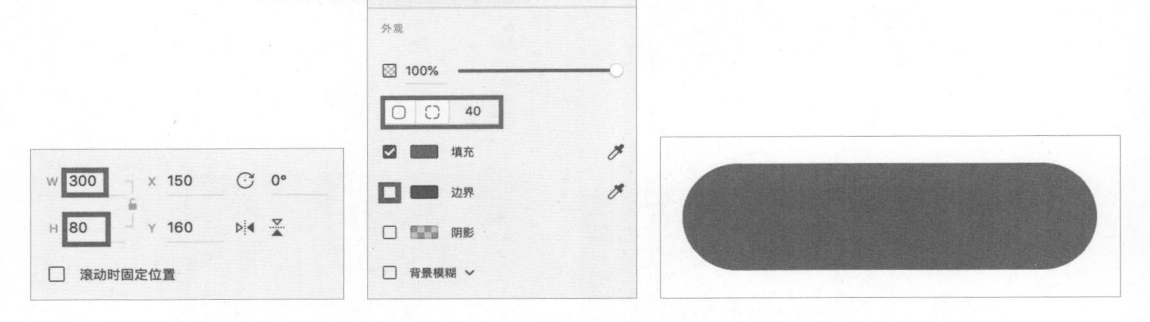

02 选择圆角矩形设置渐变颜色。在拾色器中将颜色模式切换为“线性渐变”，然后设置一个蓝色（R:82，G:160，B:253）到蓝色（R:0，G:226，B:250）的渐变，且颜色的“不透明度”均为 100，并适当调整渐变方向。

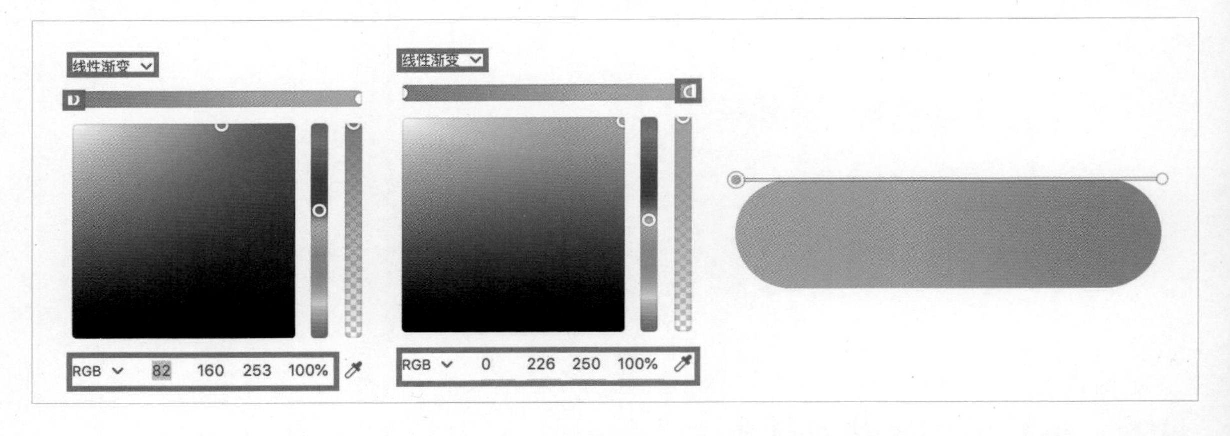

03 选择圆角矩形为其添加阴影。在属性检查器中设置阴影颜色为蓝色（R:2，G:225，B:250），“不透明度”为 60%，勾选“阴影”选项，设置“X”为 0、“Y”为 10、“B”为 20，完成操作。

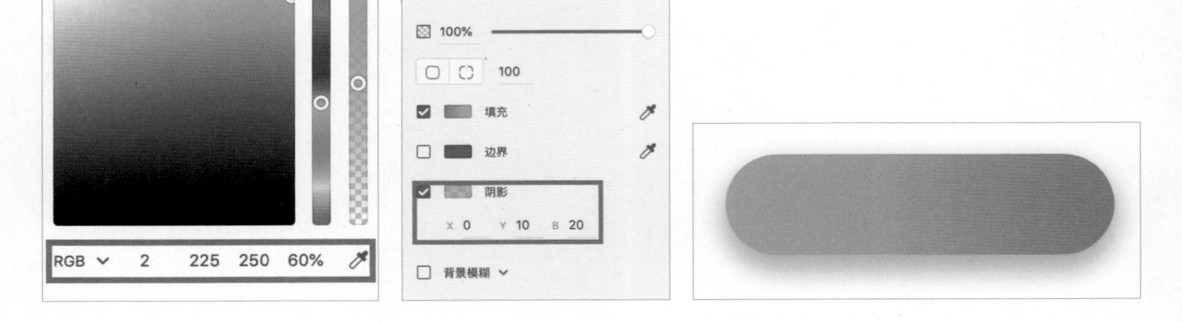

技术专题：粘贴外观

【演示视频：剪贴蒙版】

在 Photoshop 中，“复制图层样式”和“粘贴图层样式”是经常使用的功能。想要做出一个好看的投影效果不容易，且一个投影有可能就需要调整一两个小时。在 Adobe XD 中同样拥有类似的功能，即 “粘贴外观”功能，单击鼠标右键，在弹出的快捷菜单中可以看到此功能。不过这个功能大部分时候都呈现为灰色且无法选择的状态。

观看在线教学视频

针对“粘贴外观”功能的使用，首先需要选择外观的元素，然后使用快捷键 Command+C（Mac OS）或 Ctrl+C（Windows）复制元素，接着选择需要粘贴外观的对象，使用快捷键 Command+option+V（Mac OS）或 Ctrl+Alt+V（Windows），或者通过单击鼠标右键，在弹出的快捷菜单中选择“粘贴外观”选项命令，即可完成操作。

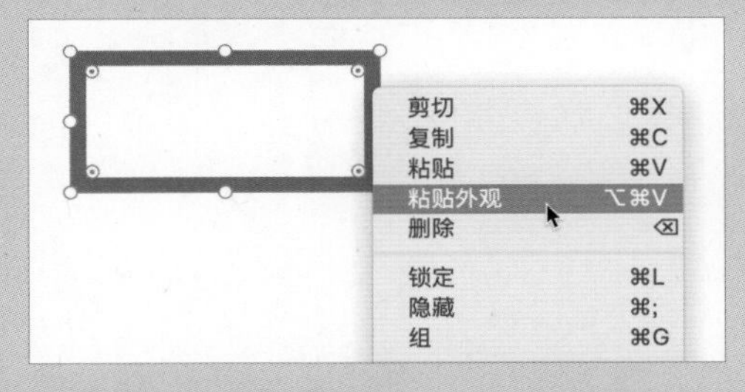

粘贴外观会复用属性检查器中的填充、描边、圆角、不透明度和阴影。

文本同样可以粘贴外观，会复用字体、字号、字重、对齐方式、下画线、字符间距、行高、段落间距、不透明度、填充、描边、阴影及模糊属性。

3.6.6 模糊

XD 支持两种模糊形式，分别是对象模式和背景模糊。选择对象后，在属性检查器的最下方显示默认为“背景模糊”形式，单击“背景模糊”后方的下拉箭头，可以对模糊形式进行切换。

对象模糊指对当前对象本身执行模糊操作，选择“对象模糊”后，只有一个属性即“模糊量”。模糊量大小可以通过单击“模糊量”按钮并输入精确数值进行设定，也可以通过拖动滑块来来对模糊程度进行调整。

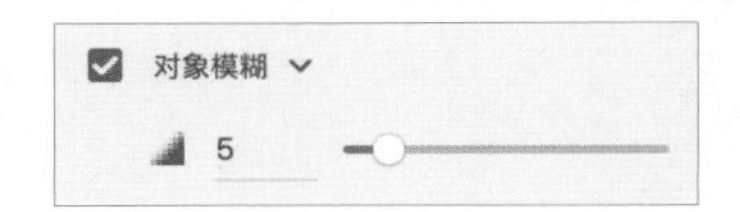

图 1 所示为一个宽为 200px、高为 100px，颜色为红色（R:255，G:0，B：0），不透明度为 100% 的矩形。设置矩形的“模糊量”为 10 时，得到如图 2 所示的效果；设置矩形的“模糊量”为 40 时，得到如图 3 所示的效果。

图 1

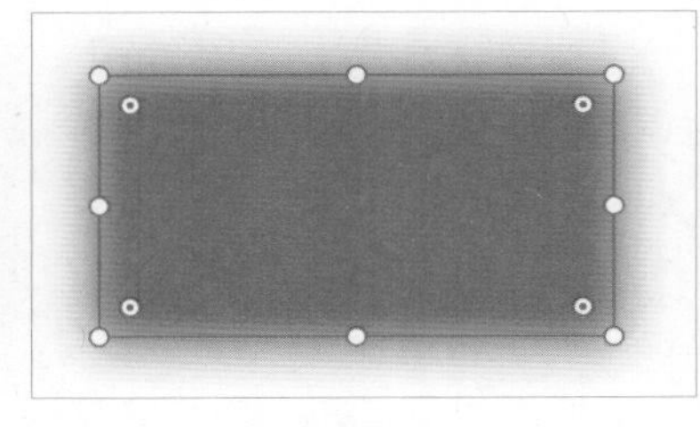

图 2

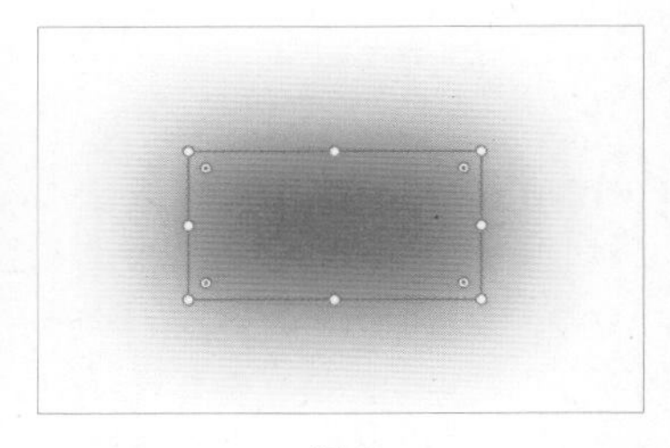

图 3

背景模糊通常用于对某个特定的区域进行模糊，需要在区域上方绘制一个对象，在属性检查器中选择“背景模糊”，XD 会将其转换为模糊蒙版，并对其下面的对象进行模糊处理。

背景模糊一共包含有 3 个属性，即模糊量（控制模糊的程度）、亮度（控制模糊蒙版的亮度）及不透明度（控制模糊蒙版的不透明度）。

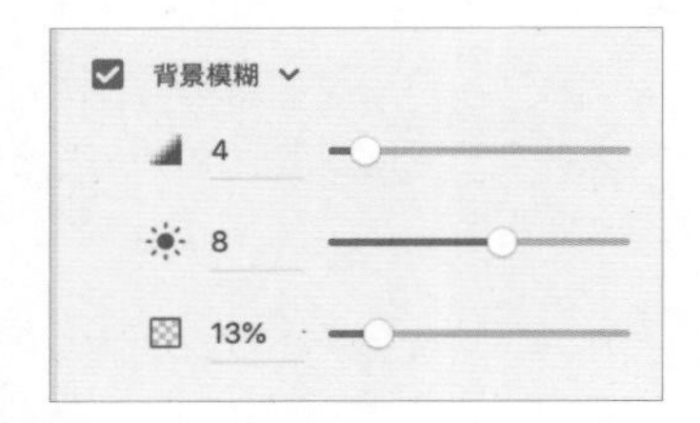

制作背景模糊效果时，在背景图片上方绘制一个圆形并在属性检查器的“外观”属性栏中取消描边。设置“模糊量”为 4、“亮度”为 10、“不透明度”为 20，会得到如下图所示的效果。

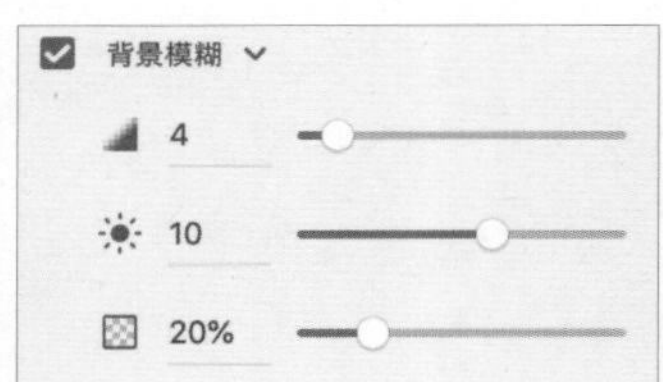

如果需要取消对象模糊或背景模糊效果，只需要单击对象模糊或背景模糊效果前方的复选框进行取消即可。

实战　登录页设计

实例及素材位置	实例文件>CH03>3.6.8实战：登录页设计	观看在线教学视频
难易指数	★★☆☆☆	
技术掌握	模糊、复制、文本、渐变	

本案例将通过一个简单的登录页设计来学习模糊、复制、文本及渐变的使用，同时巩固前面章节中学习到的内容。下图所示为登录页的最终效果。

01 新建一个包含“iPhone X/XS 375×812 ”画板的文件，将本书学习资源中的“CH03>3.6.8 实战：登录页设计 > 背景 .PNG”图片拖到画板上。

02 使用“矩形”工具□（快捷键 R）绘制一个矩形，并在属性检查器中修改“W”为 375、“H”为 812，“X”为 0、“Y”为 0。

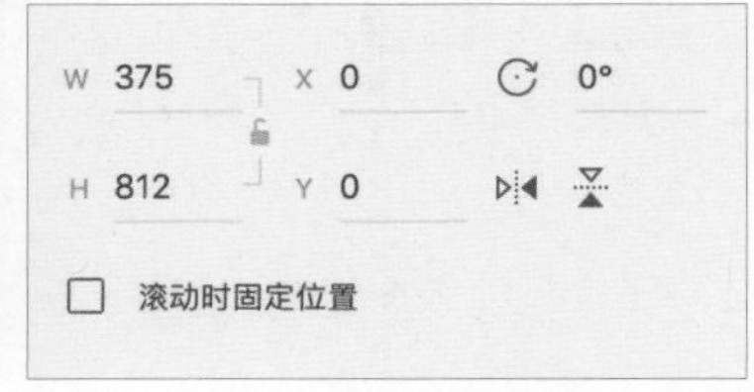

03 在属性检查器的“外观”属性栏中取消勾选“边界”（描边）选项，然后选择“背景模糊”选项，设置“模糊量”为 6、“亮度”为 10、“不透明度”为 0，完成背景模糊效果的制作。

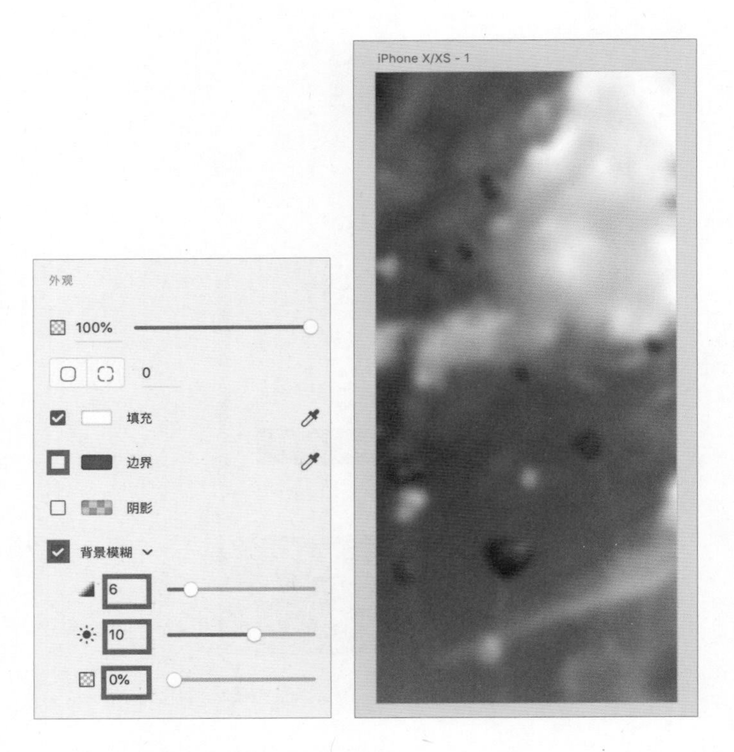

04 选择“矩形”工具□绘制一个矩形，在属性检查器中修改“W”为320、“H”为60、“X”为26、“Y”为593。（将“X”修改为26时，矩形相对于画板水平方向居中，或选择矩形后单击属性检查器中对齐工具组中的“水平居中”按钮，可达到同样的效果。）

05 选中第04步中绘制的矩形，在属性检查器的“外观”属性栏中设置4个圆角的“圆角半径”分别为0、0、13、13，并取消勾选“边界”选项，并勾选“阴影”选项，设置“X”为0、“Y”为20、“B”为20。

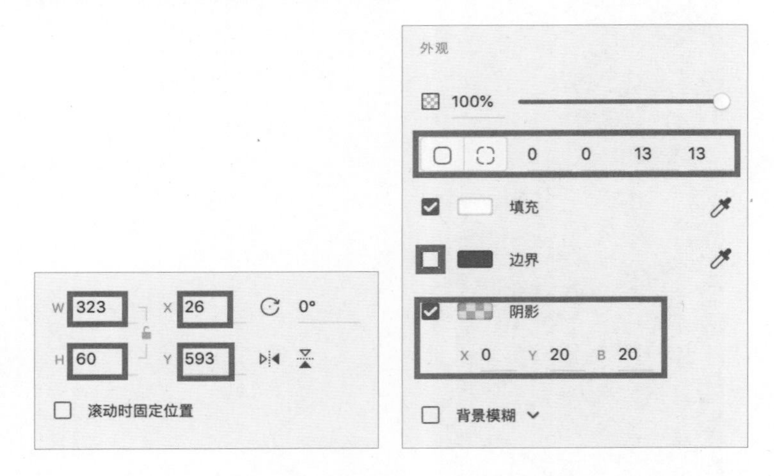

06 使用“文本”工具T在第04步中创建的矩形中单击，创建一个“点文本”，并输入文字“注册”。然后单击属性检查器中“填充”左侧的颜色块，调出“拾色器”面板，设置文本的“填充颜色”为黑色（R:38，G:38，B:38），设置完成后同时选中“注册”文本和第04步中创建的矩形，然后通过单击属性检查器中的“水平居中对齐”按钮和“垂直居中对齐”按钮将两个矩形对齐。

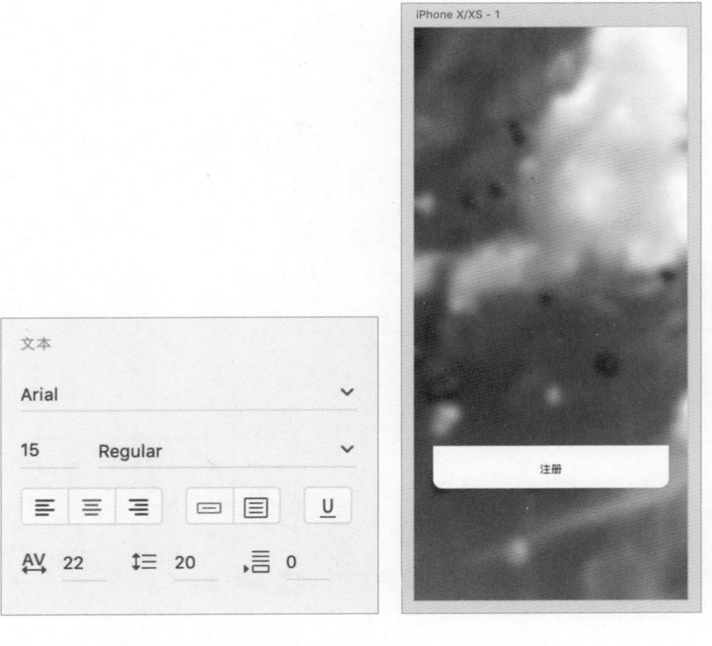

07 选择“矩形”工具□绘制一个矩形，然后在属性检查器中修改“W”为 343，“H”为 448、“X”为 16、“Y”为 146。在属性检查器“外观”属性栏中取消勾选“边界”选项，设置 4 个圆角的“圆角半径”均为 13，并勾选“阴影”选项，设置“X”为 0、“Y”为 20、“B”为 20。

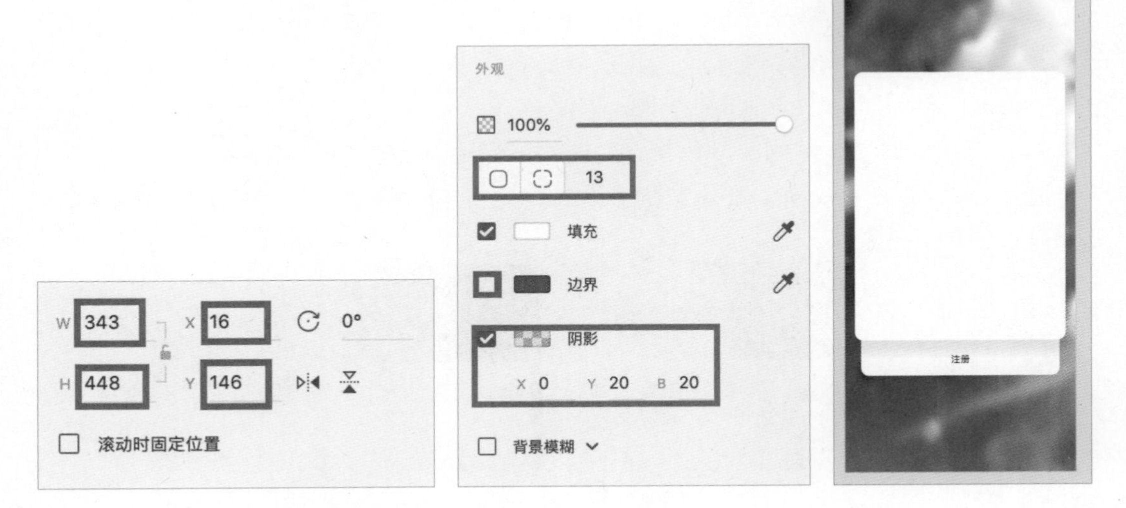

08 选择“注册”文本，使用快捷键 Command+C（Mac OS）或 Ctrl+C（Windows）复制文本，然后使用快捷键 Command+V（Mac OS）或 Ctrl+V（Windows）粘贴文本，在属性检查器中修改“X”为 50，“Y”为 190，并双击文本，将“注册”修改为“登录”。

09 选择“登录”文本，使用快捷键 Command+C（Mac OS）或 Ctrl+C（Windows）复制文本，使用快捷键 Command+V（Mac OS）或 Ctrl+V（Windows）粘贴文本，在属性检查器中设置“X”为 50、“Y”为 250。双击文本将“登录”修改为“账号”。然后单击属性检查器的“外观”属性栏中“填充”左侧颜色块调用拾色器，设置文本填充颜色为灰色（R:155，G:155，B:155）。

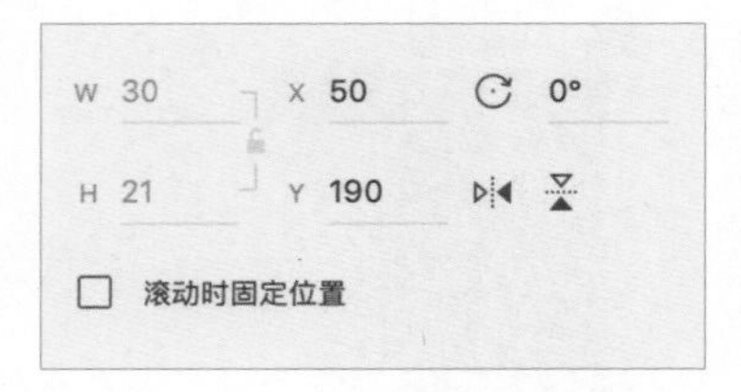

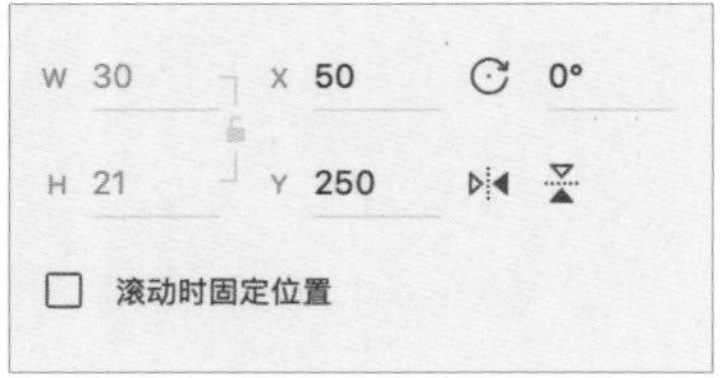

10 选择“矩形”工具□绘制一个矩形，在属性检查器中设置“W”为 276、“H”为 40、“X”为 50，“Y”为 280。单击属性检查器中“填充”左侧颜色块，调出“拾色器”面板，设置矩形的填充颜色为灰色（R:245，G:245，B:245），取消勾选“边界”选项，并设置 4 个圆角的圆角半径为 4。

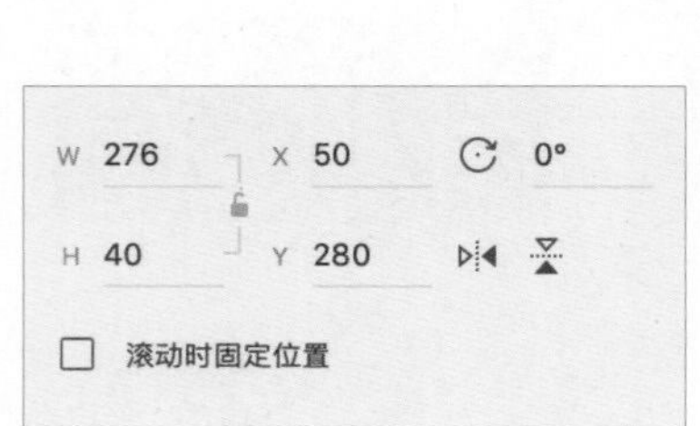

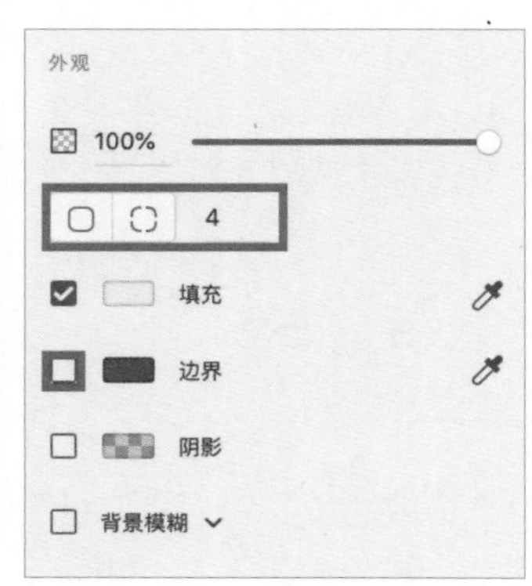

11 选择“登录”文本，使用快捷键 Command+C（Mac OS）或 Ctrl+C（Windows）复制文本，使用快捷键 Command+V（Mac OS）或 Ctrl+V（Windows）粘贴文本。将复制的文本拖动到第 10 步中创建的矩形上，双击文本将“登录”修改为自己的邮箱作为账号。同时选中该文本和第 10 步中创建的矩形，在属性检查器的对齐工具组中单击“垂直居中对齐”按钮和“左对齐”按钮，然后仅选中该文本，接着按住 Shift 键并同时按向右键 1 次向右移动 10 个单位，松开 Shift 键并同时按向右键 6 次向右移动 6 个单位。

12 同时选中“账号”文本和第 10 步中创建的矩形背景，然后同时按住 Shift 键和 Option 键（Mac OS）或 Alt 键（Windows）向下拖动并复制一份到合适的位置。双击复制出来的文本，并将“账号”修改为“密码”。

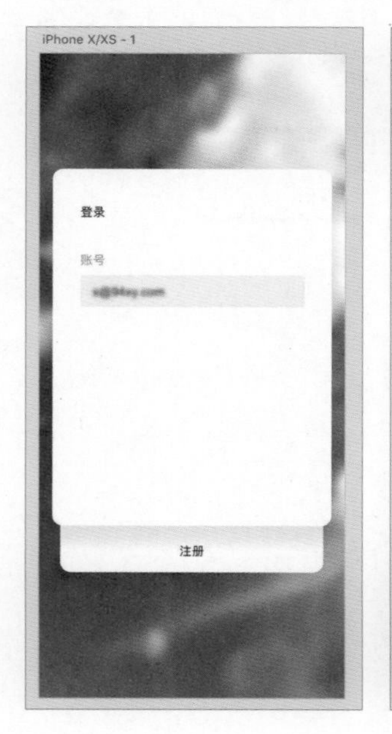

13 选择“椭圆”工具○创建一个宽为 10、高为 10 的圆形，并复制 5 个，摆放到“密码”文本的下方的矩形上合适的位置，作为隐藏的密码。

14 选择“登录”文本，使用快捷键 Command+C（Mac OS）或 Ctrl+C（Windows）复制文本，使用快捷键 Command+V（Mac OS）或 Ctrl+V（Windows）粘贴文本，双击修改文本为“忘记密码”，并拖动摆放到合适的位置。

15 选择“矩形”工具□绘制一个矩形，在属性检查器中修改“W”为 276、“H”为 50、“X”为 50、“Y”为 510，取消勾选“边界”选项，设置 4 个圆角的圆角半径为 4，单击属性检查器中“填充”左侧的颜色块，调出拾色器，切换到“线性渐变”选项，给矩形添加一个从蓝色（R:70，G:180，B:240）到蓝色（R:0，G:100，B:220）的线性渐变，并调整渐变到合适的位置和角度。

16 选择“登录”文本，使用快捷键 Command+C（Mac OS）或 Ctrl+C（Windows）复制文本，使用快捷键 Command+V（Mac OS）或 Ctrl+V（Windows）粘贴文本，将复制的文本拖动到第 15 步中创建的矩形上居中对齐的位置，并将颜色修改为白色（R:255，G:255，B:255）。登录页完成后，可对其进行细微的调整。

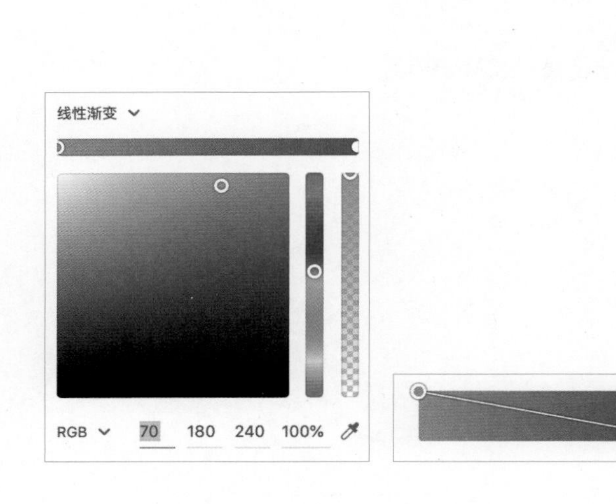

3.7 网格

观看在线教学视频

XD 中的网格有两种选项，分别是方形和版面。开启方形，画板会被水平方向和垂直方向的参考线分割成大小相等的方形。在新建对象时，对象的边缘会自动向网格对齐。通过方形，可以快速了解两个元素之间的间距，同时版面会将画板分割为多个列，不仅可以定义设计的基础结构，还能更加方便地进行响应式设计。

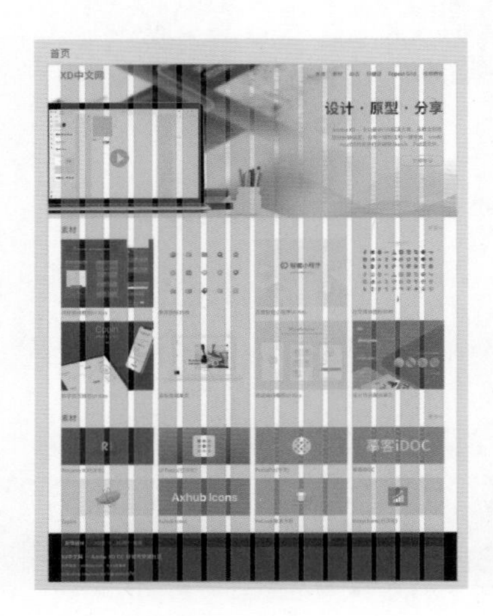

3.7.1 开启或关闭网格

开启或关闭网格的方式有如下 3 种。

（1）选择一个画板，使用快捷键 Command+‘（Mac OS）或 Ctrl+‘（Windows）可以开启或关闭方形。使用快捷键 Command+Shift+‘（Mac OS）或 Ctrl+Shift+‘（Windows）可以开启或关闭版面。方形和版面不能同时被开启，其中一个开启的情况下开启另一个，之前开启的一个会被关闭。

（2）选择画板时，在属性检查器最下方“网格”属性栏中单击下拉箭头 ，在下拉列表中可选择“方形”或“版面”。单击“方形”或“版面”左侧的复选框可以开启或关闭“方形”或“版面”。

（3）在 XD 菜单栏“视图”的子菜单中，也可以开启或关闭“方形”或“版面。

3.7.2 设置方形属性

方形网格支持设置颜色和网格大小。单击“方形大小”文字前方的颜色块，可在调出的“拾色器”面板中设置颜色。

单击“方形大小”文字右方的数值，可以修改方形网格的大小。

在绘制对象后，绘制的对象会自动与网格进行对齐。若不想让对象与网格对齐，可先按住 Command 键（Mac OS）或 Ctrl 键（Windows），再进行对象绘制。

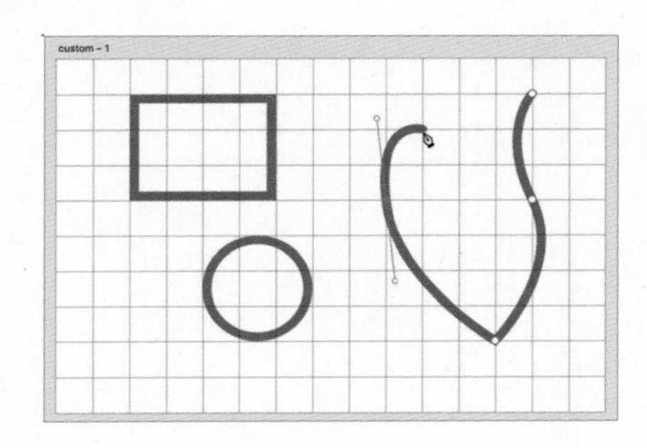

3.7.3 设置版面属性

开启版面时，XD 会智能地显示适合当前画板的设置。

在属性检查器中，可以对列数、列宽、列颜色、间隔宽度及边距大小等进行设置。其中，单击“列”左侧的颜色块，可以调用拾色器修改列的颜色；列指网格中的列数；列的值被修改后，列宽的值会自动地重新进行计算；间隔宽度指两列之间间隔的距离；列宽即每一列的宽度。

边距为左右两侧留出的空白区域，分为两种。在选择左侧按钮 时，左右两边的边距相等，上下边距为 0。在选择右侧按钮时 ，可以单独设置上、右、下、左的边距。

颜色的“不透明度”可以设置为 0%。当颜色的“不透明度”为 0% 时，版面显示为线条。

3.7.4 存储为默认并使用

常用的方形或版面的参数可以存储起来，下次使用时直接调用。单击属性检查器的“网格”属性栏中的“设为默认值”按钮 即可存储当前设置的参数，使用时单击“使用默认值”按钮 ，方形或版面的参数设置与存储的参数相同。

3.8 使用数学计算

观看在线教学视频

属性检查器中所有的输入框的位置均支持加（+）、减（-）、乘（*）和除（/）的数学运算。

例如某个对象的 X 坐标为 52，如果需要向右移动 8，则需要选择该对象，然后单击属性检查器中的“X”输入框，然后在输入框里的 52 后方输入 +8，使其变为“52+8”，最后按回车键确定操作。

例如，如果在宽度为 375 的画板上画 5 个宽度一样的矩形，5 个矩形的总宽度为 375，那么一个矩形的宽度的设置只需在属性检查器“W”中输入“375/5”即可。

例如，在宽度为 375 的画板上绘制一个矩形，矩形的左右两侧与画板边缘距离相同且均为 18。此时如果想要设置该矩形的宽度，只需选择该矩形，然后在属性检查器“W”中输入“375-18*2”即可。

3.9 响应式调整大小

观看在线教学视频

响应式设计，即根据用户请求网站所使用的不同设备、屏幕和分辨率，网站会显示不同的样式。例如，分别以手机、平板、计算机访问知名设计网站 Dribbble 时，网站会展示出以下不同的样式。

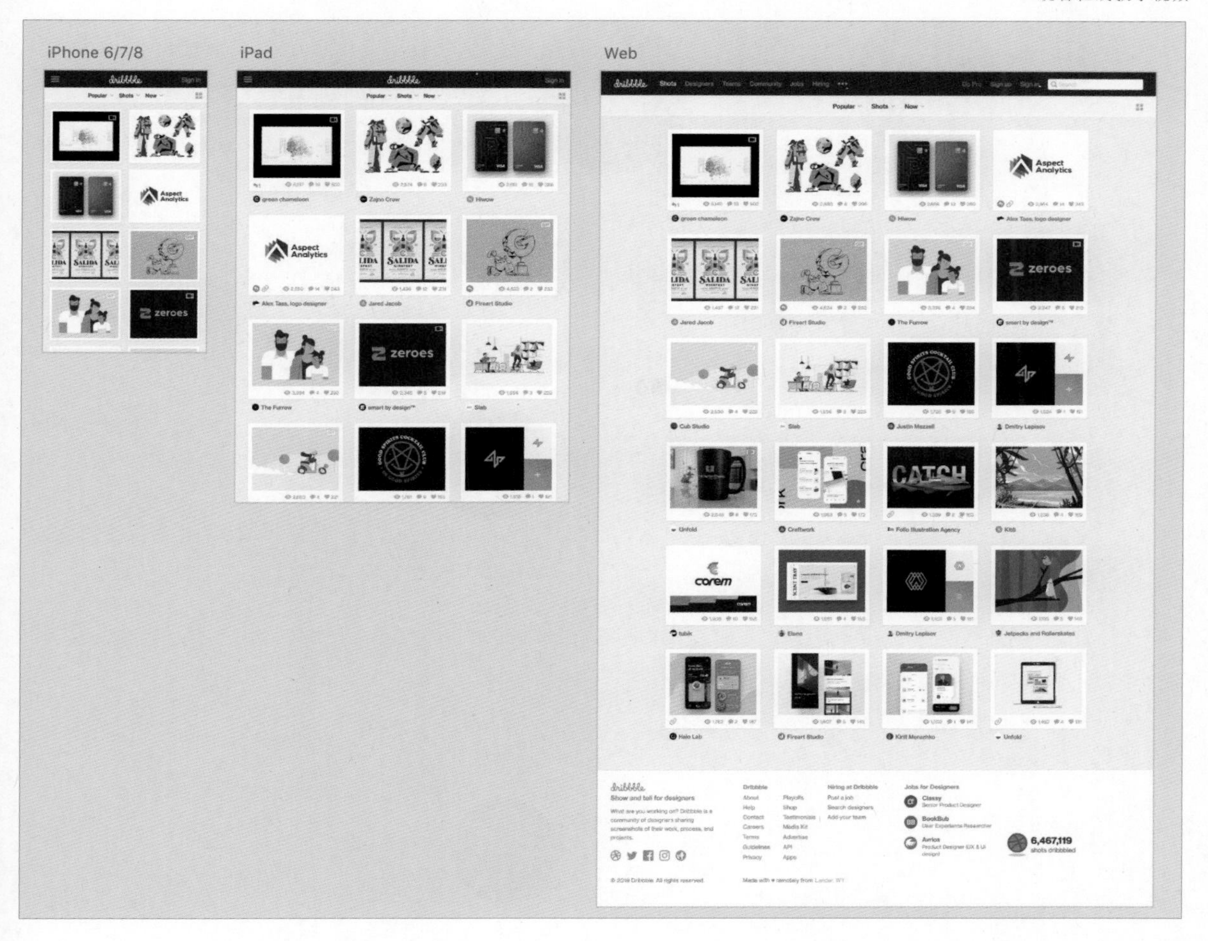

XD 中有响应式调整大小的功能，支持调整对象大小的同时保持不同大小下的空间关系，以辅助用户方便地进行响应式设计。

选择符号、画板或组内的元素，在属性检查器中，可以看到“响应式调整大小”默认是开启状态、还有一个“自动”按钮 自动 和一个“手动”按钮 手动 ，且默认“自动”按钮是高亮状态 自动 。

选择画板外的对象，且不是编组或符号内的元素，在属性检查器中可以看到“响应式调整大小”默认是开启状态，且除了可关闭外，无其他选项可设置。

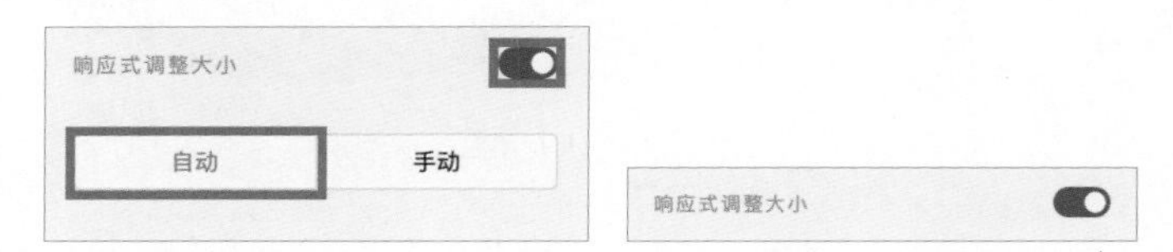

选中多个对象，开启“响应式调整大小”，调整大小时 XD 将智能地分析所选择的对象、对象与组之间的布局关系，自动运用约束，被调整大小的对象上会出现粉色十字线，这些十字线表示着哪些约束规则应用于组。

选择符号、画板或组内的对象，该对象与父级之间的约束关系可以手动设置。一个矩形和一个圆形进行了编组，选择编组内的圆形，在属性检查器中开启“响应式调整大小”，单击“手动”按钮后，支持手动固定顶部、固定右侧、固定底部、固定左侧、固定宽度及固定高度等操作。

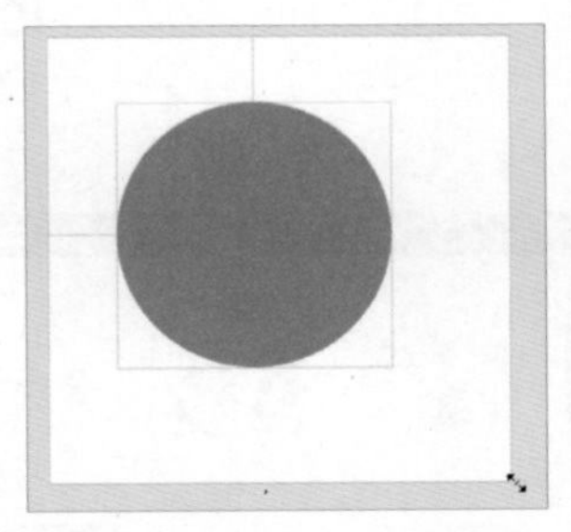

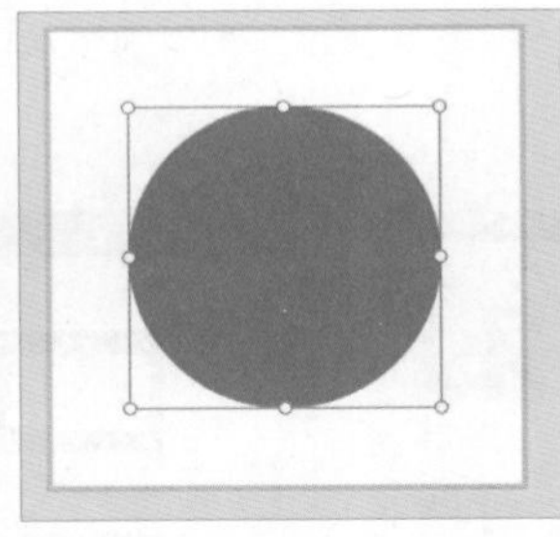

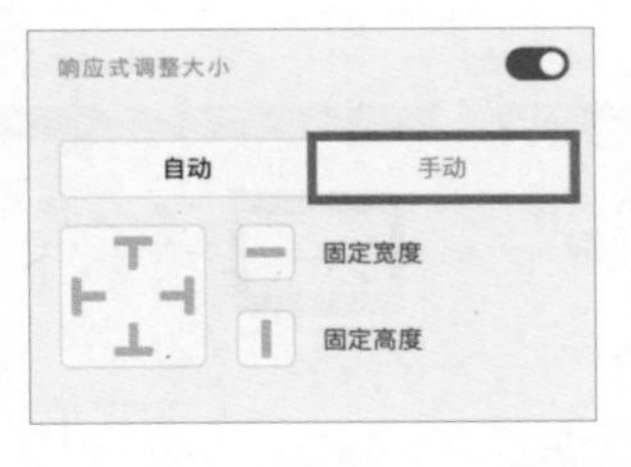

当给编组中的圆形设置固定顶部、固定左侧、固定宽度及固定高度时，选中该编组调整大小，编组内的圆形宽度和高度不变，且距离顶部和左侧的距离也不变。

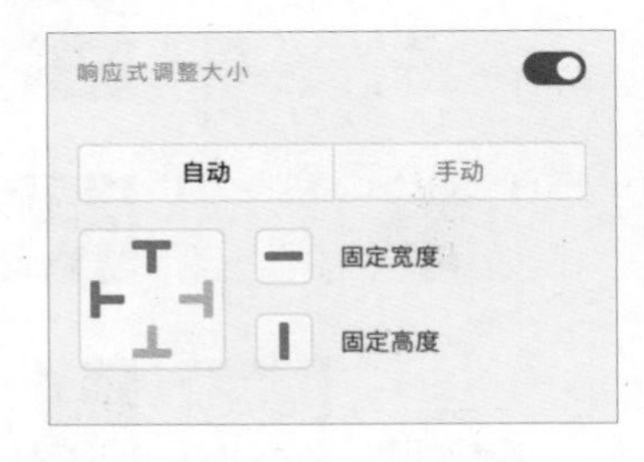

当给编组中的圆形设置固定底部、固定左侧、固定宽度、固定高度时，选中该编组调整大小，编组内的圆形宽度和高度不变，距离底部和左侧的距离不变。

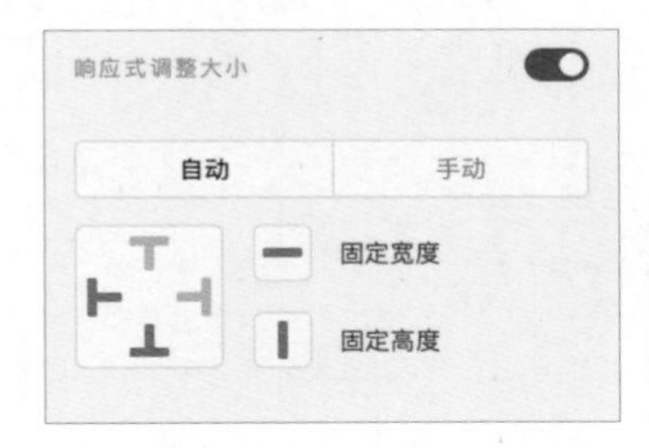

当给编组中的圆形设置固定左侧、固定右侧、固定高度时，在圆形未锁定宽高比的情况下，选中该编组调整大小，编组内的圆形宽度改变、高度不变，距离左右两侧的距离不变。

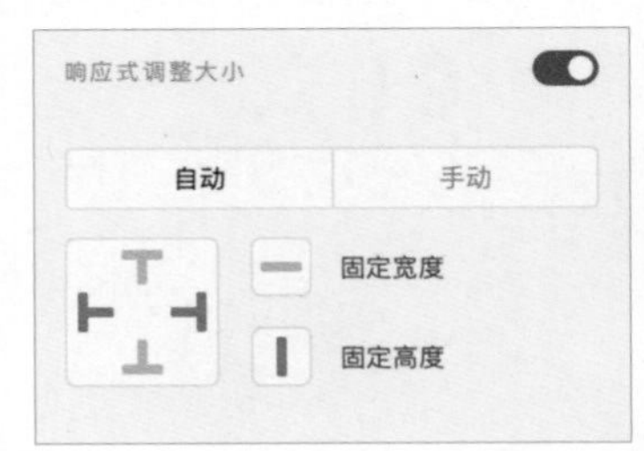

技巧提示

选择多个对象或组调整大小时，默认都会使用“响应式调整大小”。如果需要等比例缩放，可在属性检查器中关闭“响应式调整大小”或按住 Shift 键并从角落拖动调整大小来锁定宽高比。

实战　响应式调整大小

实例及素材位置	实例文件>CH03>3.6.8实战：响应式调整大小
难易指数	★☆☆☆☆
技术掌握	响应式调整大小

观看在线教学视频

本案例将通过一个简单页面完成手机页面到平板计算机的响应式调整。

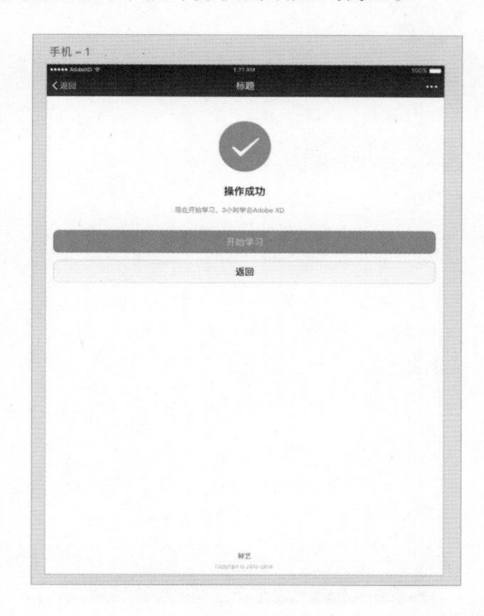

01 打开本书学习资源中的“CH083>3.6.9 实战：响应式调整大小”文件夹中的初始文件。这是一个手机界面，接下来要通过响应式调整大小快速适配到平板电脑 768 × 1024px 的尺寸上。

02 首先选中状态栏中左侧的多个图标，使用快捷键 Command+G（Mac OS）或 Ctrl+G（Windows）进行编组，以保证这些图标在自适应时间距不会改变。

03 选中画板中的图标、文字和按钮，使用快捷键 Command+G（Mac OS）或 Ctrl+G（Windows）编组，然后在属性检查器中设置“响应式调整大小”为“手动”模式 手动 ，并激活“固定左侧”按钮、“固定顶部”按钮、“固定右侧”按钮及“固定高度”按钮，以保证编组在自适应时编组的高度不变、距离顶部的距离不变、距离左侧和右侧的距离不变。

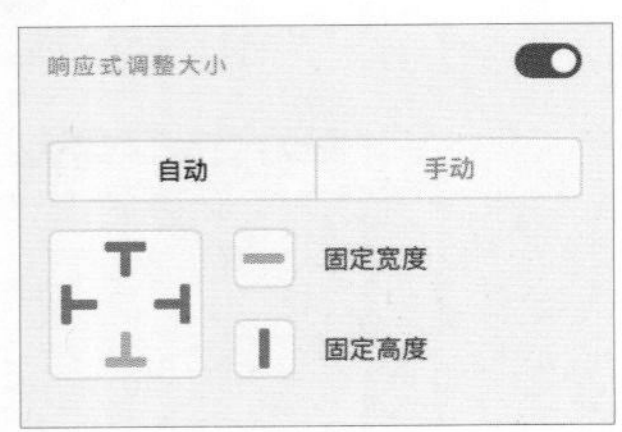

04 选中画板，开始响应式调整大小。在属性检查器中修改画板的“W”为 768、“H”为 1024，即可大致得到想要的效果。

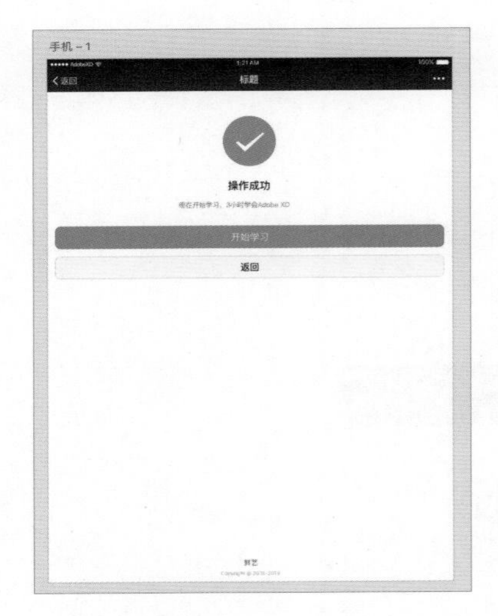

技巧提示

“响应式调整大小”功能并不能完成全部的工作，但绝对能大大减少工作量，至于一些不完美的地方则需要手动调整才行。

CHAPTER 4

第4章

导入和导出资源

XD除了可以直接打开本地计算机中的资源，还支持直接打开Photoshop、Illustrator及Sketch等软件保存的文件进行编辑。同时，After Effects、ProtoPie等交互设计软件目前可与XD互通，XD中完成的界面设计文件支持直接导入到After Effects、ProtoPie等软件。

4.1 导入

JPG、PNG、GIF、TIFF、SVG、SKETCH、PSD 及 AI 等绝大部分格式的文件都可以直接导入 XD 中使用。

4.1.1 从本地计算机中导入

将本地计算机中的图片资源导入 XD 的方式有以下 3 种。

（1）使用快捷键 Command+Shift+I（Mac OS）或 Ctrl+Shift+I（Windows）选择文件并导入。

（2）直接从本地计算机的文件管理器将文件拖入到 XD，完成导入。

（3）执行“文件 > 导入”菜单命令，完成导入。目前支持的文件格式有 JPG、PNG、GIF、TIFF 及 SVG。

技巧提示

值得一提的是，从浏览器中可以直接复制并粘贴图像到 XD 中，而不需要先保存文件到计算机中，再导入 XD。

4.1.2 打开或导入 PSD 文件

XD 支持直接打开 Photoshop 保存的 PSD 格式文件，使用快捷键 Command+Shift+O（Mac OS）或 Ctrl+Shift+O（Windows），然后选择本地计算机中的 PSD 格式的文件即可。

PSD 文件在 XD 中打开后，会被转换为 XD 格式文件，并且可以直接进行编辑或制作交互。

并非 PSD 中所有的内容都会被导入，部分效果可能会丢失或被栅格化，例如 Photoshop 中的混合模式、对称渐变及描边渐变，目前完全支持的内容有图像、不透明度、描边效果、编组及智能对象。

执行“文件 > 打开”菜单命令，会自动弹出选择文件的窗口，选择本地计算机中的 PSD 格式的文件打开，或在本地计算机文件管理器中的 PSD 格式的文件上单击鼠标右键，在快捷菜单中执行“打开方式 >Adobe XD”菜单命令，也可以使用 XD 打开 PSD 格式的文件。

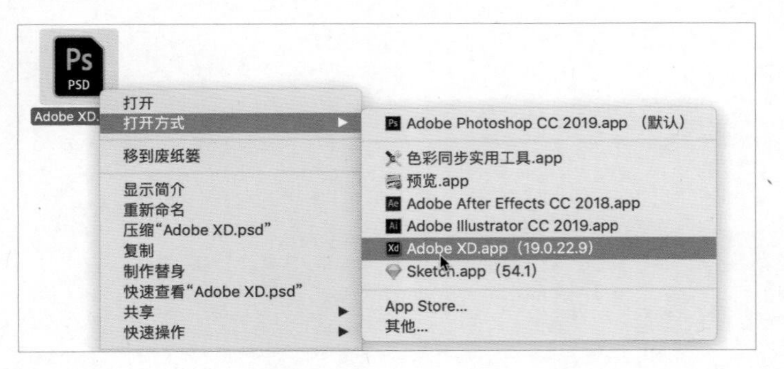

打开 PSD 文件会新建一个 XD 文件，如果不需要新建 XD 文件而是将 PSD 文件导入到已经打开的 XD 文件中，可以使用快捷键 Command+Shift+I（Mac OS）或 Ctrl+Shift+I（Windows）或执行“文件 > 导入”菜单命令导入 PSD 文件。

4.1.3 从 Photoshop 中复制内容

除了打开或导入 PSD 文件到 XD，在 Photoshop 中也可以直接复制位图或 SVG 格式的矢量形状在 XD 中粘贴使用。

复制位图时，在 Photoshop 中的位图图层上，使用选区工具框选部分内容或使用快捷键 Command+A（Mac OS）

或 Ctrl+A（Windows）全选当前图层上的全部内容，然后使用快捷键 Command+C（Mac OS）或 Ctrl+C（Windows）复制所选择的内容，再到 XD 中使用快捷键 Command+V（Mac OS）或 Ctrl+V（Windows）将复制内容进行粘贴即可。

在 Photoshop 的矢量图层上单击鼠标右键，在弹出的右键菜单中选择“复制 SVG”选项命令，可以复制当前图层上的矢量内容，然后在 XD 使用快捷键 Command+V（Mac OS）或 Ctrl+V（Windows）可以将复制的内容粘贴到 XD。

4.1.4 从 Illustrator 中导入或复制

用 XD 打开或导入 Illustrator 保存的 AI 格式文件的方式与打开或导入 PSD 文件的方式基本相同。

在 Illustrator 中也可以直接复制并粘贴对象到 XD 中，由于 Illustrator 和 XD 都是矢量设计软件，复制过来的对象图层等信息都会被保留，且在 XD 中全部可编辑。

4.1.5 从 Sketch 中导入或复制

用 XD 打开或导入 Sketch 保存的 SKETCH 格式文件的方式与打开或导入 PSD 文件的方式基本相同，且无论是 Mac OS 系统，还是 Windows 系统，都支持这样的导入方式。

4.1.6 关于 Creative Cloud Libraries

观看在线教学视频

Creative Cloud Libraries 在 Adobe 系列软件（如 XD、Photoshop、Illustrator）中都可以使用，它是一个设计资源收藏夹，通过云端存储颜色、字符样式及图形等设计资源。可以在 Photoshop 和 Illustrator 中将颜色、字符样式及图形存储到 Creative Cloud Libraries 中，存储的设计资源会自动同步到云端。打开任何一个包含 Creative Cloud Libraries 功能的软件时，它都会自动同步已经保存的设计资源，随时可以使用这些设计资源。在 XD 中目前只能使用 Creative Cloud Libraries 中的资源，不能将 XD 中的资源存储到 Creative Cloud Libraries 中。

需要在 XD 中打开 Creative Cloud Libraries 时，可以使用快捷键 Command+Shift+L（Mac OS）或 Ctrl+Shift+L（Windows）或执行“文件 > 打开 CC 库 ...”菜单命令。

A 库列表：单击库名称右侧的“下拉”箭头，可以切换 Creative Cloud Libraries 创建的自定义的库。

B 颜色：展示所选择库中保存的颜色列表。

C 字符样式：展示所选择库中保存的字符样式列表。

D 图形：展示所选择库中保存的图形。

E 表示库状态是否已与其他软件中保存的资源同步，同步时图标会变为 。

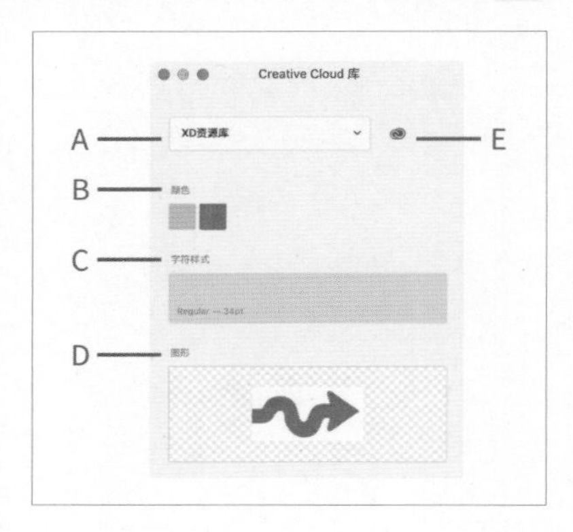

需要使用 Creative Cloud Libraries 中的颜色时，在画板中选择对象后，在“颜色”栏中的颜色块上单击，该颜色将作为当前对象的填充颜色使用，需要将颜色作为当前对象的描边来使用时，在颜色块上单击鼠标右键，然后在弹出的快捷菜单中选择“作为边框应用”选项命令即可。

使用字符样式时，选择点文本或区域文本后，单击 Creative Cloud Libraries 中的字符样式，Creative Cloud Libraries 中的存储的字符样式的字体、字重、字号等属性会被应用到所选择的文本上。

使用图形时，拖动 Creative Cloud Libraries 中的图形到画板上，会自动创建一个该图形的实例。实例的左上角会显示一个“链接”符号。当图形在其他软件中被修改后，在 XD 中会直接同步修改。

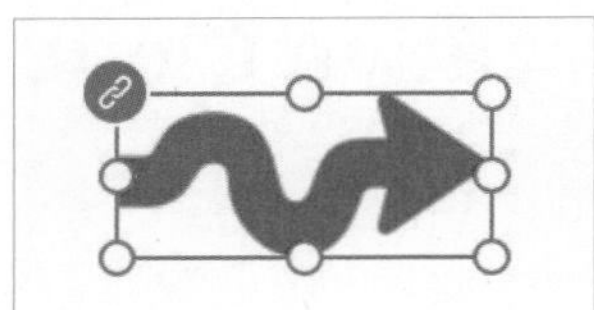

4.2 导出

使用 XD 的“导出”功能可以导出设计界面为单张图片给其他同事查看，也能批量导出图标、按钮等资源给开发人员直接用于开发，同时也能导出到其他软件如 After Effects、ProtoPie 等进行进一步的设计操作。

4.2.1 导出的基本操作方法

如果需要导出所选择的内容，可以使用快捷键 Command+E（Mac OS）或 Ctrl+E（Windows）完成导出，也可以执行“文件 > 导出 > 所选内容 ...”菜单命令完成导出。

如果需要导出所有画板，可以执行“文件 > 导出 > 所有画板 ...”菜单命令完成导出。

如果需要导出指定内容，可以在设计过程中对需要导出的图层进行标记。在“图层”面板中选择需要导出的图层，单击“添加导出标记”图标进行标记，完成后图标变为深灰色。使用快捷键 Command+Shit+E（Mac OS）或 Ctrl+Shift+E（Windows），或者执行“文件 > 导出 > 批处理 ...”菜单命令，可以导出所有标记过的图层。

如果需要将同一个画板上的多个对象导出为一个文件，可以选择多个对象后使用快捷键 Command+G（Mac OS）或 Ctrl+G（Windows）进行编组后，再选择组使用快捷键 Command+E（Mac OS）或 Ctrl+E（Windows）导出。

使用导出会进入到“导出”设置界面。在只选择一个对象进行导出时，可以设置导出名称（默认为图层名称），同时可设置存储位置、导出格式等，后单击“导出”按钮 导出 进行导出。

在“导出”设置界面的“格式”设置选项中单击下拉箭头，可以看到其包含 PNG、SVG、PDF 及 JPG4 种格式。在实际操作中，可根据不同的需求选择不同的格式进行导出。

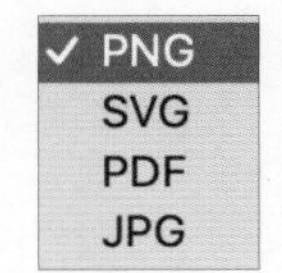

4.2.2 导出 PNG 文件

PNG 即便携式网络图形，是一种无损压缩的位图图形格式，支持透明效果，在 Web、iOS 及 Android 系统中均可使用。

在选择“PNG”格式选项时，格式下方会同时显示出“导出”和“采用以下大小进行设计”两个设置项。在“导出”设置项中有“设计”“Web”“iOS”及“Android” 4 个选项，可根据用途需求自行选择。 在“采用以下大小进行设计”设置项中，可以选择当前设计稿的设计分辨率倍数，而不是导出的分辨率倍数。

在“导出”设置项中选择“设计”格式选项时，当前设计稿分辨率倍数为 1，且只能以 1 倍分辨率导出。例如所选择的对象宽为 10px、高为 10px，导出的文件尺寸的宽和高则均为 10px。

在 “导出”设置项中选择“Web”选项时，所选对象会同时导出 1 倍分辨率和 2 倍分辨率的两个文件，这时单击“采用以下大小进行设计”的“下拉”箭头，可以选择“1x”或“2x”。例如宽和高均为 10px 的对象导出时，若“导出”设置项中“采用以下大小进行设计”选择的是“1x”，导出的 1 倍分辨率的文件宽高均为 10px、2 倍分辨率的文件宽高均为 20px。例如宽和高均为 10px 的对象导出时，若“导出”设置项中“采用以下大小进行设计”选择的是“2x”，导出的 1 倍分辨率的文件宽高均为 5px、2 倍分辨率的文件宽高均为 10px。

在“导出”设置项中选择“iOS”格式选项时，所选对象会同时导出1倍分辨率、2倍分辨率和3倍分辨率的3个文件，在“采用以下大小进行设计”选项栏中可以选择“1x”“2x”或“3x”。一般情况下，在导出画板宽度为375px的文件时，在“采用以下大小进行设计”选项栏中应选择1倍分辨率即“1x”；在导出画板宽度为750px的文件时，在“采用以下大小进行设计”选项栏中应选择2倍分辨率即“2x”。仅选择单独一个图标如下图，使用快捷键Command+E（Mac OS）或Ctrl+E（Windows）导出该图标，在“导出”设置界面“格式”选择“PNG”、“导出”选择“iOS”、“采用以下大小进行设计”选择“1x”，单击“导出”按钮 导出 ，会导出1倍分辨率、2倍分辨率和3倍分辨率3个文件，并且导出的文件可直接给iOS软件开发人员用于开发工作。

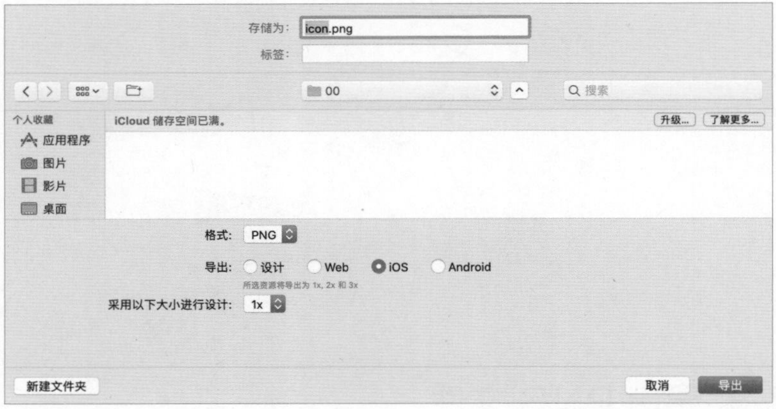

在“导出”设置项中选择“Android”格式选项时，所选对象会就安卓ldpi（低密度75%）、mdpi（中等密度100%）、hdpi（高密度150%）、xhdpi（超高密度200%）、xxhdpi（超超高密度300%）及xxxhdpi（超超超高密度400%）6个屏幕密度进行优化并导出6个尺寸的文件，同时自动按Android的开发标准分文件夹来进行保存，后可直接用于Android软件的开发。

技巧提示

使用 1 倍分辨率设计的文件导出设计稿时，在“导出”设置界面中的“导出”设置项选择“设计”，则导出的文件只有 1 倍分辨率的一个尺寸，导出的文件尺寸较小，且放大会模糊，不便于查看设计效果。导出设计稿时，可以在“导出”设置界面中在“导出”设置项中选择“iOS”，会导出 3 个尺寸的文件，删除“1x”和“2x”文件，保留“3x”的文件用来预览效果，文件尺寸较大且方便查看。同时由于 XD 是矢量设计软件，导出的文件自动放大后并不会模糊。

技术专题：限制导出尺寸

如图，当需要对图中的图标进行导出时，如果只选择图标进行导出，尽管每个图标的大小大致相同，但是仍会有细微的差别，开发使用起来会有不便。在实际开发中，一般会将 6 个图标切成一样的大小，以便开发使用，而这时候就需要限制导出尺寸。

限制导出尺寸大小，只需要给所需要导出的对象添加一个需要导出的实际大小的矩形背景即可，如图中第一个图标。

添加完矩形背景后选中该矩形背景，在属性检查器的“外观”属性栏中将“不透明度”设置为 0%，然后同时选中不透明度均为 0% 的背景和背景上方的图标，并使用快捷键 Command+G（Mac OS）或 Ctrl+G（Windows）进行编组，然后再导出 PNG 图形。

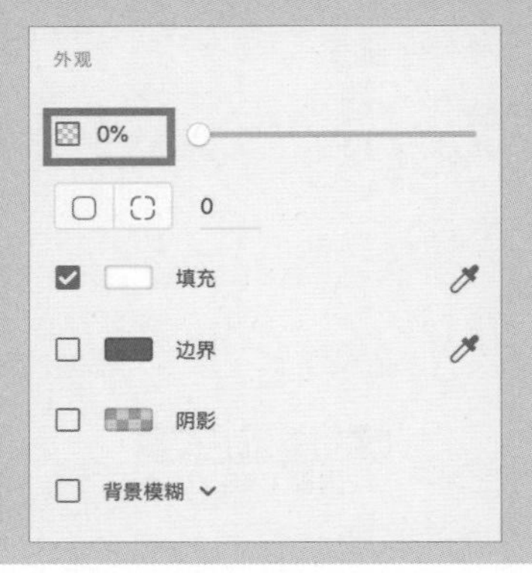

没有限制导出尺寸大小导出的图标，每个文件大小会有细微差别且宽高尺寸不同，开发人员拿到文件在开发过程中也不方便排版。

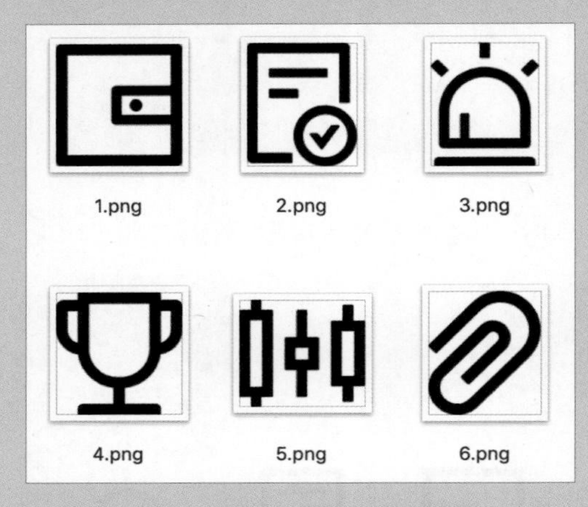

限制导出大小后导出的图标每个文件尺寸会保持一致，开发人员拿到文件后在开发过程中可以更方便地进行排版。

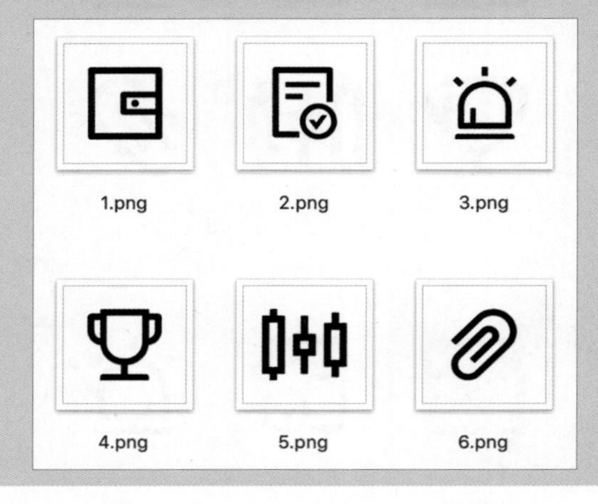

4.2.3 导出 SVG 文件

SVG 是可缩放矢量图形，是用于描述二维矢量图形的一种图形格式，支持任意缩放且不会破坏图像的清晰度和细节，多用于场景开发。

在选择“SVG”格式选项时，格式选项下方会有“样式”“保存图像”及“优化文件大小（缩小）”3 个设置项。

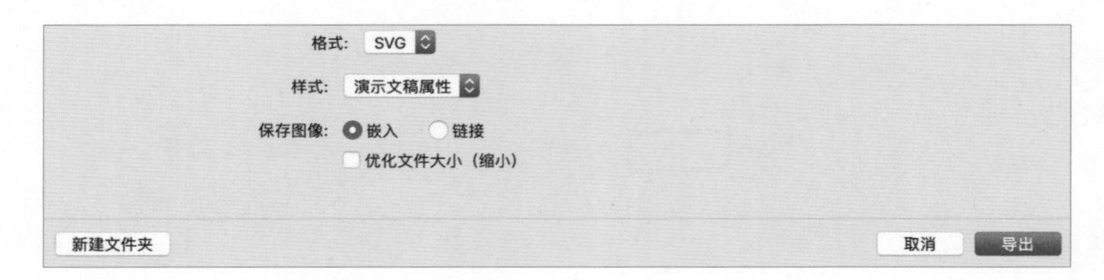

“样式”设置支持“演示文稿属性”和“内部 CSS”两个选项，根据实际需要选择即可。

在“保存图像”中选择“嵌入”选项时，若所选对象包含位图图像，则位图图像会被保存到 SVG 文件中，增加 SVG 文件的大小；若选择“链接”选项，则位图图像会被单独保存为文件并引用到 SVG 文件中。

假设需要优化 SVG 文件的大小，可以勾选“优化文件大小（缩小）”选项进行优化。

4.2.4 导出 PDF 文件

PDF 是便携式文档格式，PDF 文件在 Windows、Mac OS 及 Unix 操作系统中都是通用的，更方便用于打印。

在选择“PDF”格式选项时，格式选项下方只有“将所选资源另存为”一个设置项。

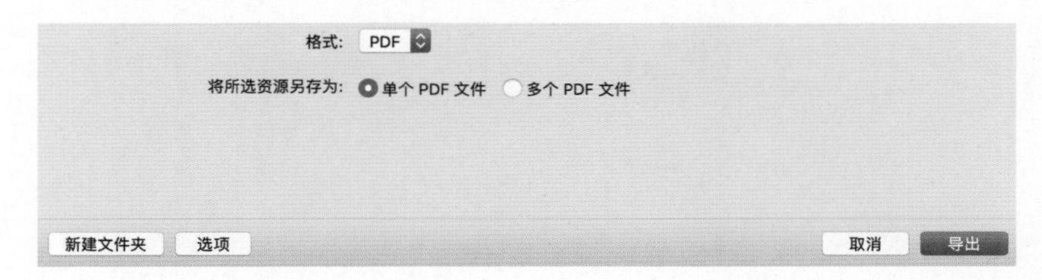

在“将所选资源另存为”中选择“单个 PDF 文件”选项时，导出的多个画板或对象会保存在同一个 PDF 文件中，且每一个画板或对象单独是一个页面。在选择“多个 PDF 文件”时，导出的多个画板或对象会保存在多个 PDF 文件中，每一个画板或对象单独是一个 PDF 文件。

4.2.5 导出 JPG 文件

JPG 是常见的图像格式，其压缩技术十分先进，可以大大减少文件的体积。但它使用的是有损压缩，压缩得越厉害，图像质量越低，导出的文件模糊的可能性就越大。

在选择“JPG”格式选项时，格式选项下方会有“品质”“导出”和“采用以下大小进行设计”3 个设置项。在“品质”设置项中，品质参数可下拉选择或直接输入进行设置，不同的是“导出”设置项仅可选择“设计”或“Web”，在“采用以下大小进行设计”中只能选择“1x”。品质越低，保存的文件越小，同时图像质量越低。

4.2.6 导出到 After Effects

XD 支持将设计好的文件直接导入到 After Effects 来制作一些较为复杂的动画或微交互效果。想要使用导出到 After Effects 功能，首先需要安装 After Effects 2018 及以后的版本。

在 XD 中选择需要导出的对象，然后执行“文件 > 导出 > 使用特效后 ...”菜单命令，或者使用快捷键 Command+Option+F（Mac OS）或 Ctrl+Alt+F（Windows），将对象导出到 After Effects。如果计算机中未安装 After Effects 或安装的为旧版本，此菜单将为灰色无法单击。

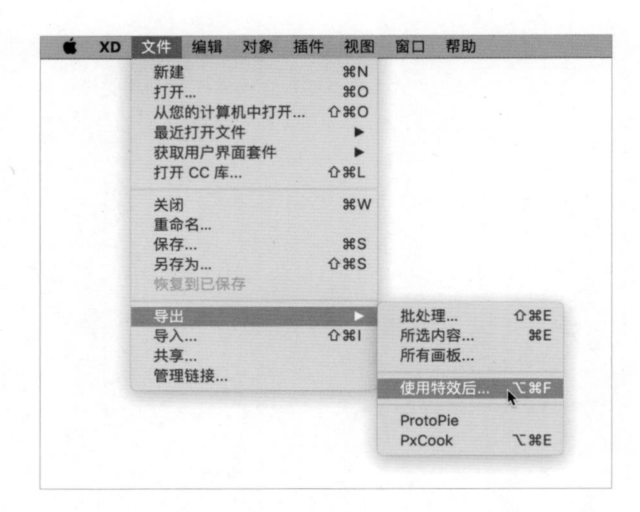

选中画板，导入到 After Effects 后图层、画板都会被保留。但有些无法保留，如背景模糊效果。

4.2.7 将 XD 文件转为 PSD 文件

XD 能够打开 PSD 文件，但 XD 文件不能保存为 PSD 文件。但是根据 XD 中文网用户的反馈来看，XD 文件转为 PSD 文件的需求仍然存在。

针对 XD 文件转为 PSD 文件，笔者通常用到的是 Photopea。Photopea 是一款在浏览器中运行的设计工具，功能和界面都与 Photoshop 相似。

01 通过浏览器打开 Photopea。Photopea 打开后默认为英文版。如果想要中文版效果，只需要执行“菜单 >More>language> 简化字 中文 zh-CN”菜单命令即可。

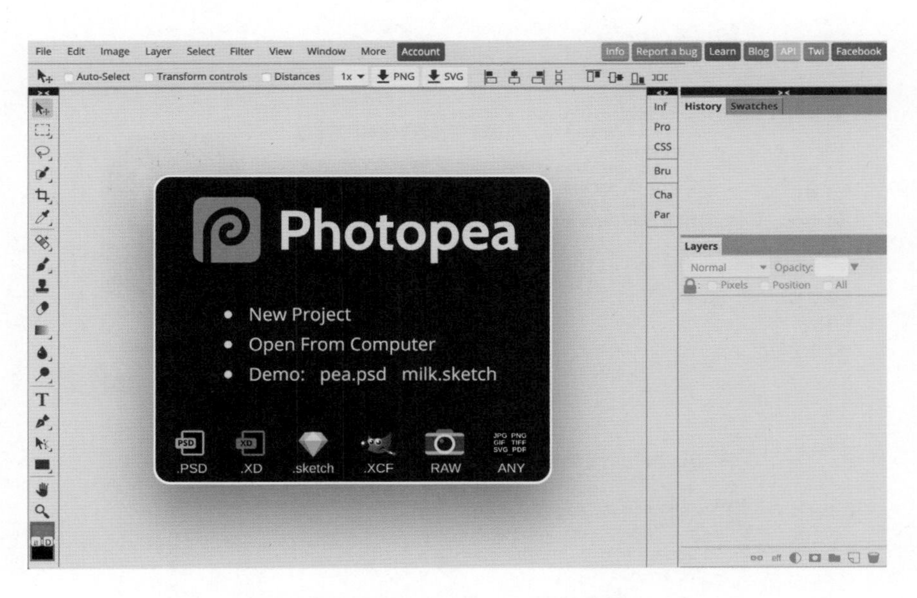

02 使用快捷键 Command+O（Mac OS）或 Ctrl+O（Windows），或者执行“文件 > 打开”菜单命令，可以打开任意 XD 格式的 XD 源文件，如打开本书学习资源中的“CH03>3.6.8 实战：登录页设计 > 最终文件 .XD”文件。

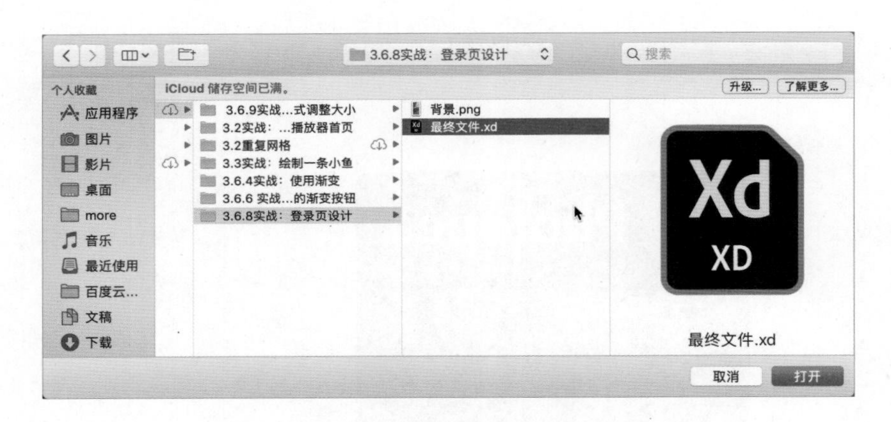

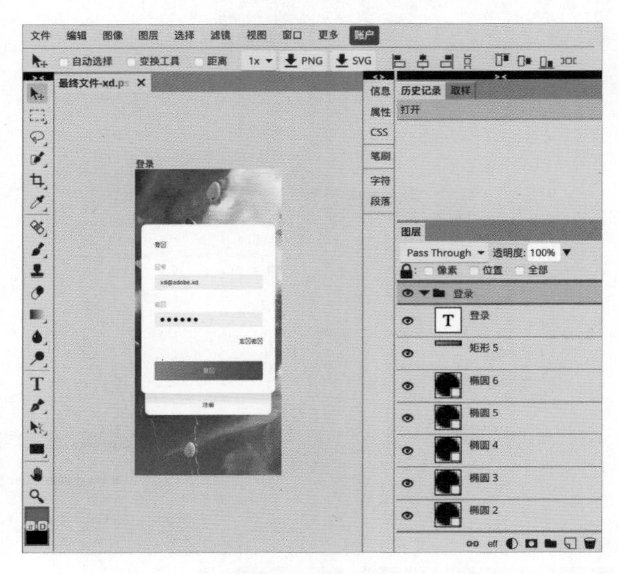

03 执行“文件 > 另存为 PSD”菜单命令，可对文件进行保存，即可得到 PSD 格式的源文件。

04 使用 Photoshop 打开下载的文件，文件会显示为完全可编辑的状态。如果设计中有中文字体，那么这些中文字体在 Photopea 中会显示为方格，这是字体缺失造成的。这时候在 Photoshop 中修改文本的字体，即可显示正常。在文字内容较多时，可以使用文字图层过滤器筛选文本图层再修改字体。

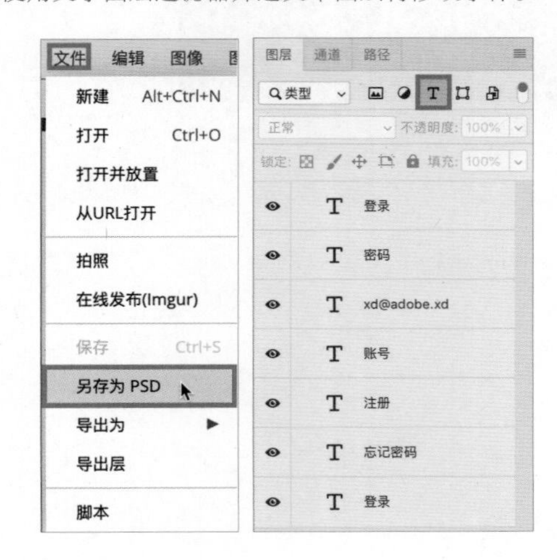

第5章

创建可交互式原型

支持可交互式原型是XD的一大亮点，设计与原型集成在同一个软件，但XD中的原型功能尚在初始阶段，并不能完成复杂的交互，基本只支持简单的页面跳转。基于此，本章所讲内容在全书所占比重并不大。

对于交互设计师或动效设计师而言，完全使用XD进行设计工作可能不太合适。但对于UI设计师来说，XD非常实用，它能够让设计“动”起来，避免以往只能拿着静态图片给同事、客户及领导查看或沟通的尴尬情况，并为方案效果增色。

5.1 创建原型

观看在线教学视频

在 XD 中的设计模式下完成界面设计后，单击左上角“原型”可切换到原型模式。如果要切换到原型模式，至少需要有两个有内容的画板。

如果有两个或两个以上的画板但画板中没有设计内容，单击左上角“原型”切换到原型模式，会弹出提示“您的画板需要内容，这样您才能选择对象并通过在画板之间连线来设计交互”，此时单击下方“在‘设计’模式下创建内容”按钮可回到设计模式。

如果在设计模式下只有一个画板或没有画板，单击左上角“原型”切换到原型模式，会弹出提示“使用‘原型’模式，选择设计中对象，并通过在画板之间连线来设计交互”，单击下方的“创建多个画板”按钮可回到设计模式。

在设计模式下有两个或两个以上画板，且画板上均有内容，单击左上角“原型”可切换到原型模式。

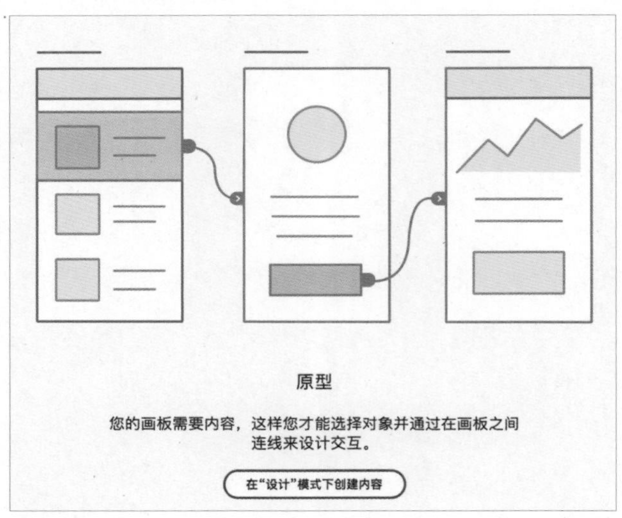

5.1.1 设置首页

首页是项目设计的第一个页面。在默认情况下，预览或访问项目都从这个页面开始，且每个项目都需要设置一个且仅有一个首页。

在原型模式下，选中任何一个画板后，画板左上角会出现一个灰色“小房子”的按钮，单击该按钮，使按钮变为选中状态，意味着该画板被设置为首页。

如果需要更换首页，只需要选中另外一个画板，再设置为首页即可，这时之前设置的首页会被取消。

设置完成后，单击右上角的“桌面预览”按钮▶对首页进行预览，可以看到默认显示的页面便是设置的首页。

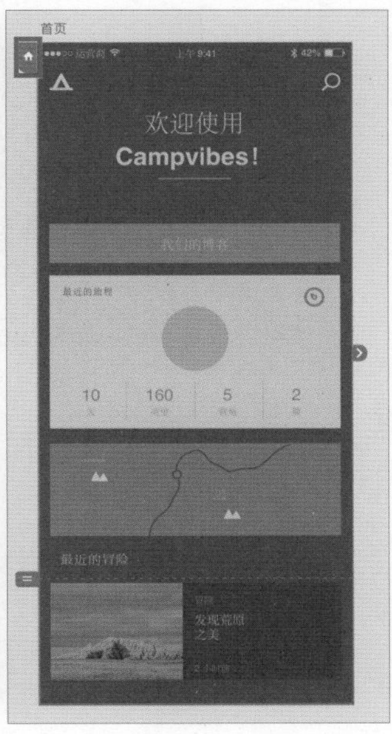

5.1.2 可滚动画板

单个页面的内容高度往往会超出一个显示屏的高度，即一个屏幕不能完全显示当前页面的内容。例如微信通讯录有数百个好友，需要滑动才能浏览全部，或者几乎每一个网页的高度都超出一屏，需要滚动鼠标滚轮才能查看全部内容。在这种情况下，可滚动画板的使用就显得很有必要了。

可滚动画板的开启方式在 XD 设计模式下的属性检查器中，首先需要单击画板名称并选中画板，然后在属性检查器会出现一个“滚动”设置项（未选中画板时则不会出现），接着单击下拉框，有“无”和“垂直”两个选项可供选择，选择“垂直”选项并开启滚动画板，会出现“视口高度”设置项。

视口高度指可显示区域的高度。单击“视口高度”设置项后边的输入框，可根据需要设置想要的高度，并按回车键确认即可。同时，需要设置画板的高度大于视口高度才可以进行滚动。设置画板的高度大于视口高度后，画板中视口高度的位置会显示一条蓝色虚线，且虚线左边有一个蓝色的“控制”按钮。

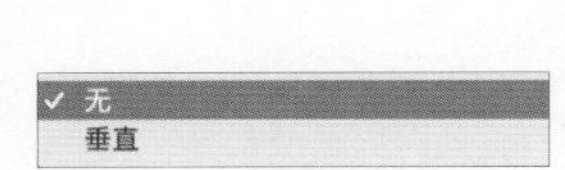

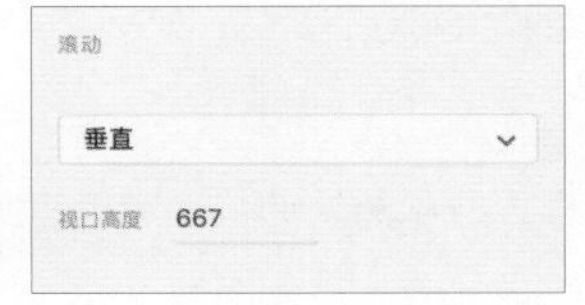

5.1.3 固定元素

如果画板仅设置了滚动，则预览滚动页面时，页面中所有的元素都会随画板一起滚动。但在实际项目中，顶部菜单、底部导航等元素应该固定在页面中的顶部或底部，这种效果使用固定元素可以实现。

固定元素需要在设计模式下使用，选中需要固定的元素，在属性检查器中可以看到有“滚动时固定位置”的选项，勾选该选项，即可将元素设置为固定元素。

若在设计模式下设置了“滚动时固定位置”的设置项，在原型模式中选中该选项时，屏幕左上角会出现一个“图钉”图标。

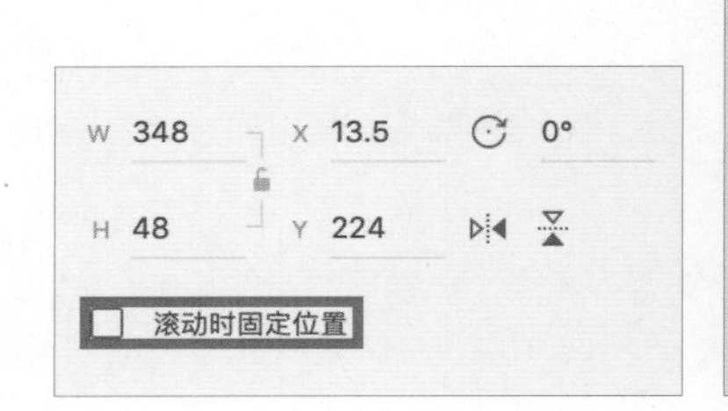

实战 创建固定元素可滚动原型

素材位置	实例文件>CH05>实战：创建固定元素可滚动原型	 观看在线教学视频
实例位置	实例文件>CH05>实战：创建固定元素可滚动原型	
难易指数	★☆☆☆☆	
技术掌握	设置首页、可滚动画板、固定元素	

在实际项目中会经常遇到包含固定元素的可滚动页面，如微信消息列表页顶部的“电池电量条”“顶部导航”及“底

部菜单”等，中间的消息类别可上下滑动。本案例以 XD 中文网小程序首页为例，打开本书学习资源中的“CH05> 实战：创建固定元素可滚动原型 > 最终文件 .XD”文件可查看效果，单击右上角的“桌面预览”按钮▶打开桌面预览窗口并滚动鼠标滚轮时，“顶部电池电量条”和“底部导航栏”固定不动，中间的文章列表内容随页面一起滚动。

01 打开本书学习资源中的“CH05> 实战：创建固定元素可滚动原型 > 初始文件 .XD”文件，里面仅有一个画板，使用“选择”工具▶选中顶部“电池电量条”和“状态栏”，选中后会出现一个绿色提示框。

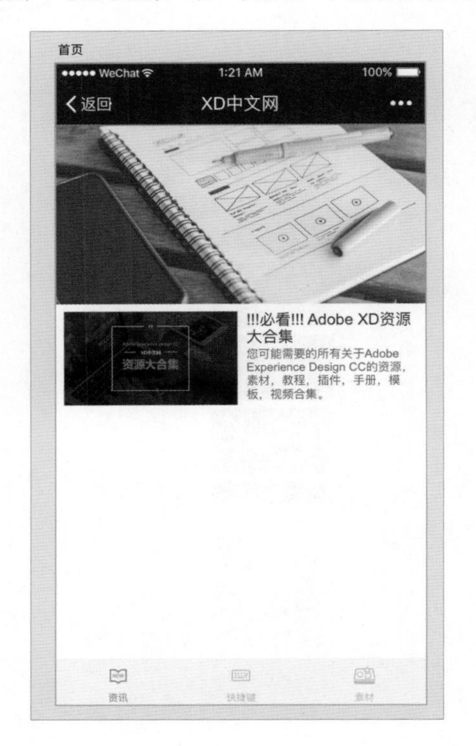

02 在属性检查器中勾选“滚动时固定位置”复选框。使用快捷键 Command+Shift+]（Mac OS）或 Ctrl+Shift+]（Windows）或执行“排列 > 置为顶层”菜单命令，调整顶部“电池电量条”和“状态栏”图层顺序至最上方。调整完成后，“图层”面板应在最上方显示“电池电量条”和“状态栏”图层，这样可以保证滚动时“电池电量条”和“状态栏”不会被文章列表遮盖。

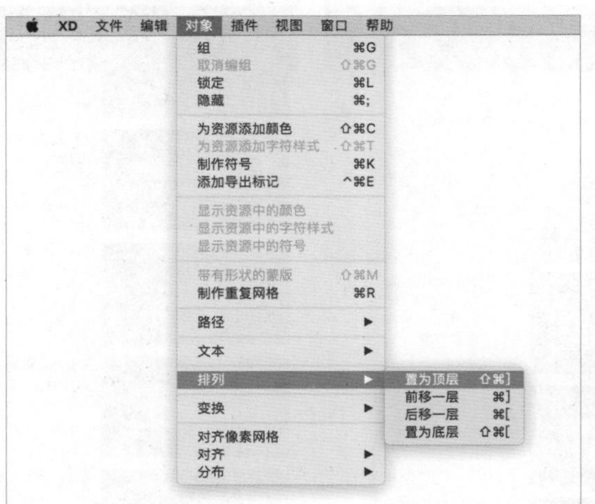

03 选中“底部导航”，在属性检查器中勾选“滚动时固定位置”复选框。选中已开启“重复网格”的文章列表元素，并按住下方绿色的重复网格的控制手柄，将其向下拖动生成 6 组新元素。

04 单击画板左上角的画板名称“首页”并选中画板，在属性检查器中设置“H”为 920，开启滚动画板，即设置“滚动”为“垂直”，并设置“视口高度”为 667。

05 单击右上角的“桌面预览”按钮▶预览时，使用鼠标滚轮滚动即可看到效果。

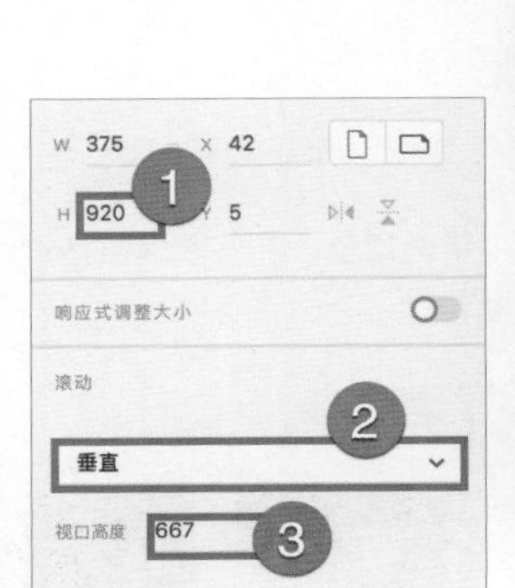

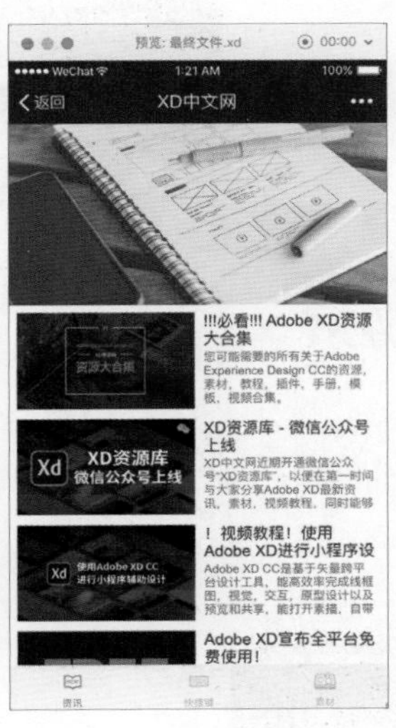

5.2 链接

观看在线教学视频

链接是创建可交互式原型的基础。在原型模式下，任何一个元素或画板都可以添加链接，设置链接后在预览时，单击可以在页面之间进行跳转。

5.2.1 添加跳转链接

在原型模式下，选中任何一个元素，在元素右侧会出现一个蓝色小箭头，选中蓝色箭头并将其拖动到另外一个画板，即可创建一个链接。创建链接后，预览时单击该元素，即可跳转到另外一个画板。

单击蓝色箭头，会出现“交互设置”面板，在“目标”设置项中选择画板名称，同样可以添加链接。

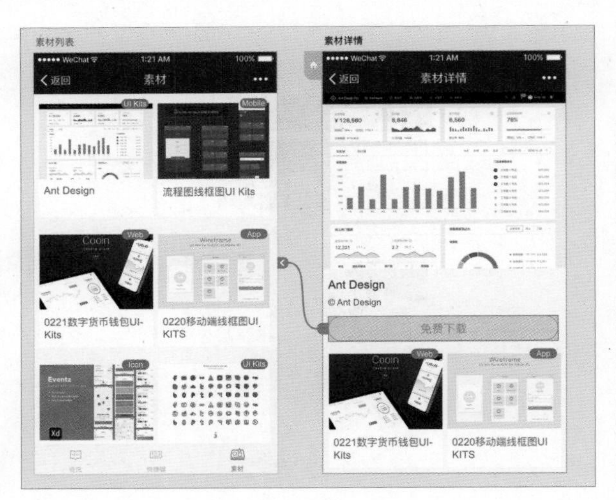

如果需要为组、重复网格及符号里面的元素创建链接，只需双击选中组、重复网格或符号后创建链接。

5.2.2 删除跳转链接

在原型模式选择任何一个画板，可以看到相应画板上已创建的链接。框选多个画板，可看到多个画板上创建的链接。框选全部或使用快捷键 Command+A（Mac OS）或 Ctrl+A（Windows）全选当前文件中的所有内容，可看到当前文件中已创建的所有链接。

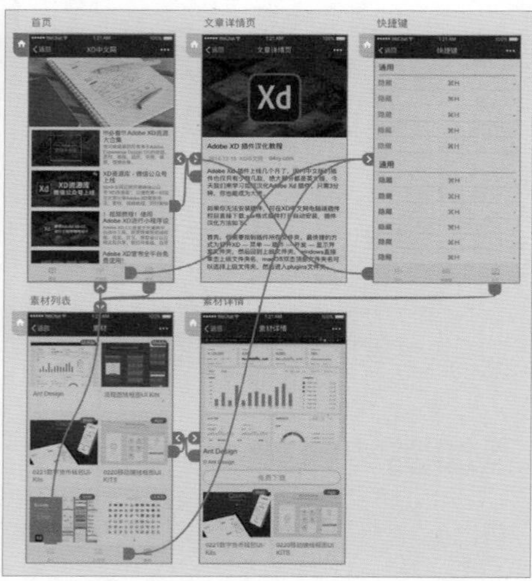

拖动已看到的链接箭头到空白画板上，即可删除链接，将链接箭头拖到其他画板上，相当于修改链接。单击蓝色箭头，会出现“交互设置”面板，在“目标”设置项中选择“无”选项，同样可以删除链接。

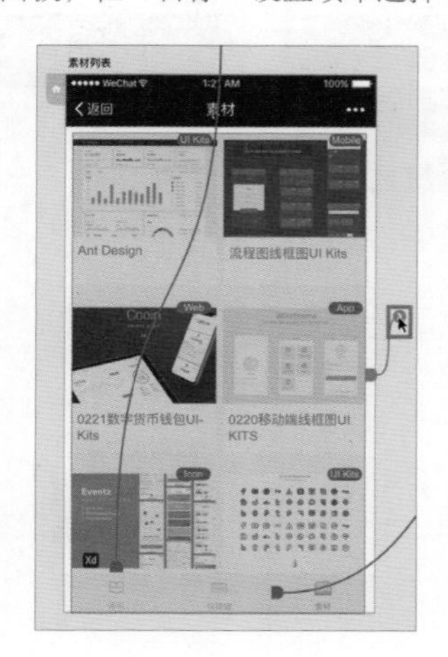

实战　交互式原型

素材位置	实例文件>CH05>实战：交互式原型
实例位置	实例文件>CH05>实战：交互式原型
难易指数	★☆☆☆☆
技术掌握	创建链接

观看在线教学视频

本案例将讲解创建链接并完成一个完整交互式原型的过程。

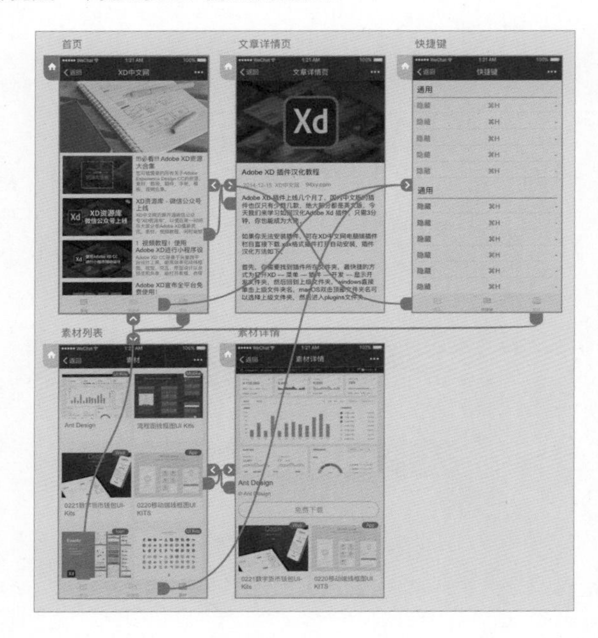

01 打开本书学习资源中的“CH05 > 实战：交互式原型 > 初始文件 .XD”文件，然后切换到原型模式，确认首页是否是第一个页面，如果不是，选中第一个画板后，单击左上角左侧图标，将其设置为首页。

02 由于多个画板有相同的底部导航，因此这里可以先切换到设计模式，然后使用“矩形”工具□在空白画布上创建一个和底部导航栏中每个导航按钮相同大小的矩形，接着设置“W”为125、“H”为50，并在属性检查器的“外观”属性栏中取消描边。为了方便观察，这里将“填充”颜色设置为红色（R:255，G:0，B:0）。

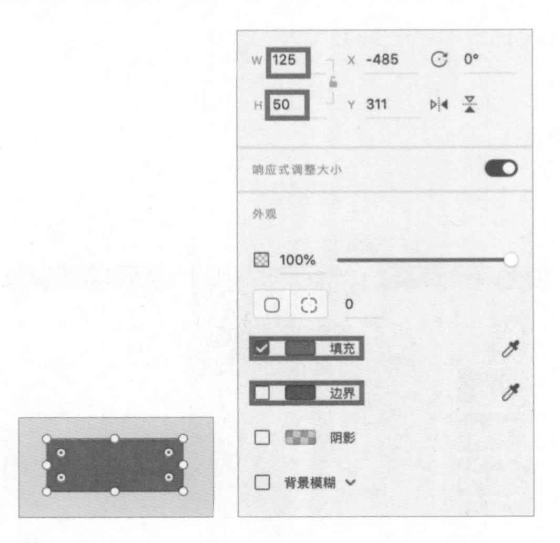

03 选中刚刚创建的矩形，使用快捷键Command+K（Mac OS）或Ctrl+K（Windows）创建“符号”，然后复制两个矩形并排摆放到一起。

04 切换到原型模式，分别选中矩形后拖动箭头▶，为3个矩形创建交互链接。从左至右，将第1个矩形的箭头▶拖动到“首页”画板，将第2个矩形的箭头▶拖动到“快捷键”画板，将第3个矩形的箭头▶拖动到“素材列表”画板。

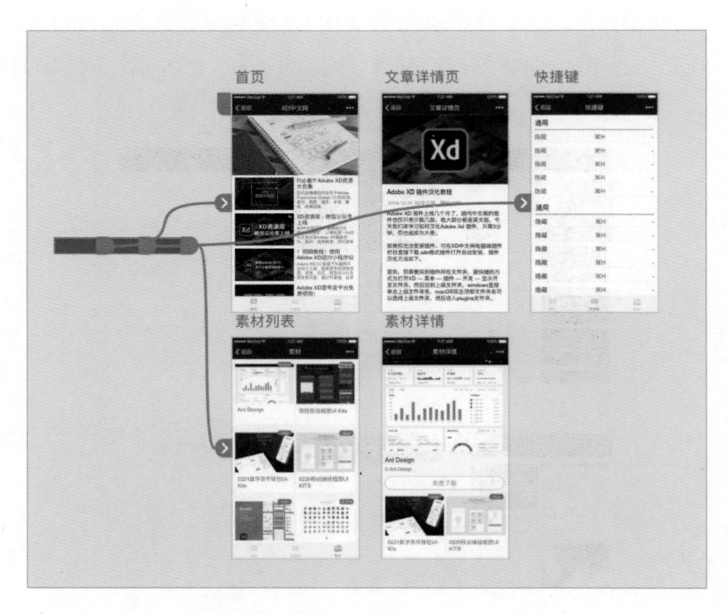

05 同时选中画板外的3个矩形，按住Option键（Mac OS）或Alt键（Windows）复制一份，并将它们拖动到“首页”画板底部居中的位置。再次同时选中3个画板外的矩形，按住Option键（Mac OS）或Alt键（Windows）

复制一份并将它们拖动到“快捷键”画板底部居中的位置。最后同时选中 3 个画板外的矩形直接拖动到“素材列表”画板底部居中的位置。

06

切换到设计模式，选择任意一个矩形并双击进入“符号”内部，在属性检查器中调整矩形的“不透明度”为 0%。切换到原型模式，使用快捷键 Command+A（Mac OS）或 Ctrl+A（Windows）全选当前文件中的全部内容并查看交互情况，会发现所有的红色矩形都变为透明的效果，但交互链接依然存在。

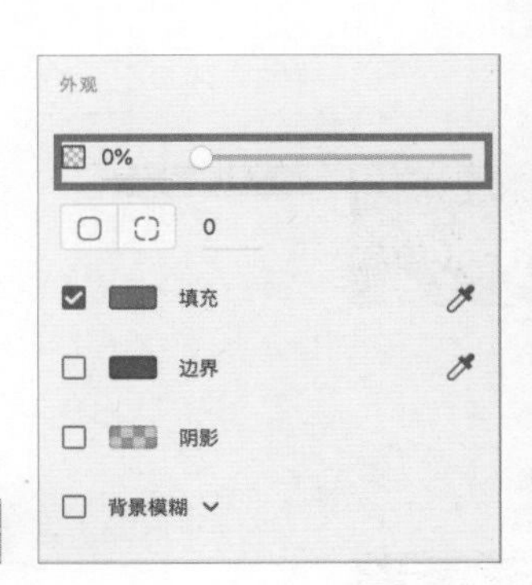

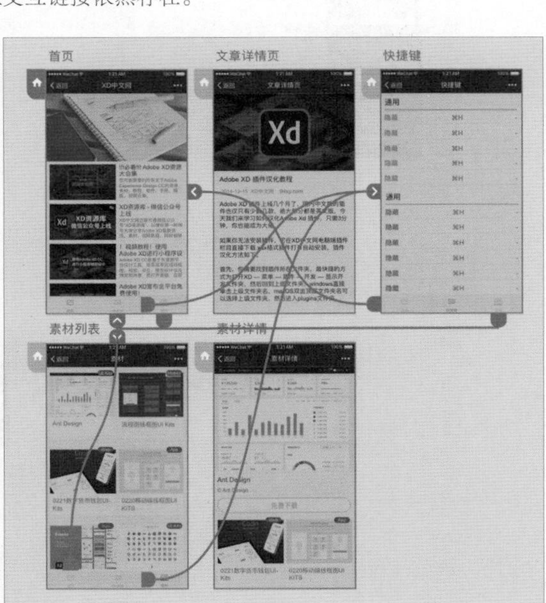

07

选中“首页”画板中的“资讯列表”元素，拖动箭头到“文章详情页”画板并创建交互链接。

08

选中“素材列表”画板中的“素材列表”元素，拖动箭头到“素材详情”画板并创建交互链接。

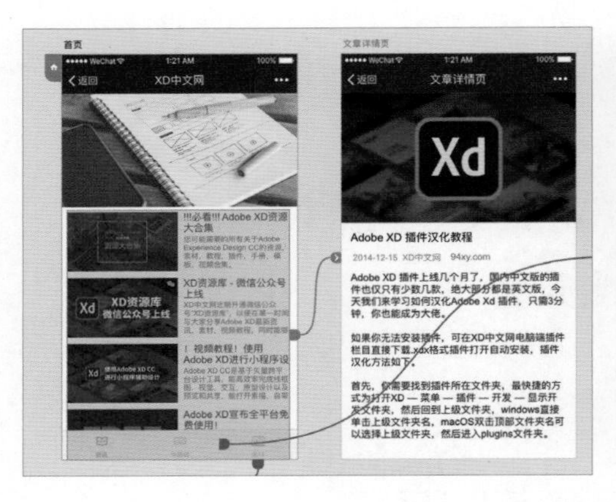

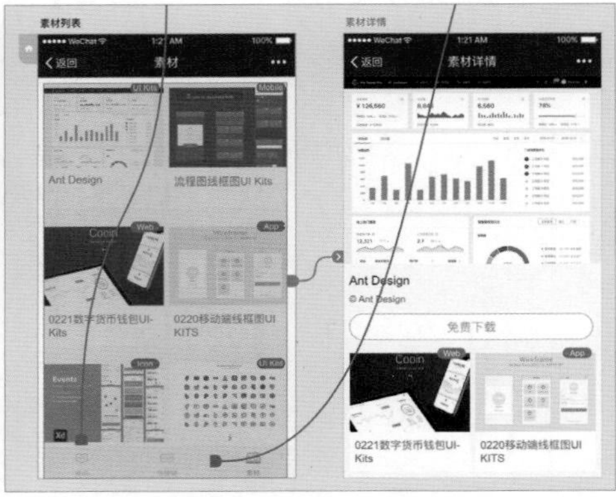

09 选中“文章详情页”画板，拖动箭头▶到“首页画板”并创建交互链接。

10 选中“素材详情”画板，拖到箭头▶到“素材列表”画板创建交互链接。

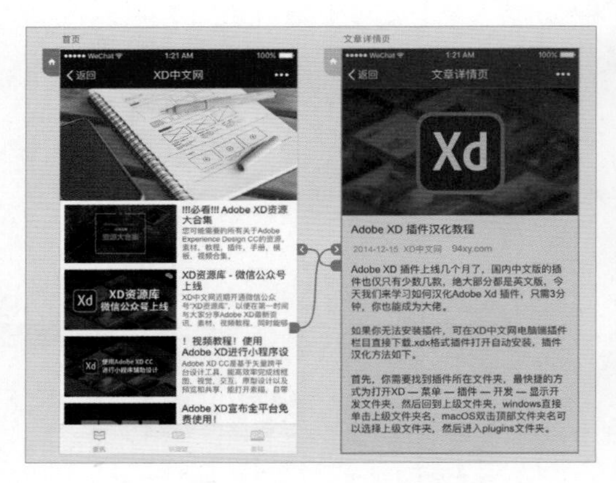

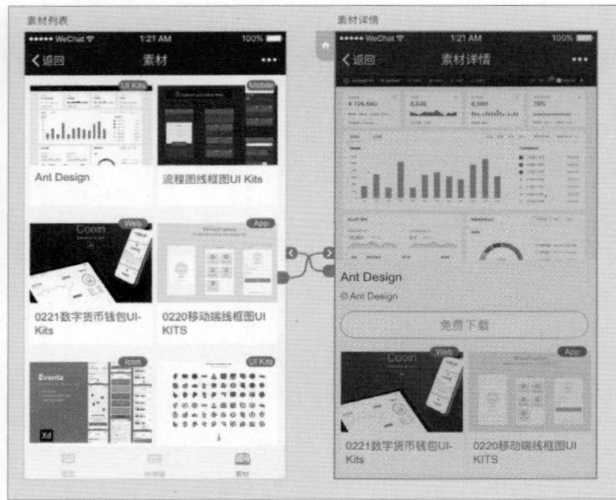

11 这样，一个简单交互原型就完成了。这时候若全选所有画板可看到所有的交互线条。单击 XD 右上角的“桌面预览”按钮▶，可以预览交互效果。

技术专题：快速删除所有交互链接

【视频位置：快速删除所有交互链接】

观看在线教学视频

在同一个项目页面较多且都添加了交互链接并需要删除所有的交互链接时，一条一条地删除会很麻烦。这里，笔者给大家提供一种可以快速删除所有交互链接的方法。

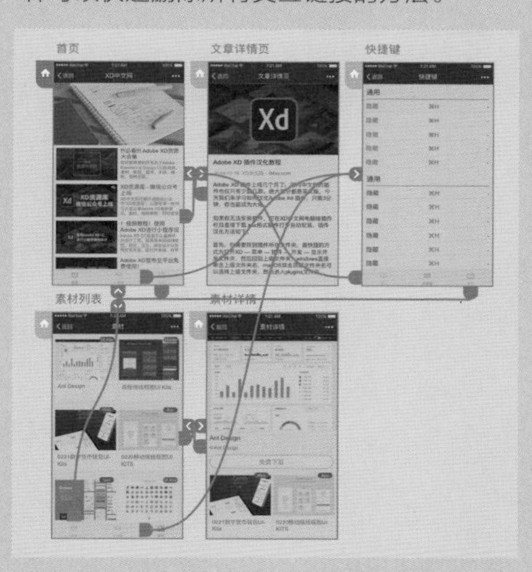

在设计模式下打开图层面板，单击第一个图层的名称，然后按住 Shift 键，单击最后一个图层名称，可以选中当前文件中所有画板。

使用快捷键 Command+X（Mac OS）或 Ctrl+X（Windows）剪切当前文件中的全部内容，然后使用快捷键 Command+V（Mac OS）或 Ctrl+V（Windows）粘贴，切换到原型模式后，会发现所有的交互链接都已经被删除。

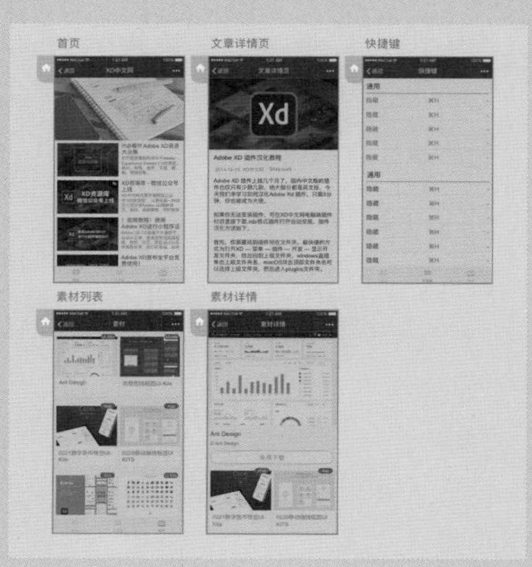

5.3 触发

在添加跳转链接时，会自动弹出“交互设置”面板，第一个设置项“触发”默认为“点击”。单击选择框可以切换触发方式。除了“点击”，XD 还支持“拖移”“时间”及“语音”3 种触发方式。

5.3.1 拖移

当给选择的对象添加交互链接时，如果在“触发”设置项中选择“拖移”选项，那么在“动作”设置项中只能选择“自动制作动画”选项，通过按住鼠标左键并拖动或用手指在触屏上拖动，可以触发交互效果。

5.3.2 时间

选择对象添加交互链接时，“触发”设置项中不会出现“时间”选项。只有在选择画板并添加交互链接时，“触发”设置项中才会出现“时间”。在选择“时间”后，下方会出现“延迟”设置项。

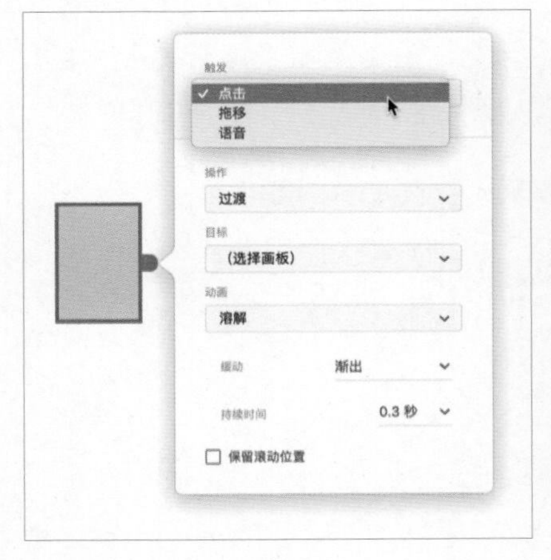

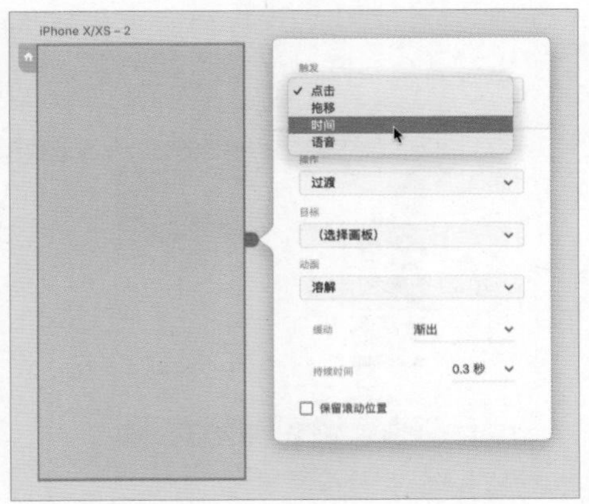

在“延迟”设置项中设置的是时间，单位为秒。单击时间值可进入编辑状态，此时可以直接输入精确数值，也可以单击下拉框选择常用的时间。

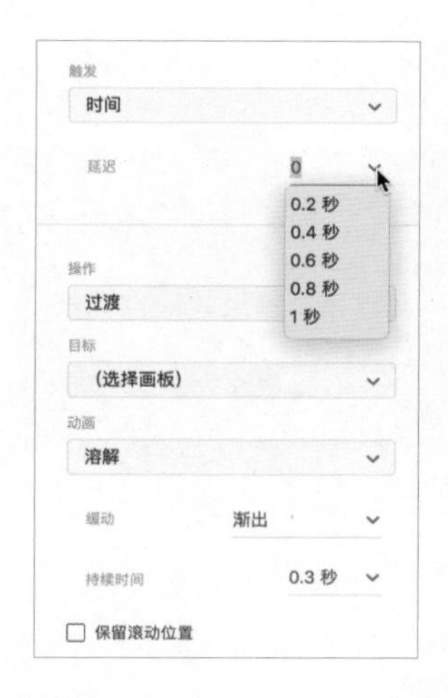

例如，常见的手机 App 启动页面的广告在倒计时 3 秒后进入首页的效果可以通过该功能来完成。实现时只需要在原型模式下，选择设计好的广告页面，单击蓝色的交互箭头，在交互设置面板中将“触发”设置为“时间”，“延迟”为 3 秒即可。

实战　自动播放的轮播图

素材位置	实例文件>CH05>实战：自动播放的轮播图
实例位置	实例文件>CH05>实战：自动播放的轮播图
难易指数	★☆☆☆☆
技术掌握	定时过渡

观看在线教学视频

本案例通过完成一个常见的自动播放轮播图的原型来讲解时间（定时过渡）的触发方式。预览时效果为每隔 3 秒自动切换一个画板，同时单击轮播图下方的交互点，也能切换到指定的画板。

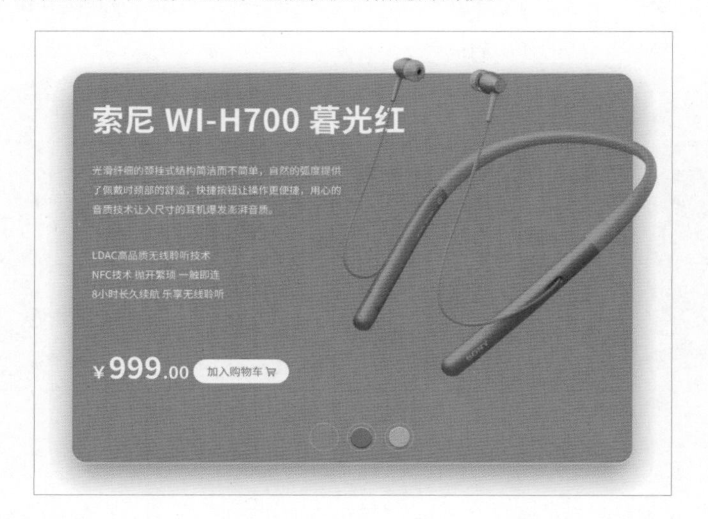

01 打开本书学习资源中的“CH05 > 实战：自动播放的轮播图 > 初始文件 .XD”文件，切换到原型模式，确认第一个画板“暮光红”是否是首页。如果不是，单击第 1 个画板的名称“暮光红”，选中画板后，单击左上角的小房子图标，将其设置为首页。

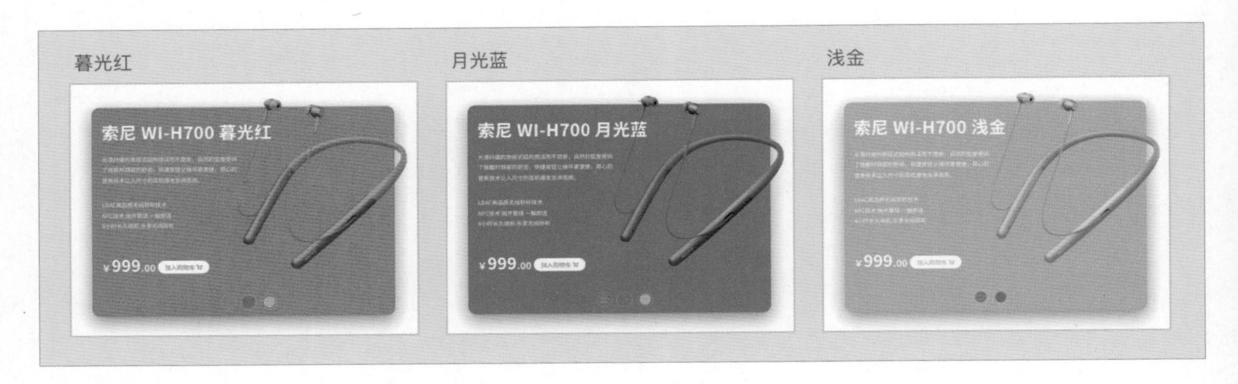

02 选中第 1 个画板，然后拖动并添加交互链接，将箭头▶拖动到第 2 个“月光蓝”画板，松开鼠标左键将自动弹出“交互设置”面板，在“交互设置”面板中设置“触发”为“时间”、“延迟”为“3 秒”、“操作”为“过渡”、“目标”为“月光蓝”、“动画”为“向左推出”、“缓动”为“渐出”、“持续时间”为“0.3 秒”。

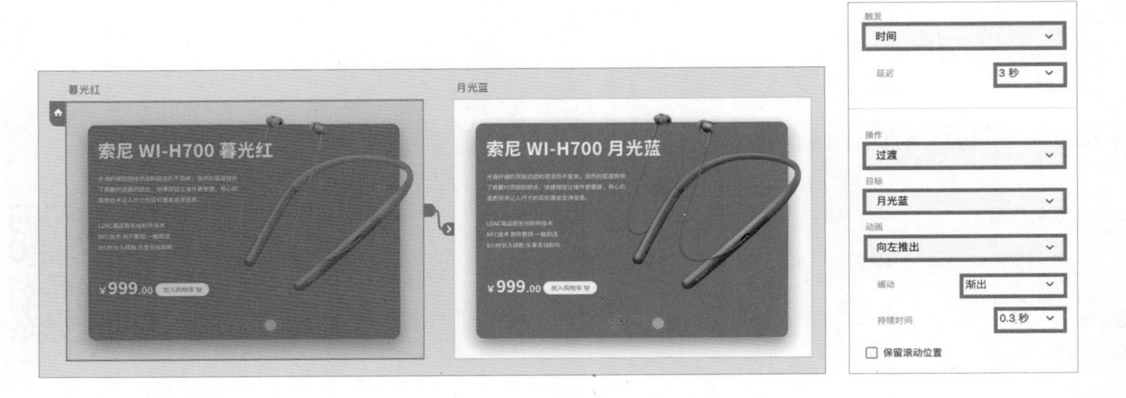

03 单击第 2 个画板名称“月光蓝”，选中第 2 个画板，拖动箭头▶到第 3 个画板并添加交互链接，此时会自动复用第 02 步中相同的交互设置。再选中第 3 个画板并添加交互链接，拖动箭头▶到第 1 个画板，完成一个循环的效果。后预览时每隔 3 秒自动切换下一个画板，到最后一个画板切换到第一个画板，完成后全选画板查看交互链接。

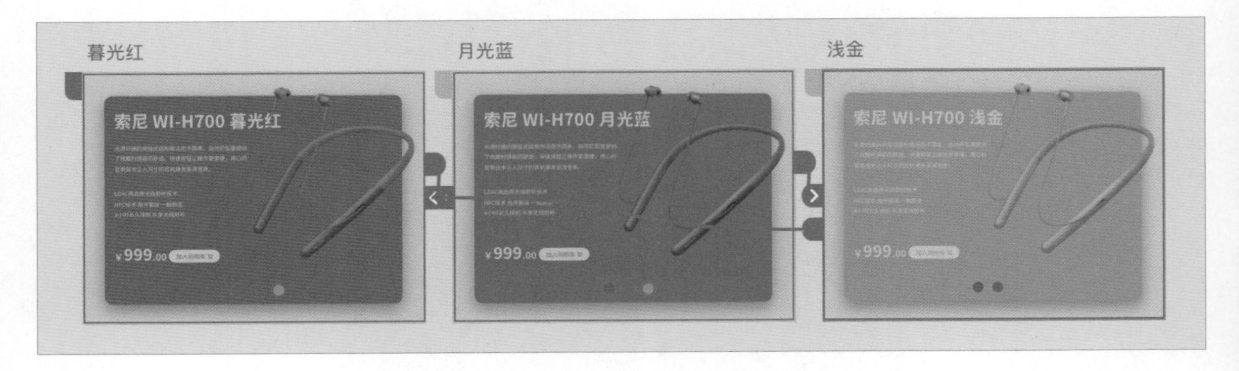

04 在实际项目中，单击任何一个画板下方的交互点，还可以跳转到指定画板。例如单击蓝色交互点跳转到第 2 个画板，单击浅金色交互点跳转到第 3 个画板。可尝试给每一个交互点单独添加跳转链接，完成后全选查看所有交互链接，效果如下图所示。

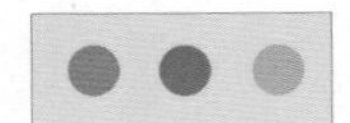

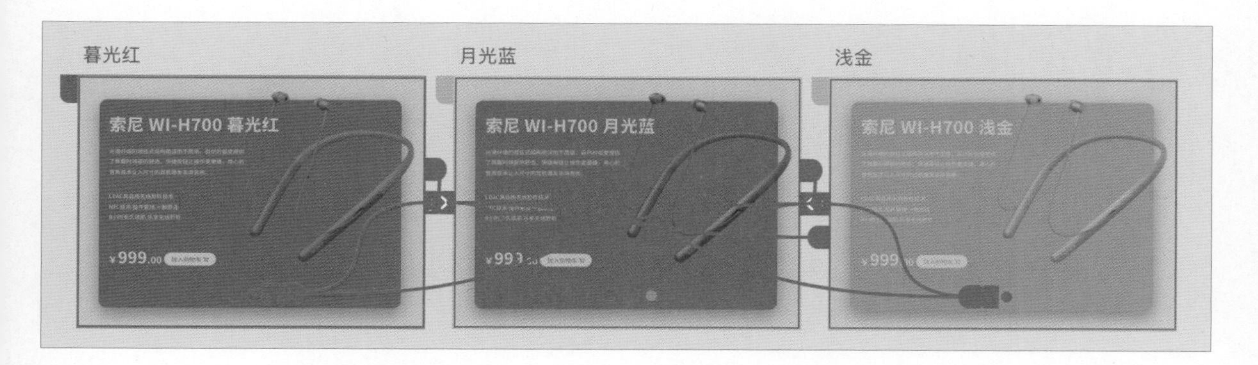

05 单击右上角的“桌面预览”图标▶，可以看到，每隔 3 秒便自动切换到下一个画板，单击交互点也可以跳转到相应的画板。

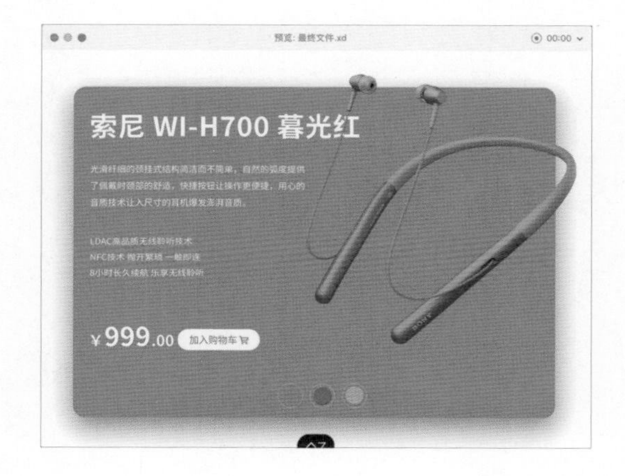

5.3.3 语音

XD 支持语音命令触发交互，这在需要设计语音控制、语音搜索等应用程序时非常实用。选择对象添加交互链接后，在“交互设置”面板中设置“触发”为“语音”，下方会出现“命令”输入框。在“命令”输入框中直接输入语音命令如“hello”并设置交互后，单击右上角的“桌面预览”按钮▶预览，按住空格键说出语音命令“hello”，然后松开空格键，XD 识别语音命令后会触发交互。在移动端预览时没有空格键，需要按住设置了通过语音命令触发交互的对象，说出语音命令，XD 识别到语音命令后会触发交互。

5.4 目标

目标是指预览时，在当前画板触发交互后需要跳转到的画板，在“交互设置”面板的“目标”设置项中可以设置。

在添加交互链接时，拖动交互线条到另一个画板，“目标”即变为拖动交互线条所到的画板，并且会显示该画板的名称。单击画板名称，可以打开列表进行切换。列表中的选项分为两组，一组为“无”，一组为当前文件中所有画板的名称列表。当选择“无”时，等同于取消交互链接；当选择画板名称后，预览时触发交互会跳转到所选择的画板。

5.5 操作

观看在线教学视频

在 XD 中预览制作的原型，触发交互后，根据所设置的不同反应动作会执行不同的反应效果。在交互设置面板“操作”中可以进行设置。XD 中支持 5 种反应动作，分别是“过渡”“自动制作动画”“叠加”“语音播放”及“上一个画板”。

5.5.1 自动制作动画

了解 XD 的“自动制作动画”之前，首先要了解一下逐帧动画。逐帧动画也就是在时间轴的每帧上逐帧绘制不同的内容，使其连续播放而形成动画。在相同的时间内，帧数越多，动画看起来就越流畅。在 XD 中制作逐帧动画时，为了达到更加流畅的动画效果就需要更多的画板来完成。例如，用 9 个画板来完成一个正方形到圆形的动画效果，打开本书学习资源中的“CH05 >5.5.1 自动制作动画 > 逐帧动画 .XD”文件，然后单击“桌面预览”按钮▶，可以查看预览效果。

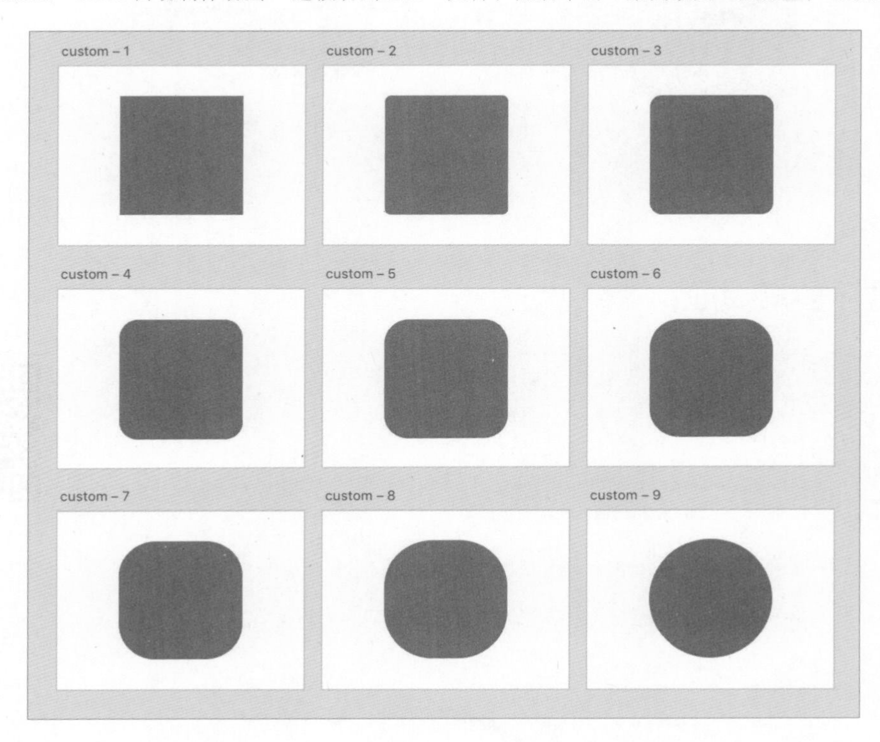

通过XD中的“自动制作动画”，制作一个流畅的动画效果可能只需要两个画板。同样是从一个矩形到圆形的动画效果，使用“自动制作动画”来完成，首先要在第 1 个画板上绘制一个矩形，然后单击画板名称，使用快捷键 Command+D（Mac OS）或 Ctrl+D（Windows）快速复制一个画板，修改复制的画板的圆角至最大值，使其变为圆形。

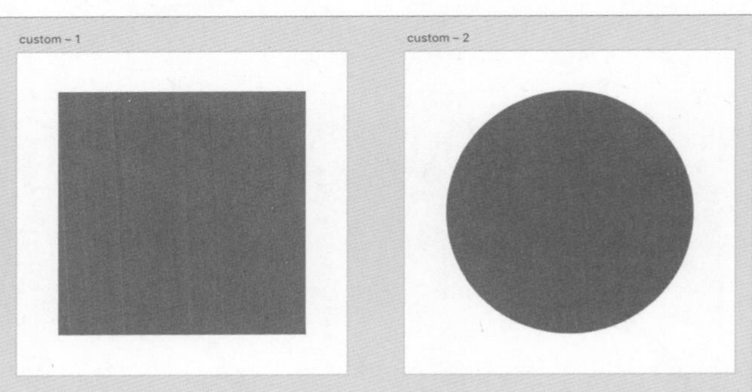

切换到原型模式，将第 1 个画板设置为首页。选中第 1 个画板中的矩形并添加交互链接，然后拖动箭头到第 2 个画板上，系统将自动弹出“交互设置”面板。

打开“交互设置”面板后，在“触发”设置项中选择“单击”选项，在“操作”设置项中选择“自动制作动画”选项，设置“目标”为“custom-2”、“缓动”为“无”、“持续时间”为 1 秒，即可完成比前面“逐帧动画 .XD”中更为流畅的效果。打开本书学习资源中的“CH05>5.5.1 自动制作动画 > 自动制作动画 .XD”文件，单击右上角的“桌面预览”按钮▶，单击画板可以查看效果。

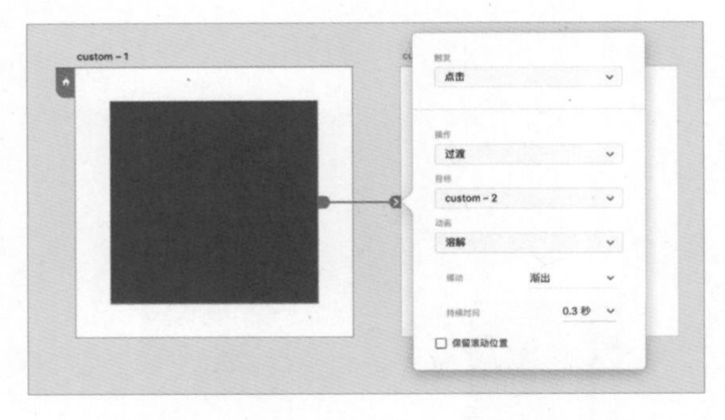

除了复制画板以外，复制对象到其他画板，也能使用“自动制作动画”功能。

实战 循环旋转动画

素材位置	实例文件>CH05>实战：循环旋转动画	观看在线教学视频
实例位置	实例文件>CH05>实战：循环旋转动画	
难易指数	★☆☆☆☆	
技术掌握	循环、自动制作动画	

本案例将讲解“自动制作动画”的基础使用方法，打开本书学习资源中的“CH05> 实战：循环旋转动画 > 最终文件 .XD”文件，可以查看最终效果，打开后预览时图形会一直处于自动旋转状态。

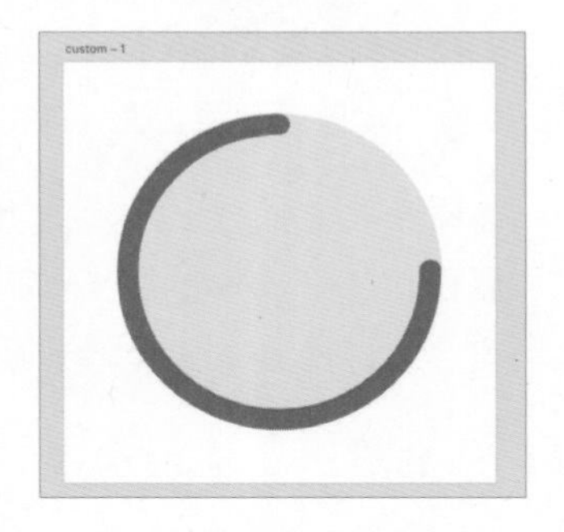

01 打开本书学习资源中的“CH05> 实战：循环旋转动画 > 初始文件 .XD”文件。单击画板名称，选中画板，使用快捷键 Command+D（Mac OS）或 Ctrl+D（Windows）快速复制一个画板。

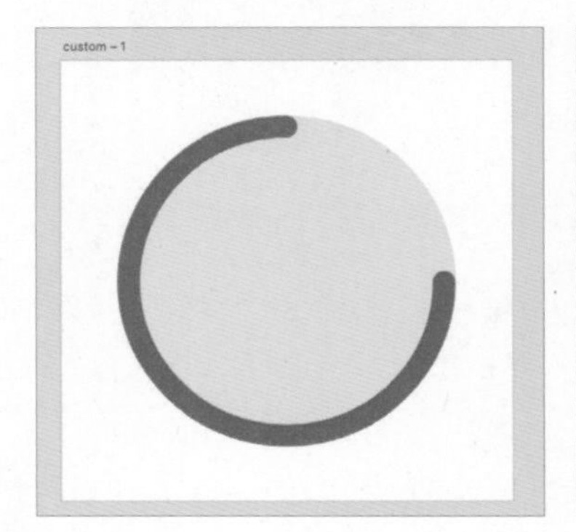

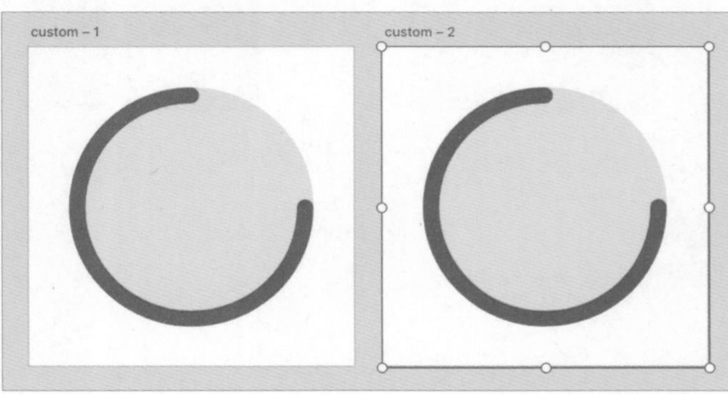

02 选中第 2 个复制出来的画板中的对象，在属性检查器中设置“旋转角度”为 360° 。

03 切换到原型模式，将第 1 个画板设置为首页，选择第 1 个画板，拖动箭头▶到第 2 个画板并添加交互链接，在自动弹出的“交互设置”面板中设置“触发”为“时间”、“延迟”为“0 秒”、“操作”为“自动制作动画”、“缓动”为“无”、“持续时间”为“3 秒”。

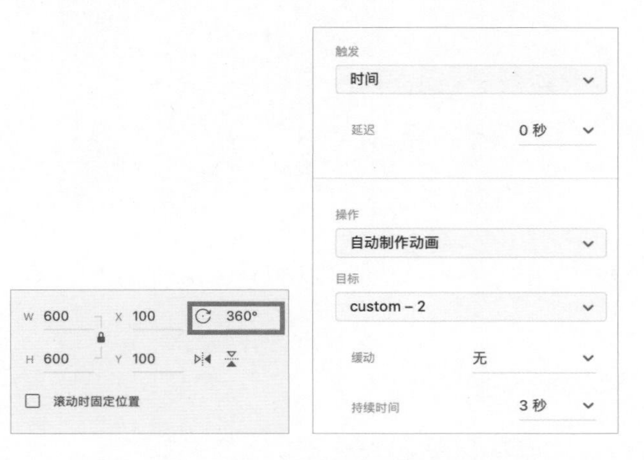

04 选择第 2 个画板，拖动箭头▶到第 1 个画板并添加交互链接，此时会自动复制第 03 步中设置的交互选项，无需修改，完成后单击“桌面预览”按钮▶，即可看到循环旋转的动画效果。

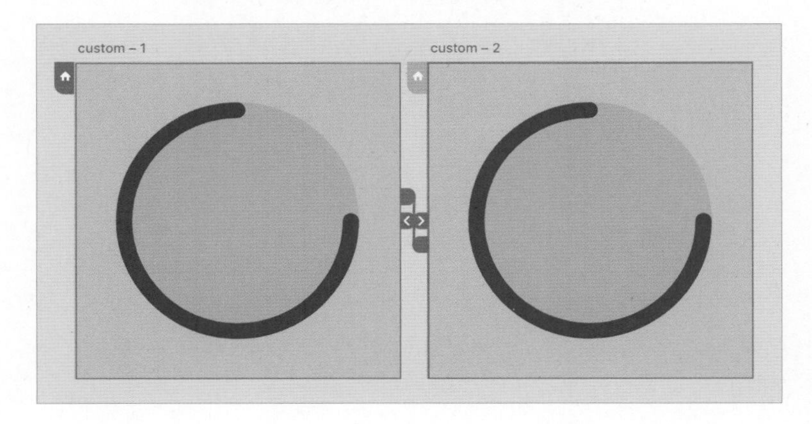

实战　轮播图拖移动画

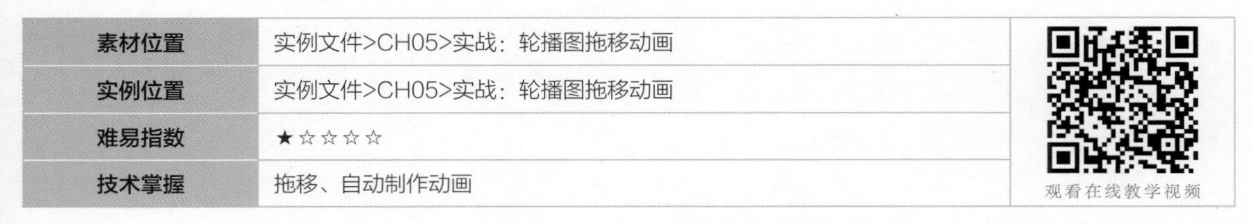

素材位置	实例文件>CH05>实战：轮播图拖移动画
实例位置	实例文件>CH05>实战：轮播图拖移动画
难易指数	★☆☆☆☆
技术掌握	拖移、自动制作动画

观看在线教学视频

本案例将讲解“自动制作动画”功能的使用方法，打开本书学习资源中的“CH05> 实战：轮播图拖移动画 > 最终文件 .XD”文件，可以查看最终效果，打开后进行预览，每一个页面切换时文字和图片都会有一些微动画。

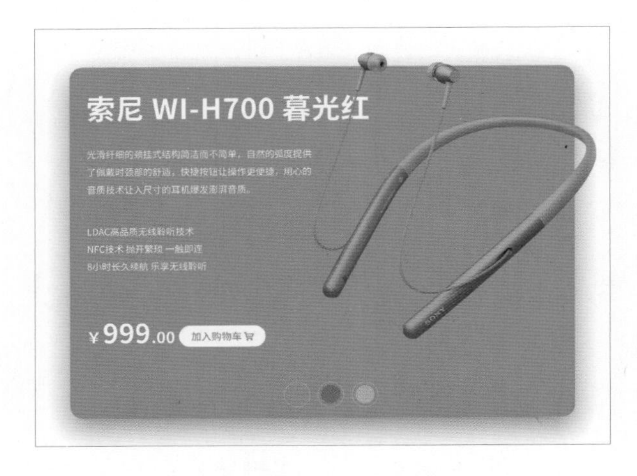

01 打开本书学习资源中的“CH05> 实战：轮播图拖移动画 > 初始文件 .XD”文件，会看到文件中有一个画板。

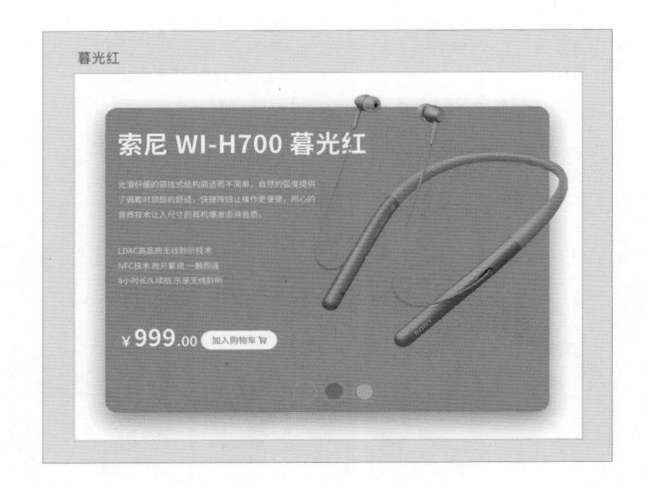

02 选中画板中的暮光红颜色耳机图片，然后拖动到画布上的空白位置。打开本书学习资源中的“CH05> 实战：轮播图拖移动画 > 素材”文件夹，将文件夹中的月光蓝和浅金两个颜色的耳机拖到 XD 中，并与暮光红颜色耳机并排摆放。设置每张图片的宽度和图与图之间的间距均为 400px。

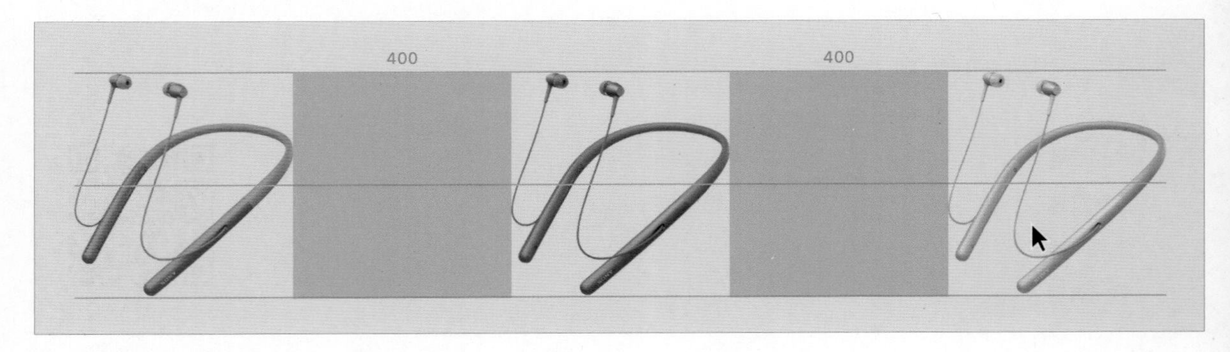

03 同时选中 3 个颜色的耳机图片，使用快捷键 Command+G（Mac OS）或 Ctrl+G（Windows）编组。使用“矩形”工具□绘制一个矩形，在属性检查器中设置“W”为 400、“H”为 420，并取消勾选“边界”选项。

04 同时选中第 02 步中完成的编组和第 03 步中绘制的矩形，在属性检查器中单击“顶对齐”图标和“左对齐”图标进行对齐。

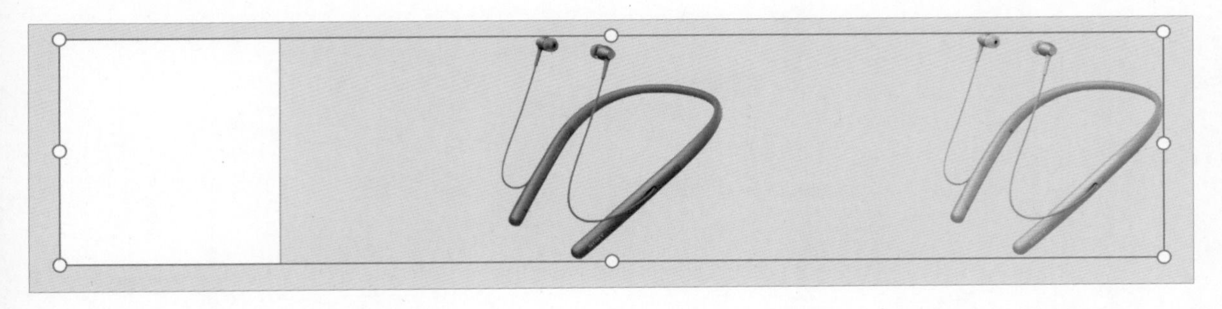

05 使用快捷键 Command+Shift+M（Mac OS）或 Ctrl+Shift+M（Windows）生成剪贴蒙版，然后将生成的剪贴蒙版拖动到画板中，在属性检查器中设置“X”为 378、“Y”为 35。

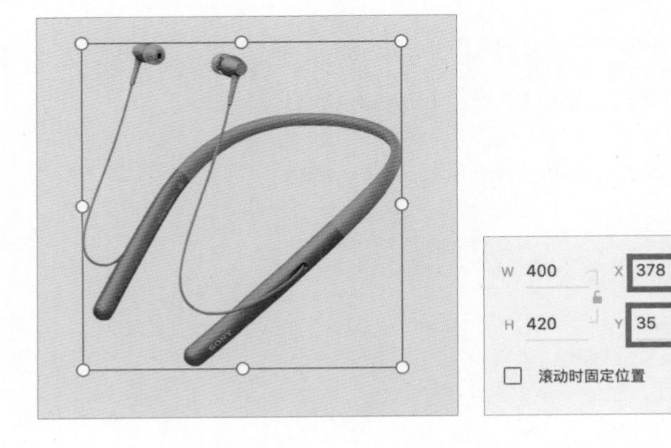

06 选中画板中的标题和描述文字并编组，然后拖动到画布中的空白位置。按住 Option 键（Mac OS）或 Alt 键（Windows），拖动复制两份并做适当排放。设置每组文字的宽度和组与组之间的间距均为 400px。选择第二组文字并编组，然后双击进入内部，将“暮光红”修改为“月光蓝”。选择第三组文字并编组，然后双击进入内部，将“暮光红”修改为“浅金”。为了方便观察，这里文字修改为红色（R:255，G:0，B:0），实际操作中无需修改文字颜色。

07 同时选中三组文字并编组，然后使用“矩形”工具绘制一个矩形，在属性检查器中设置“W”为393、“H”为252，并取消勾选“边界”选项。

08 同时选中第07步中的完成的文字编组和绘制的矩形，在属性检查器中单击“顶对齐”图标和“左对齐”图标进行对齐，此时所有文字颜色应为白色（R:255，G:255，B:255）。但为了方便观察，这里将文字颜色设置为红色（R:255，G:0，B:0）。后按快捷键Command+Shift+M（Mac OS）或Ctrl+Shift+M（Windows）将其生成剪贴蒙版。

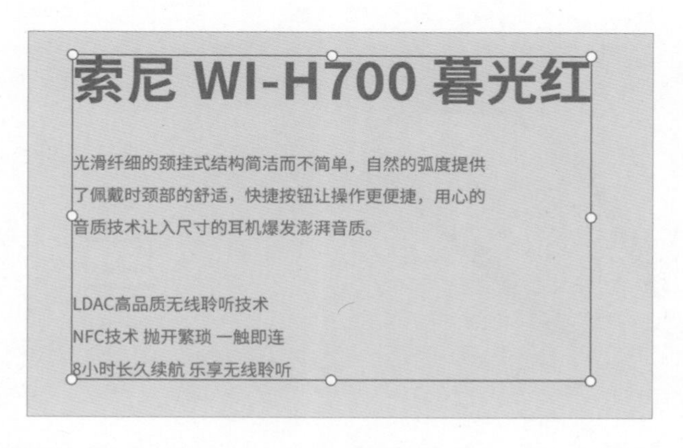

09 将第08步中生成的剪贴蒙版拖动到画板中，并在属性检查器中修改“X”为66、“Y”为94，完成后画板中的文件从外观上看起来与初始文件没有区别。

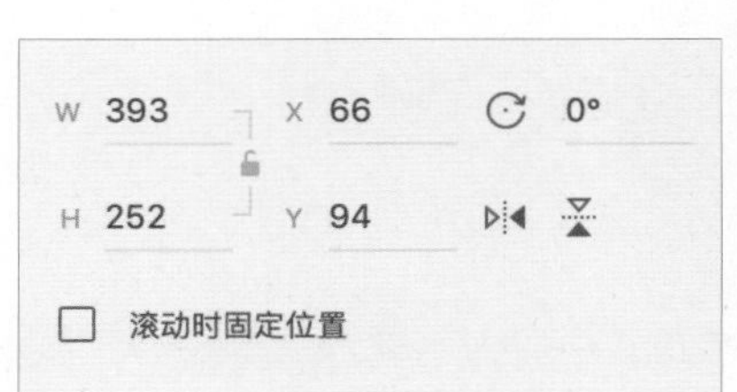

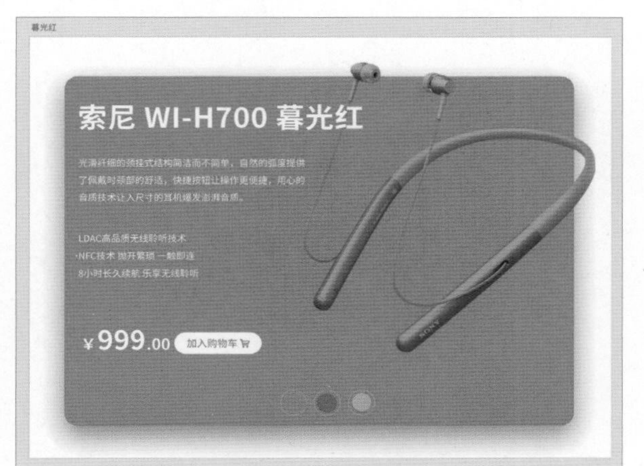

10 将画板中的 3 个交互点移动到画布上的空白位置备用。单击“暮光红”画板名称并选中画板，按快捷键 Command+D（Mac OS）或 Ctrl+D（Windows）快速复制两个画板，双击第二个画板名称“暮光红 - 1”，修改画板名称为“月光蓝”，双击第三个画板名称“暮光红 - 3”，并修改画板名称为“浅金”。

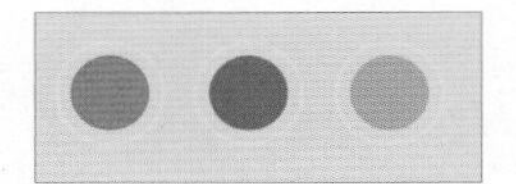

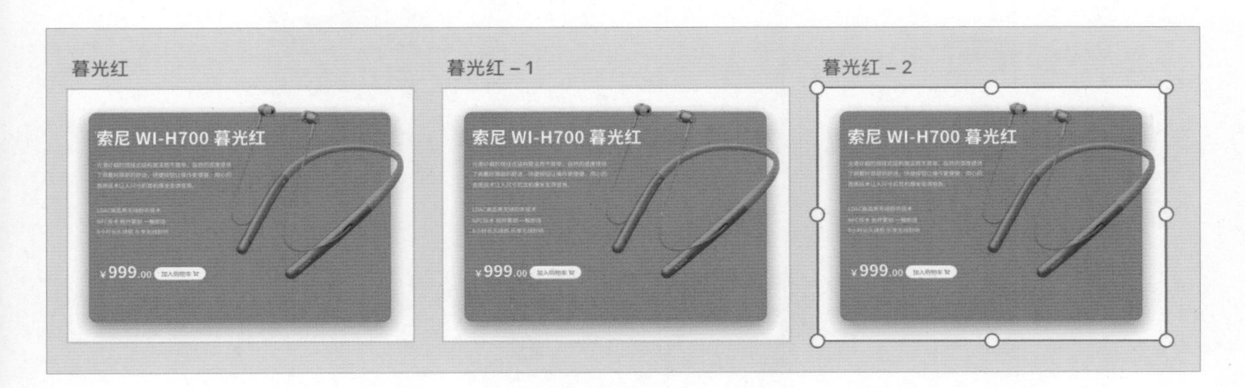

11 分别选中第二个画板中的红色背景、“加入购物车”文本、购物车图标，将其设置为蓝色（R:104，G:132，B:172）。分别选中第三个画板中的红色背景、“加入购物车”文本、购物车图标，将其设置为金色（R:203，G:187，B:170）。

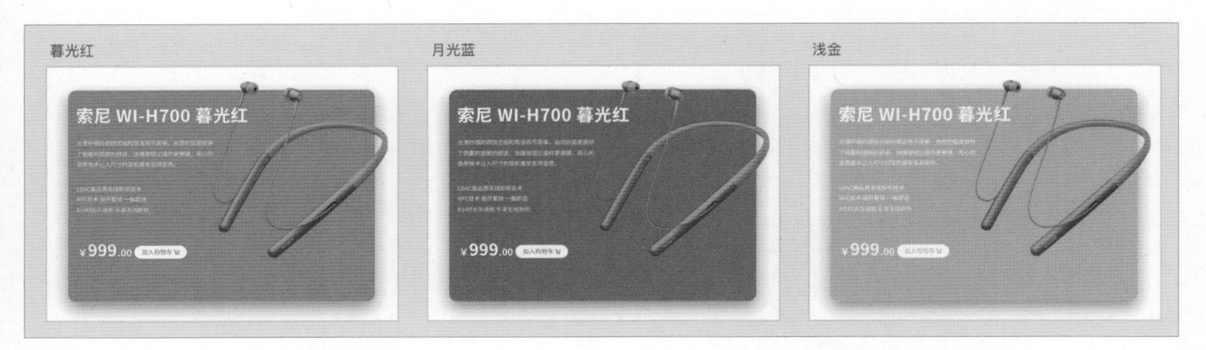

12 选中第二个“月光蓝”画板中的标题和描述文字剪贴蒙版，双击进入内部，再次单击选中全部的文字编组。

技巧提示

此时选中的一定要是全部的文字编组，而不是剪贴蒙版中的矩形，如果选中的是矩形则会出现错误。

13 在属性检查器中修改文字编组的“X”坐标为 -720（可直接在原来“66”的基础上输入“-393*2”，减去 2 个 393px 的宽度，即单个文字编组的宽度和间距）。

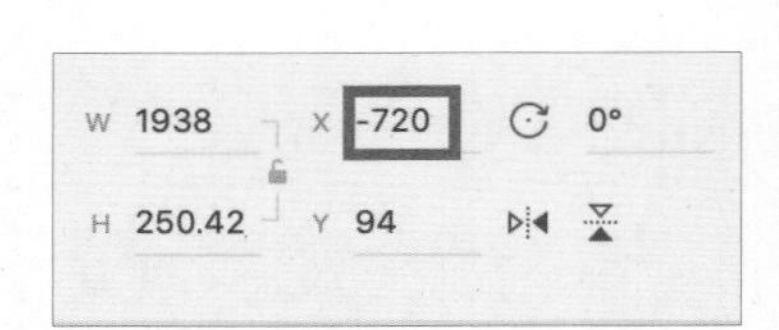

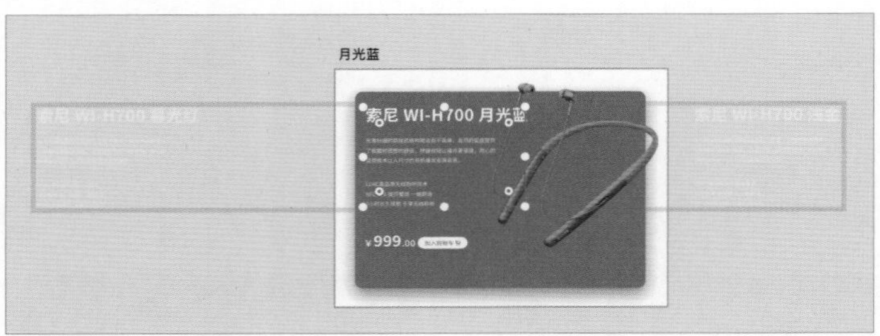

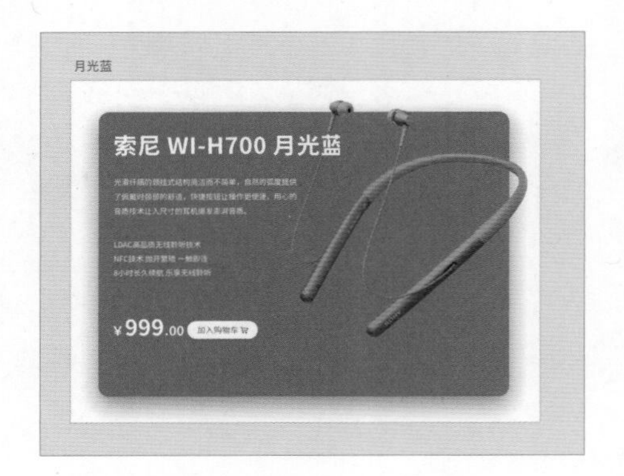

14 选中第二个“月光蓝”画板中的耳机图片剪贴蒙版，双击进入内部，再次单击选中图片编组。

15 在属性检查器中修改图片编组的“X”坐标为 -422（可直接在原来“378”的基础上输入“-400*2”，减去 800，即单个图片和间距的宽度），退出编辑。

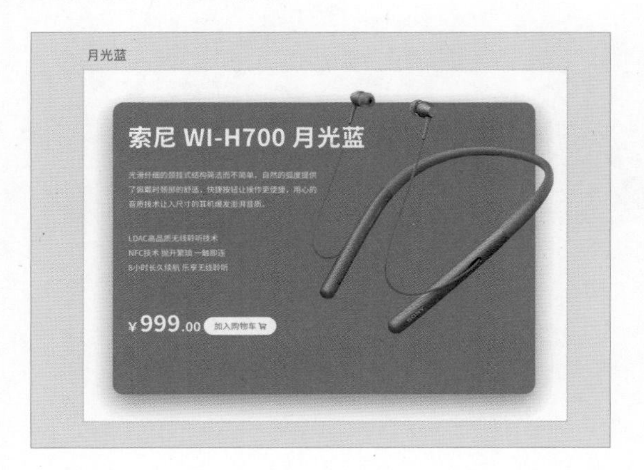

16 使用第 13 步到第 16 步相同的方法修改第三个“浅金”画板中的文本和图片，全部文本编组的“X”坐标应减去 4 个 393，可在“66”的基础上输入“-393*4”，得到的数值应该是 -1506，全部图片编组的“X”坐标应减去 4 个 400，可在“378”的基础上输入“-400*4”，得到的数值为 -1222。

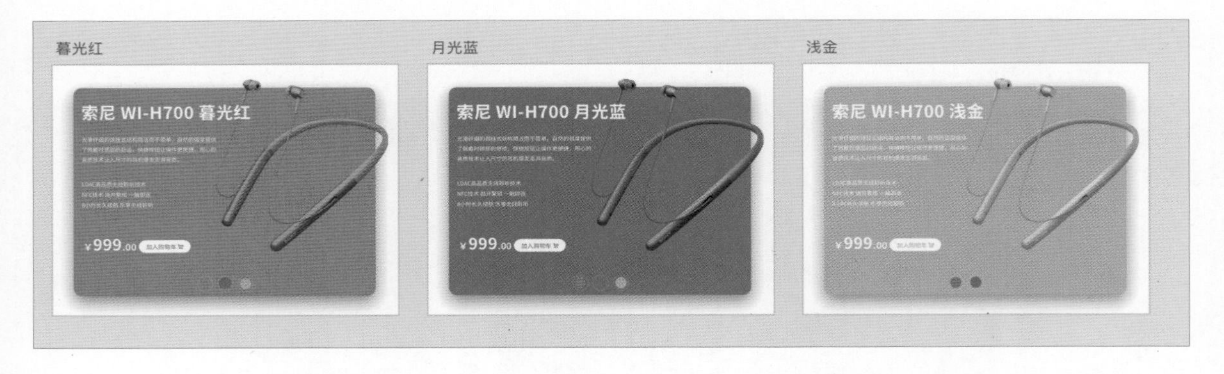

17 切换到原型模式，创建交互原型。选中第一个“暮光红”画板，拖动箭头到第二个“月光蓝”画板添加交互链接，在自动弹出的“交互设置”面板中设置“触发”为“拖移”、“操作”为“自动制作动画”、“目标”为“月光蓝”、“缓动”为“渐入渐出”。

18 选中第 2 个画板，拖动箭头到第 3 个画板并添加交互链接，选中第 3 个画板，拖动箭头到第 1 个画板并添加交互链接，会自动复用第 18 步中设置的交互效果，完成后全选所有画板，查看所有的交互效果。

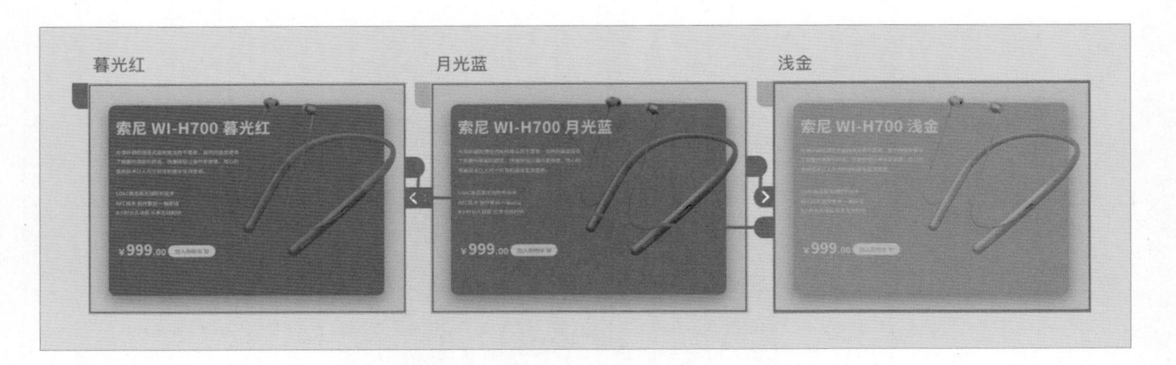

19 分别选中交互点，拖动箭头▶到对应颜色的画板并添加交互链接，在自动弹出的“交互设置”面板中设置“触发”为“点击”、“标作”为“自动制作动画”、“缓动”为“渐入渐出”、“持续时间”为“0.3 秒”。

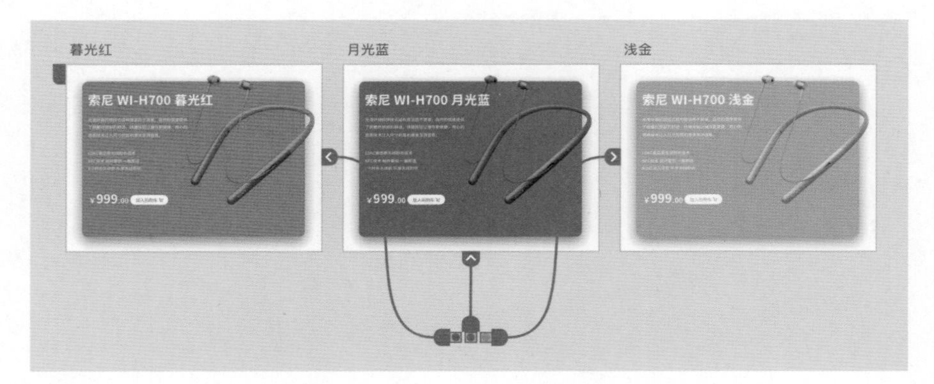

20 分别复制交互点到前两个画板中并摆放到合适且相同的位置，拖动交互点到第 3 个画板并摆放到与前两个画板相同的位置。

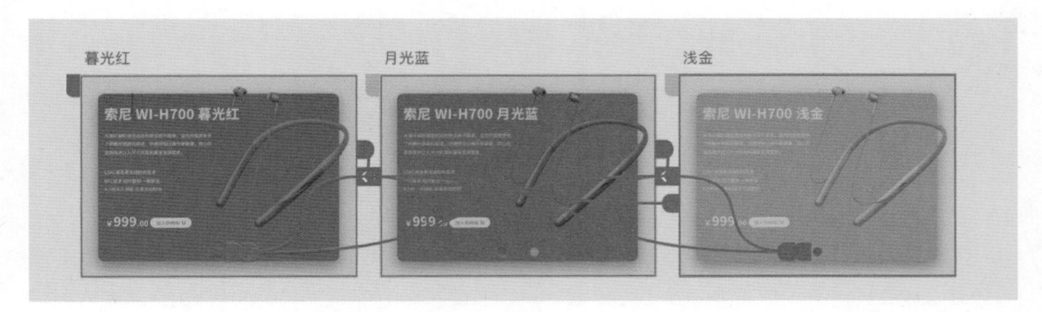

21 单击右上角的“桌面预览”按钮▶预览效果，按住页面其拖动可以实现页面跳转，同时文本和图标也有简单的切换效果，单击交互点可以切换页面。

5.5.2 语音播放

XD 中的原型支持语音播放功能，与其他软件导入音频文件不同，XD 是输入文字后自动生成语音，但目前仅支持英语，不支持中文。

选择对象后，单击箭头并添加交互链接，在自动弹出的“交互设置”面板中设置“操作”为“语音播放”，此时箭头会变为“闪电”标志，在“交互设置”面板下方会出现“语音”输入框，输入内容如“Hello，I’ m Xiao Ming!”，预览时触发该交互会播放自动生成的语音“Hello，I’ m Xiao Ming!”。

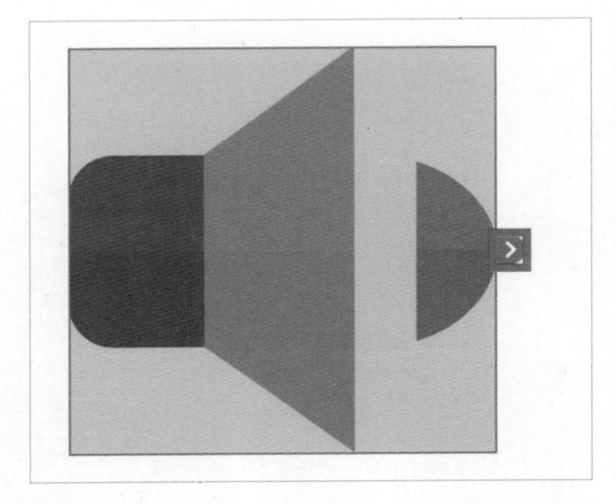

5.5.3 上一个画板

XD 的原型支持返回到上一个画板，记录跳转到当前页面的上一个页面，可返回到不同的页面。

在原型模式下选择对象，单击箭头，并在“交互设置”面板中设置“操作”为“上一个画板”，此时箭头会变成“返回”图标。

软件中的“首页”画板和“文章列表页”画板都可以跳转到“文章详情页”。在“文章详情页”中添加“返回上一个画板”，从“首页”跳转到“文章详情页”后，选择“返回上一个画板”会回到“首页”，从“文章列表页”跳转到“文章详情页”后，选择“返回上一个画板”会回到“文章列表页”。

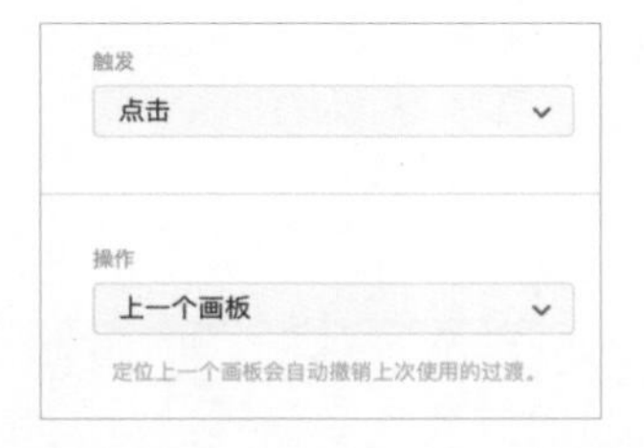

5.5.4 过渡

在“交互设置”面板中设置“操作”为“过渡”（过渡就是跳转到目标画板）后，给“动画”和“缓动”设置不同的选项，可得到不同的交互效果。选择“过渡”后，在“交互设置”面板中还会出现一个 “保留滚动位置”设置项。

勾选“保留滚动位置”选项后预览时，会看到用户在当前画板滚动的高度被记录下来，跳转到目标画板会滚动到相同的位置，避免需要反复滚动才能看到效果。

如下图的转发效果由两个画板完成，在未勾选“保留滚动位置”的情况下，预览时默认打开为首页，将页面滚动到底部单击转发将过渡到转发页面的顶部，需要再次滚动才能看到转发时的效果。

勾选了“保留滚动位置”选项后，预览时在首页滚动到底部单击过渡到转发页面时，直接从首页滚动到相同的高度开始展示，并且能直接看到转发效果，不需要重复滚动。

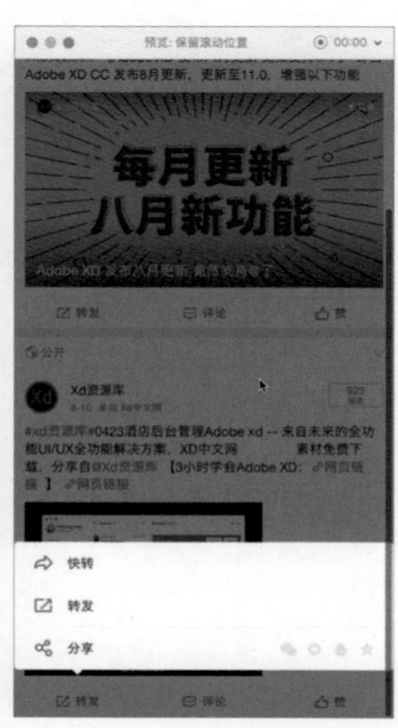

5.5.5 叠加

叠加与过渡不同，在“交互设置”面板中，选择“叠加”后不会出现“保留滚动位置”设置项，预览时触发设置了交互的元素，不会进行页面切换，而是直接在原页面上叠放新的画板。当叠加的新画板面积小于之前的画板或有透明部分时，可同时看到两个画板。如单击菜单出现下拉菜单的效果，可以使用“叠加”功能来完成。

使用叠加时，要叠加的内容需单独设计在一个画板内。以微信小程序菜单为例，文件中一共两个画板——“首页”和“关于”，其中“关于”画板背景为半透明。在原型模式下，选中“首页”画板中的菜单，拖动箭头到“关于”画板并选择“叠加”后，在当前画板即“首页”画板会出现一个绿色的编辑线框，此为目标画板的叠加区域（如果目标画板的面积小于当前画板，按住中间的“移动”按钮，编辑线框可拖动来自定义叠加区域，但不能移动到画板外），单击“桌面预览”按钮▶，单击预览框中设置了链接的菜单元素，便可看到菜单的叠加效果。

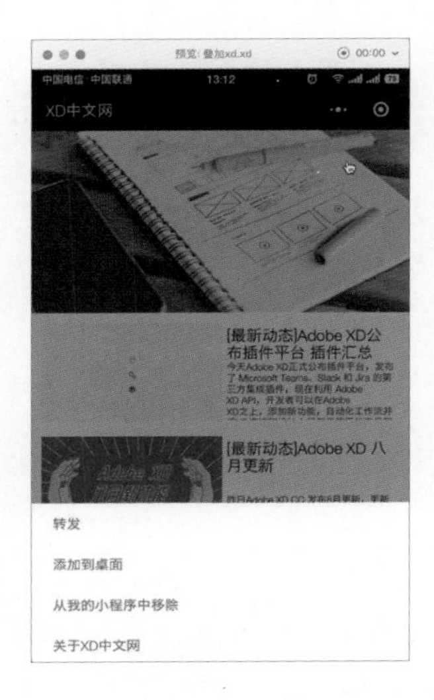

“叠加”的范围只能在画板视口高度内，与“过渡”相比存在一定局限性，更多的情况下用于小范围交互，如下拉菜单、弹窗等。

5.6 动画

动画是预览时触发设置了交互链接的对象后，执行交互过程中的效果。动画在“交互设置”面板的“动画”选项中可以设置，默认为“溶解”，单击“溶解”选项可以进行切换。当设置“操作”为“过渡”时，具体的选项有 3 组，第一组包含“无”和“溶解”选项，第二组包含“左滑”“右滑”“上滑”和“下滑”选项，第三组包含“向左推出”“向右推出”“向上推出”和“向下推出”选项。在设置“操作”为“叠加”时，具体的设置项相比设置为“过渡”时少了“推出”组，因为叠加时目标画板直接叠加在当前画板上方，不存在推出的情况。

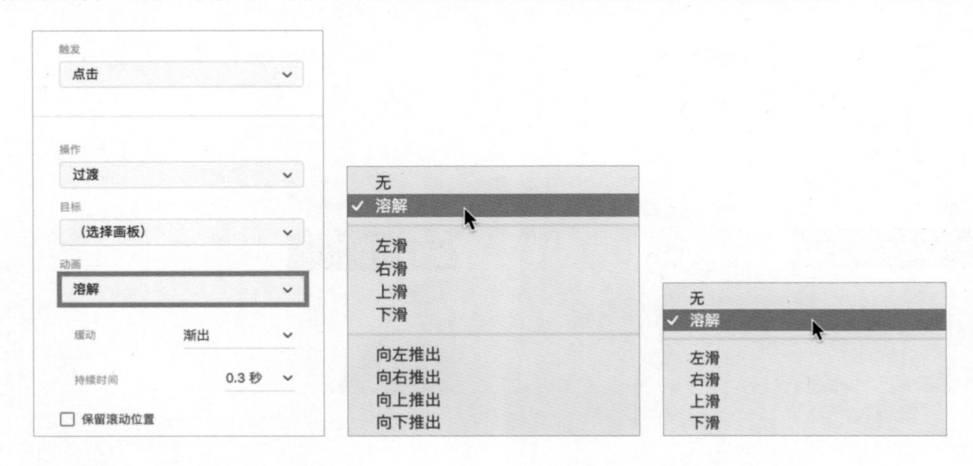

5.6.1 动画中的无和溶解

“动画”选择第一组中的“无”后，在预览时单击设置链接的元素，两个页面切换过程中没有任何的过渡动画效果，当前页面会直接隐藏，同时显示目标页面。因为没有任何过渡的动画效果，所以持续时间和缓动设置项被禁止，显示为灰色，无法设置。

“动画”选择第一组中的“溶解”后，预览时单击设置链接的元素，当前画板在设置的“持续时间”内匀速消失，同时，目标画板匀速显示。

5.6.2 滑动动画

“动画”设置项中第二组为“滑动”。以选择“左滑”为例，设置后预览时单击设置链接的元素，目标画板和当前画板同时开始向左滑动，目标画板在上方遮住当前画板，滑动速度大于当前画板，直到目标画板完全显示。

假设有两个画板，一个红色画板，一个蓝色画板。在原型模式下为红色画板创建交互链接，在“交互设置”面板中设置“操作”为“过渡”、“目标”为“蓝色画板”、“动画”为“左滑”、“缓动”为“渐出”、“持续时间”为“5秒”。单击右上角“桌面预览”按钮▶进行预览，可以看到左滑的过程，两个画板均向左滑动，蓝色画板在上方逐渐盖住红色画板，直至完全显示。

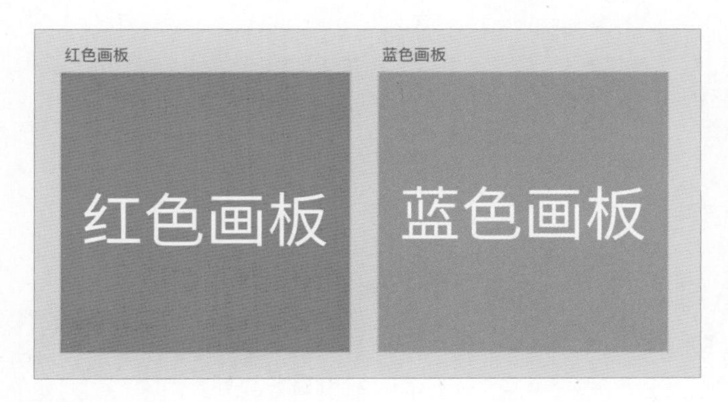

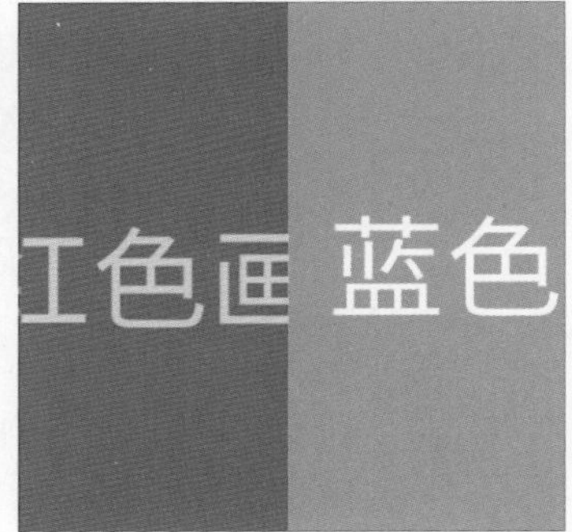

仅更改“动画”设置项，其他属性不变。单击右上角“桌面预览”按钮▶进行预览，在“动画”设置项中选择“右滑”选项，预览效果，两个画板均向右滑动，蓝色画板在上方逐渐盖住红色画板，直至完全显示；在“动画”设置项中选择“上滑”选项，预览效果，两个画板均向上滑动，蓝色画板在上方逐渐盖住红色画板，直至完全显示；在“动画”设置项中选择“下滑”选项，预览效果，两个画板均向下滑动，蓝色画板在上方逐渐盖住红色画板，直至完全显示。

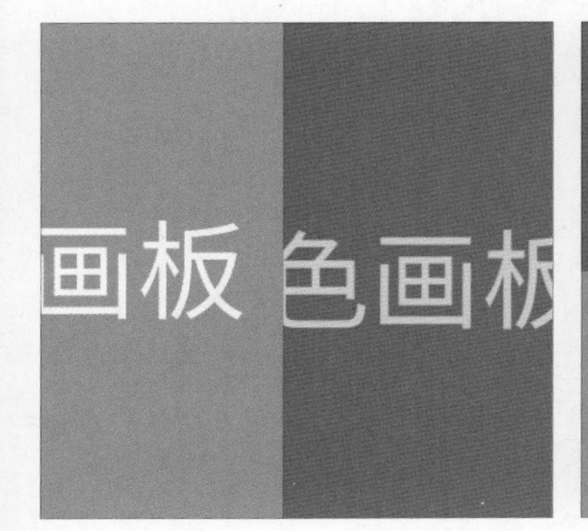

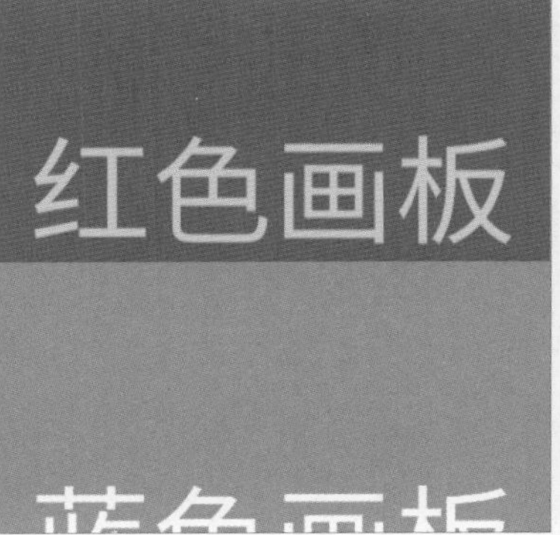

5.6.3 推出动画

“动画”设置项中第三组为“推出”。以选择“向左推出”为例，设置后预览时单击设置链接的元素，目标画板出现在当前画板右方，当前画板同时开始向左移动，直到当前画板被推出显示区域、目标画板完全显示为止。

假设有两个画板，一个红色画板，一个蓝色画板。在原型模式下为红色画板创建交互链接，在交互设置面板中设置“操作”为“过渡”、“目标”为“蓝色画板”、“动画”为“向左推出”、“缓动”为“渐出”、“持续时间”为“5秒”。单击右上角“桌面预览”按钮▶进行预览，可以看到“向左推出”的过程两个画板同时向左移动，直到红色画板向左移出显示区域，蓝色画板完全显示。

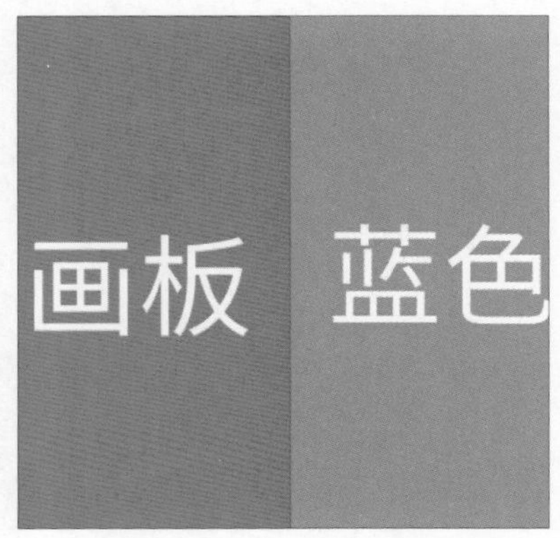

仅更改“动画”设置项，其他属性不变。单击右上角“桌面预览”按钮▶进行预览，在“动画”设置项中选择“向右推出”，预览效果，两个画板同时向右移动，直到红色画板被向右推出显示区域，蓝色画板完全显示；在“动画”设置项中选择 “向上推出”，预览效果，两个画板同时向上移动，直到红色画板被向上推出显示区域，蓝色画板完全显示；在“动画”设置项中选择 “向下推出”。预览效果，两个画板同时向下移动，直到红色画板被向下推出显示区域，蓝色画板完全显示。

疑难问答

问：为什么“交互设置”面板中“动画”设置项是灰色的，且“溶解”设置项无法切换？

答：滑动或推出效果需要在当前画板和目标画板预览时的显示区域大小相同的情况下才可以使用，以下情况会导致“交互设置”面板中“动画”设置项是灰色的，且“溶解”设置项无法切换。

第 1 种情况：当前画板和目标画板均未开启垂直滚动，两个画板高度一样但宽度不同。解决办法为将两个画板的宽度调整为相同的宽度即可。

第 2 种情况：当前画板和目标画板宽度相同，有一个画板开启了垂直滚动，但“视口高度”的值与另一个画板高度值不同，另一个画板未开启垂直滚动。解决办法为，将开启垂直滚动的画板的“视口高度”的值调整为和另一个未开启的垂直滚动的画板高度相同即可。

第 3 种情况：当前画板和目标画板宽度相同，两个画板都开启了垂直滚动但“视口高度”的值不同。解决办法为将“视口高度”的值设置为相同即可。

5.7 缓动

缓动指动画效果在执行时的速度变化，如玻璃球在空中往下掉落，速度会越来越快，玻璃掉到地面又会回弹再掉落，通过设置缓动可使动画效果更加真实。

但在 XD 中，暂不支持缓动函数自定义设置，单击“缓动”设置项，仅提供 7 个选项，包括“无”“渐出”“渐入”“渐入渐出”“对齐”“卷紧”及“弹跳”。

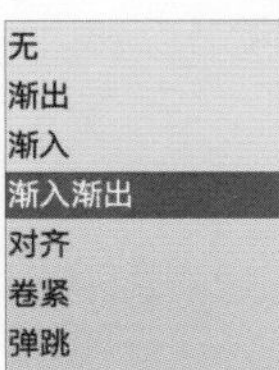

预览时触发设置了交互链接的对象，当前画板和目标画板的过渡或叠加的过程在持续时间内的效果如下：选择“无”，匀速进行；选择“渐出”，开始时速度较快并逐渐减速；选择“渐入”，开始时速度较慢并逐渐加速；选择“渐入渐出”，开始时速度较慢做加速运动，到一半时间时速度达到最快，然后再减速；选择“对齐”，开始时先应用“渐出”的效果，然后在结束的地方超出范围后再回来，类似于轻微的抖动；选择“卷紧”，效果相当于“对齐”倒过来；选择“弹跳”，在结束时有几次较大的抖动。

假设在设置不同的选项时感觉看不出来区别，可以将“持续时间”设置得长一些，例如“5 秒”，再观察试试。

5.8 持续时间

持续时间是预览时触发设置了交互链接的元素后，执行交互的过程所需的时间。“持续时间”在“交互设置”面板偏下方，单击“持续时间”设置项中的下拉箭头⌄后，一共有“0.2 秒”“0.4 秒”“0.6 秒”“0.8 秒”及“1 秒”5 个选项。选择的时间越长，过渡或叠加效果持续的时间就越长。

同时，也可以单击时间值，直接手动输入时间，单击时间后激活输入框可直接输入时间，可输入时间范围为 0.1~5 秒。

将持续时间设置为较大值，如 5 秒，在预览时可以更直观地区别过渡动画和“缓动”不同设置项之间的效果，可以辅助学习。但在实际工作中，持续时间一般会设置为少于 1 秒。

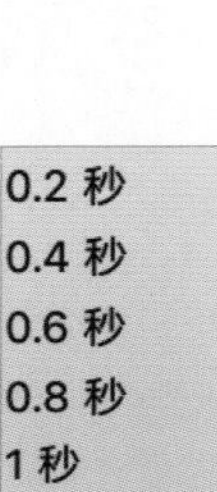

5.9 粘贴交互

完成一个交互效果后，在 XD 中可以复制给另一个元素。选中创建过链接的元素，直接使用快捷键 Command+C（Mac OS）或 Ctrl+C（Windows）复制，或选中创建过链接的元素，并单击鼠标右键，选择“复制”选项命令进行复制。

选择需要粘贴交互的元素，然后使用快捷键 Command+Option+V（Mac OS）或 Ctrl+Alt+V（Windows）粘贴交互，或单击鼠标右键，在弹出的快捷菜单中选择“粘贴交互”选项命令进行粘贴。这时可以将“交互设置”面板中的“目标”“过渡”“缓动”“持续时间”及“保留滚动位置”属性都粘贴过来。

剪切	⌘X
复制	⌘C
粘贴	⌘V
粘贴交互	⌥⌘V
删除	⌫
锁定	⌘L
隐藏	⌘;
组	⌘G
为资源添加颜色	⇧⌘C
为资源添加字符样式	⇧⌘T
制作符号	⌘K
添加导出标记	^⌘E
置为顶层	⇧⌘]
前移一层	⌘]
后移一层	⌘[
置为底层	⇧⌘[
对齐像素网格	

剪切	⌘X
复制	⌘C
粘贴	⌘V
粘贴交互	⌥⌘V
删除	⌫
锁定	⌘L
隐藏	⌘;
组	⌘G
为资源添加颜色	⇧⌘C
为资源添加字符样式	⇧⌘T
制作符号	⌘K
添加导出标记	^⌘E
置为顶层	⇧⌘]
前移一层	⌘]
后移一层	⌘[
置为底层	⇧⌘[
对齐像素网格	

CHAPTER 6

第 6 章

预览和共享

预览和共享也是XD的主要功能。在设计界面和原型的过程中，使用XD提供的桌面预览窗口和移动端预览工具，可以实时预览所设界面和交互将呈现的效果，在预览过程中发现设计或原型有需要修改的地方可以随时进行修改。在界面和原型设计完成后，使用共享功能，可以将作品共享给其他人来预览以获得对方的反馈。

6.1 预览

观看在线教学视频

XD 在电脑端有桌面预览功能，可以预览交互原型，预览时还支持将交互过程录制为视频保存到本地。同时，XD 还有配套的 iOS 和 Android 客户端，安装后连接手机或平板电脑，可以在移动端上预览设计和原型，还原真实的效果。

6.1.1 桌面预览

在任何时刻，用户都可以在 XD 右上角单击“桌面预览”按钮▶来预览原型。

在未选择任何对象的情况下，单击“桌面预览”按钮▶后会打开桌面预览窗，默认展示的第一个页面是原型中设置的首页。如果选择了某个画板或某个画板中的对象，单击“桌面预览”按钮▶时，桌面预览窗显示的是选择的画板或所选择的对象所在的画板。

使用快捷键 Command+Return（Mac OS）或 Ctrl+Enter（Windows），同样可以打开桌面预览窗。

在预览中通过“点击”或“拖移”触发方式可以触发已设置“点击”或“拖移”的对象，会执行设置好的交互效果，时间触发会自动执行。

在桌面预览窗中，要触发设置了“语音命令”的交互，需要按住空格键说出语音命令。

技术专题：将交互预览录制为视频

【演示视频：将交互预览录制为视频】

XD 支持在桌面端预览原型的同时录制视频，该功能仅在 Mac OS 系统中可用。在桌面预览窗右上角单击“录制”按钮⊙，即可开始录制，此时“录制”按钮⊙开始闪烁，并且开始计时，触发和执行交互的过程都会被录制下来，再次单击“录制”按钮⊙，结束录制并弹出“保存确认”窗口，在“保存确认”的“存储为”中输入需要保存的名称，并选择保存的位置，单击“存储”按钮 存储 保存为 mp4 格式的视频。

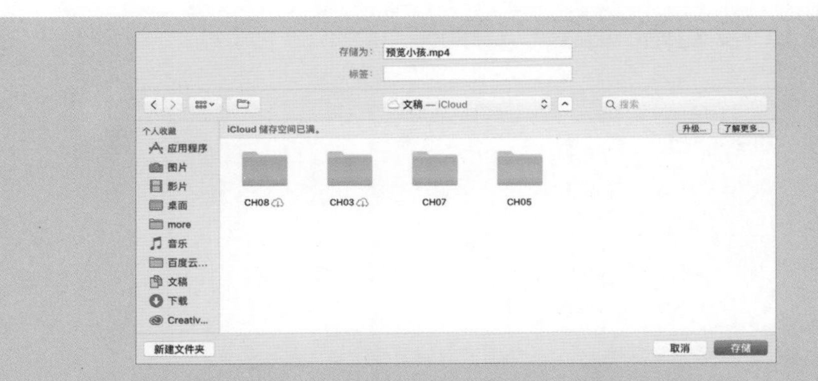

单击右上角“共享”按钮，在弹出的列表中选择“录制视频”选项命令，可直接开始录制视频。

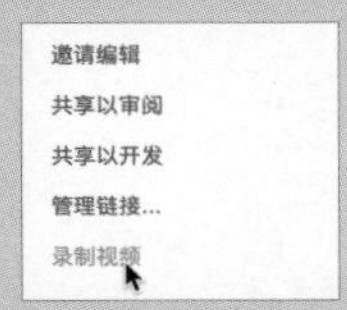

录制的同时，还可以录制语音，在录制开始前单击右上角时间右侧的下拉箭头，勾选“启用麦克风”选项即可。

录制选项

启用麦克风

在 Windows 系统中 XD 的桌面预览窗左上角也有“录制视频”按钮，但是单击会提示“按下 Windows 键 +G，使用 Windows 游戏录制工具录制原型。”，即 Windows 系统中的 XD 并不支持直接录制视频，但是可以调用基于系统的游戏录制工具来录制。

按下快捷键 Windows+G 会出现提示，勾选复选框会自动打开“游戏录制”工具条，单击“开始录制”按钮 • 开始录制视频，单击“结束录制”按钮结束录制视频。录制的视频默认以 MP4 格式保存在“此电脑 > 视频 > 捕获”文件夹中。

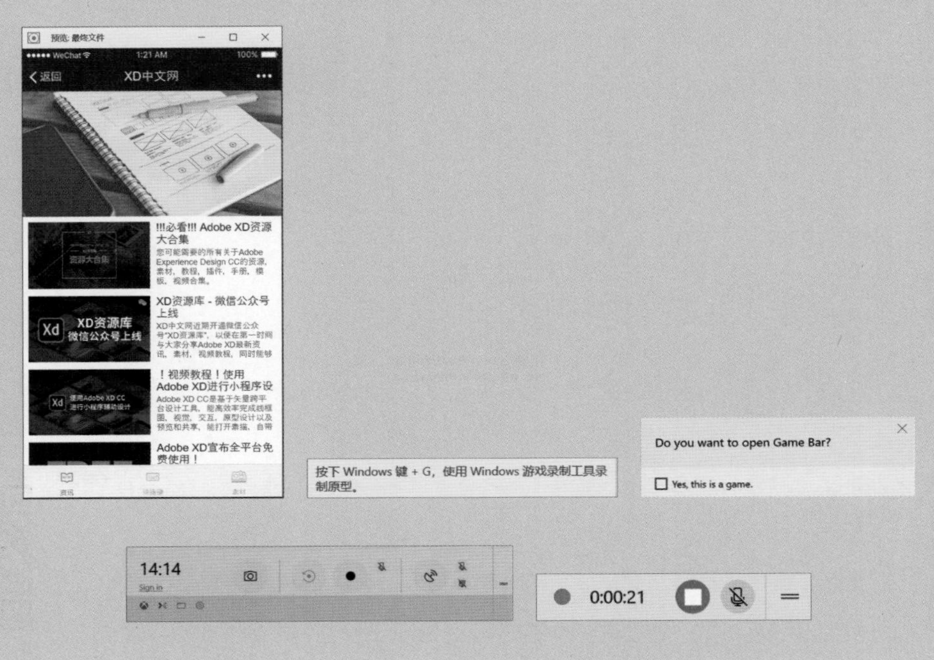

6.1.2 使用 XD 移动端预览

在 Google Play 或 iTunes App Store 可以安装适用于 Android 或 iOS 设备的 XD，移动端的 XD 可用来查看或预览在 XD 电脑端完成的设计和原型。

在移动端打开 XD，首页会展示所有的 XD 云文档，单击文件名即可预览，单击左上角的“云文档”，可以切换到“与您共享”模式，并展示与他人共享的文档。

使用 USB 数据线将移动设备与电脑连接，单击下方菜单中的“实时预览”按钮，可以预览设计中的文件，在电脑端对文件进行的修改会在移动设备上实时显示，单击电脑端 XD 右上角的“移动端预览”按钮，可以看到已经连接的移动设备。

实时预览目前仅完全支持 Mac OS，在 Mac OS 电脑上使用 USB 连接 Android 或 iOS 设备均可使用。在 Windows 电脑上，仅支持连接 iOS 设备，且在 Windows 上首次连接 iOS 设备进行预览需要安装 iTunes。

6.2 共享

观看在线教学视频

通过共享，可以将原型生成在线链接、生成设计规范或保存为云文档共享给同事、客户。“共享”按钮在 XD 的右上角，单击后下拉显示出 5 个子菜单，分别为“邀请编辑”“共享以审阅”“共享以开发”“管理链接 ...”及“录制视频”。其中“录制视频”在本书上一节中已经进行介绍。

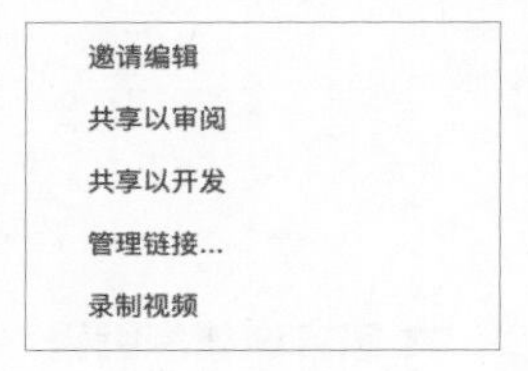

6.2.1 邀请编辑

使用“邀请编辑”功能可以将设计文件共享给他人一起共同协作，并且受邀请的用户也将拥有文件的编辑权。

打开需要共享的文件，单击右上角的“共享”按钮（共享）后在弹出的子菜单中单击“邀请编辑”选项。

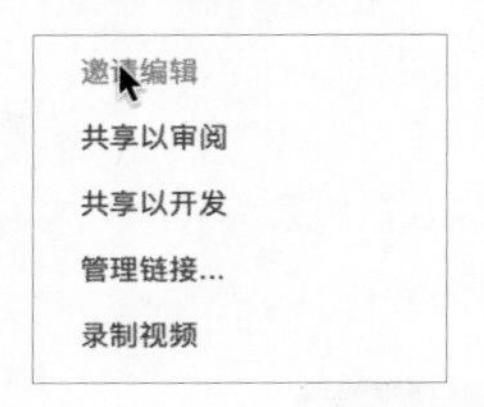

邀请编辑需要将文件存储在云文档中，若文件未保存在云文档，操作时系统会弹出提示“保存到云文档以邀请他人”，单击“继续”（继续）按钮，在文件保存确认窗内输入文件名称、“保存位置”选择“云文档”，单击“保存”按钮开始保存到云文档，保存到云文档所需要的时间受网络传输速度影响，网络传输速度较慢时需要等待，在等待过程中界面会提示“正在保存 ...”。

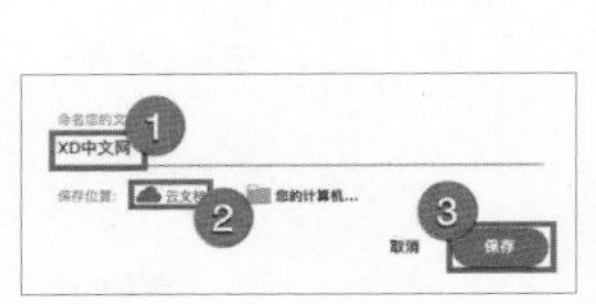

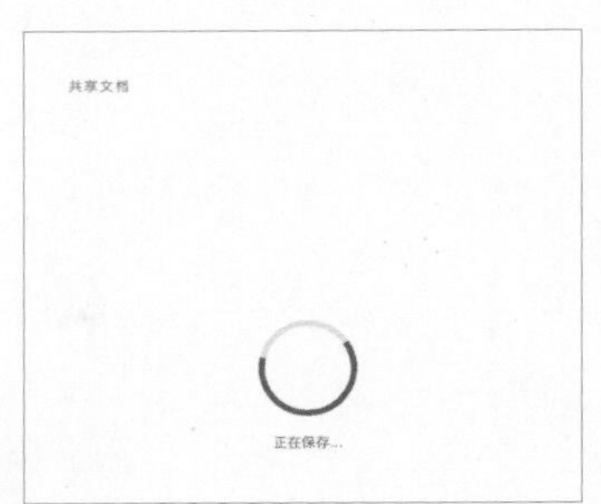

上传完成后，会进入“共享文档”页面，“共享文档”页面显示当前文件的所有者（创建文件的用户）和拥有该文件编辑权限的用户信息。在添加人员输入框中输入需要邀请编辑的用户的邮箱，下方会出现“消息（可选）”输入框，可以在“消息（可选）”输入框中输入文字，但此项为非必填项，输入完后单击“邀请”按钮（邀请），对方会收到邮件提示。

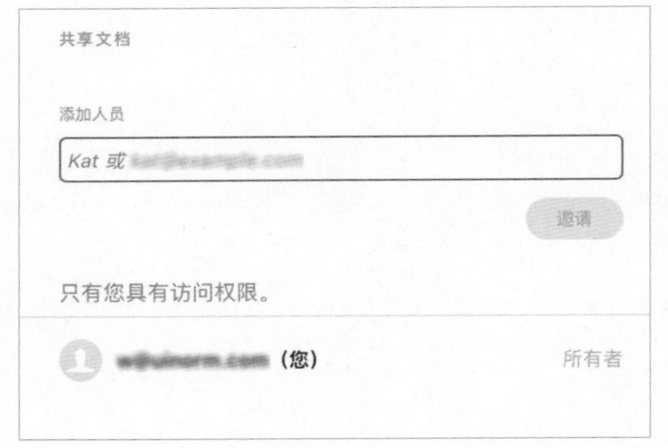

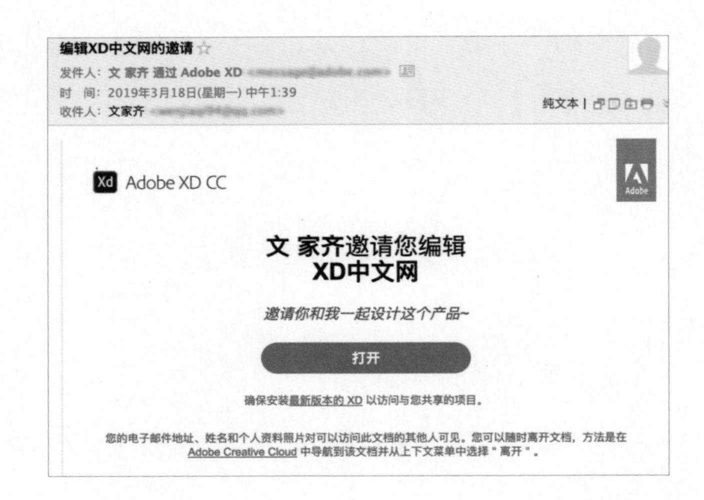

同时被邀请的用户的计算机状态栏中的“Creative Cloud”图标 也会有红点提示，单击“Creative Cloud”图标 可打开“Creative Cloud”，并且界面上也会有消息提示。单击“消息”图标可查看消息详情，单击“消息详情”图标可打开共享的云文档。被邀请的用户在启动页左侧菜单栏单击“已与您共享”菜单，也可以看到共享的云文档。

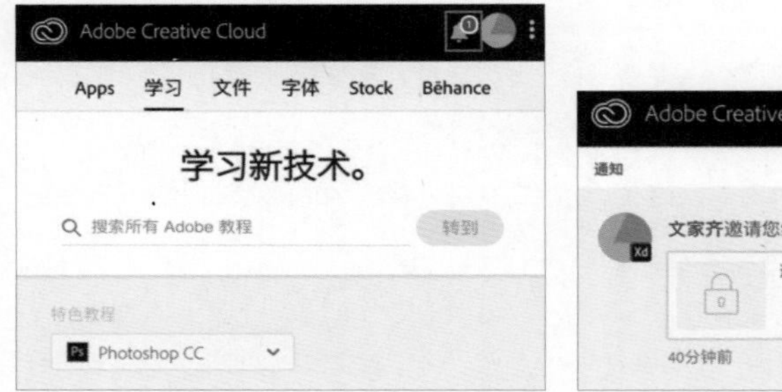

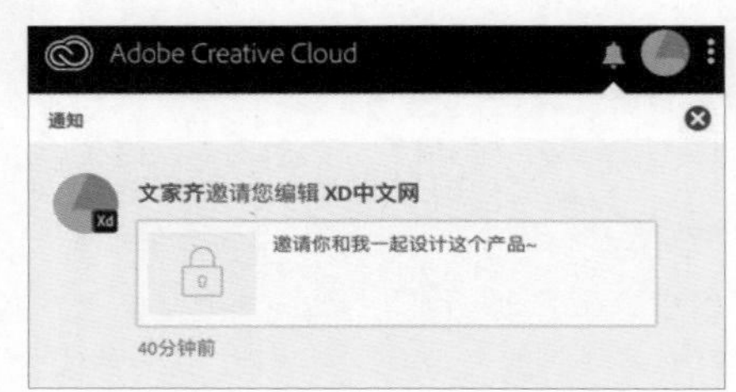

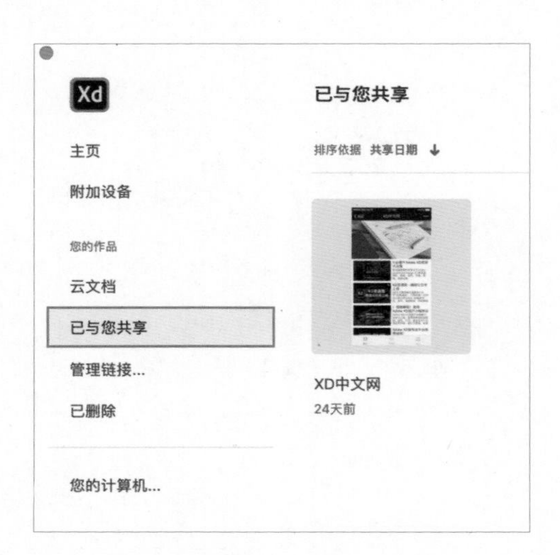

拥有权限的用户均可打开云文档，打开后可编辑，打开后当对云文档进行了修改，所有拥有该云文档编辑权限的用户都会同步修改内容。

创建该云文档的用户再次打开共享文档页面，可在已添加人员列表中删除部分用户权限。单击删除权限后还可以还原权限。所有拥有该云文档权限的用户都可以再次添加人员。

6.2.2 查看和评论原型链接

原型链接使用 XD“共享”中的“共享以审阅”可以生成，原型链接的生成可以查看本书中的 6.2.3 节，公开的原型链接通过浏览器可以直接打开。

A 为自定义的名称。

B 显示链接的类型“原型”和原型创建的时间。

C 为原型，在原型中触发已设置交互的对象可执行设置的交互效果。

D 为导航控件，单击“主页”图标回到第一个页面，单击“左箭头”图标可切换到上一个页面，单击右箭头图标可以切换导航下一个页面，“1/5”表示该原型一共有 5 个页面当前展示的是第 1 个页面。

技巧提示

在浏览器中通过原型链接查看原型时，按左右方向键能切换上一个和下一个页面。

E 为“全屏”按钮，单击“全屏”按钮，可进入到“全屏”模式，按 Esc 键可退出“全屏”模式。

F 为“评论”按钮。

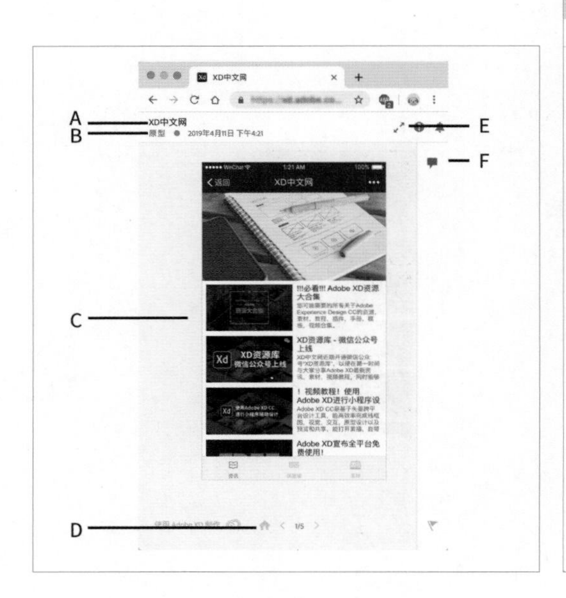

使用“评论”功能时，单击“评论”按钮，可打开“评论窗”，可以登录后评论或作为访客评论，打开非公开的原型链接，必须登录才能评论。

单击“作为访客评论”文本可以访客形式评论，只需要输入姓名后单击“提交”按钮，提交后即可进入评论页面。

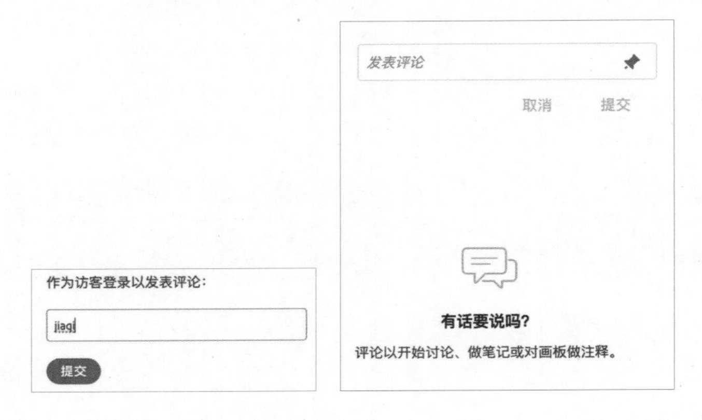

在“评论输入框”可输入评论文字，单击“评论输入框”中的“图钉”图标后，可在原型界面中需要标记的位置单击进行标记。

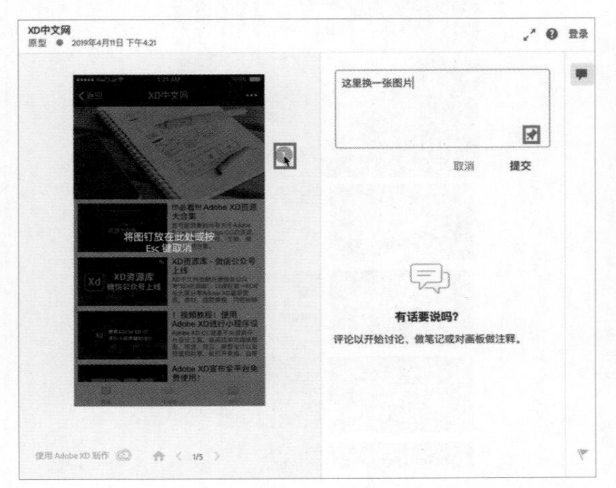

标记并输入文字后，单击“提交”文本可以提交评论，提交完成后，评论区会默认显示所有屏幕（页面）的评论，并按画板的名称进行分类。鼠标指针经过原型中的图钉，图钉所对应的评论区中的评论会高亮显示，同时可以拖动原型中的图钉。鼠标指针经过评论区的评论，评论所对应的图钉在原型中也会高亮显示。

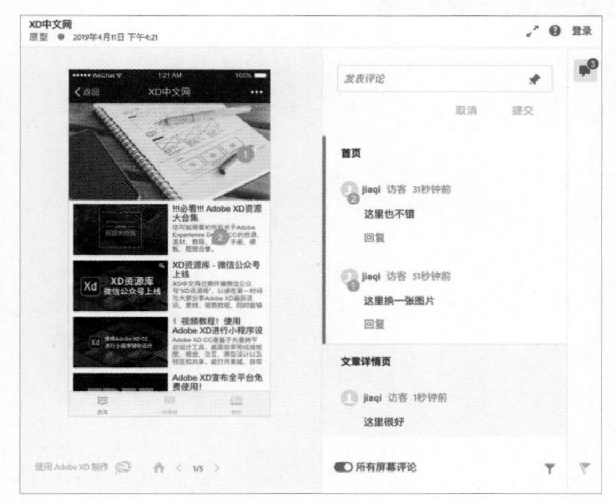

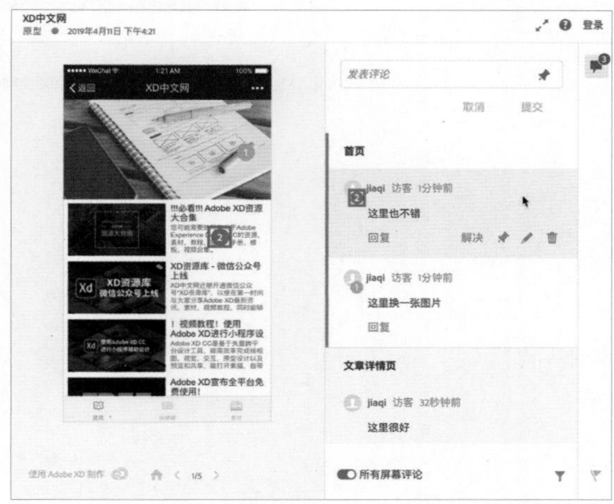

单击“所有屏幕评论”按钮，可选择仅显示当前页面中的评论，并且“评论”图标上会显示所有未解决的评论的数量，鼠标指针经过评论可对评论进行操作。评论中提到的问题已解决后，单击“解决”文本，可隐藏该评论。单击评论中的“图钉”按钮，可以重新放置图钉位置，重新放置图钉后再次单击“图钉”按钮，可以将图标恢复到初始位置。单击“修改”按钮可对评论进行修改。单击“删除”图标，可删除评论，删除时会弹出二次确认提示。单击“删除评论”文本，可确认删除，并且与该评论相关的回复都会被删除，同时删除后无法撤销。单击“取消”文本，可取消删除操作。

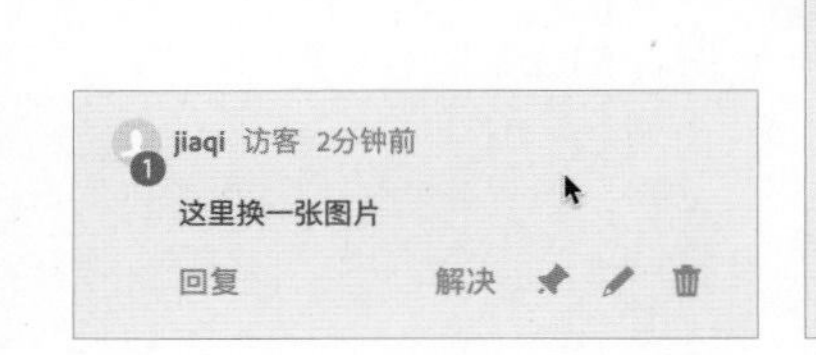

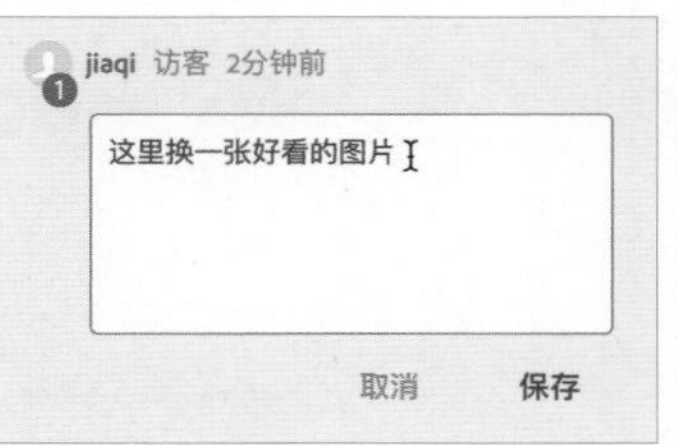

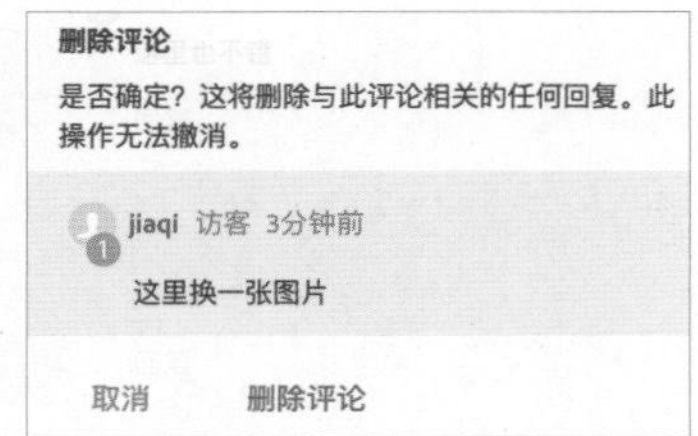

单击右下角“筛选”图标，可对评论进行筛选，支持的筛选项有“审阅人”（即评论人）、“时间”及“状态”。

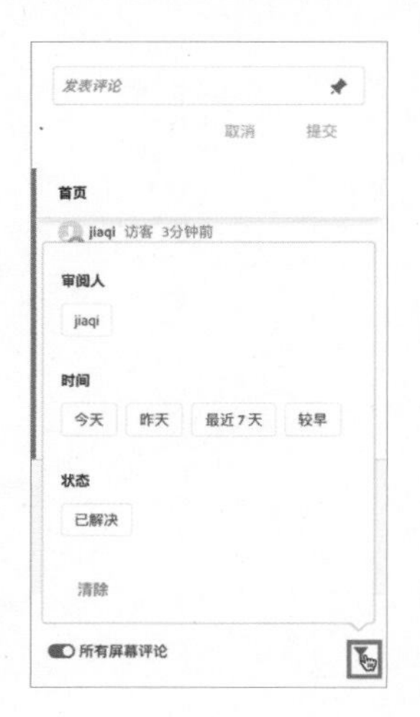

评论后，拥有该文档编辑权限的用户会收到邮件通知。同时他们的计算机状态栏中的“Creative Cloud”图标 也会有红点提示，单击“Creative Cloud”图标 ，打开“Creative Cloud”界面单击消息可以看到详情。

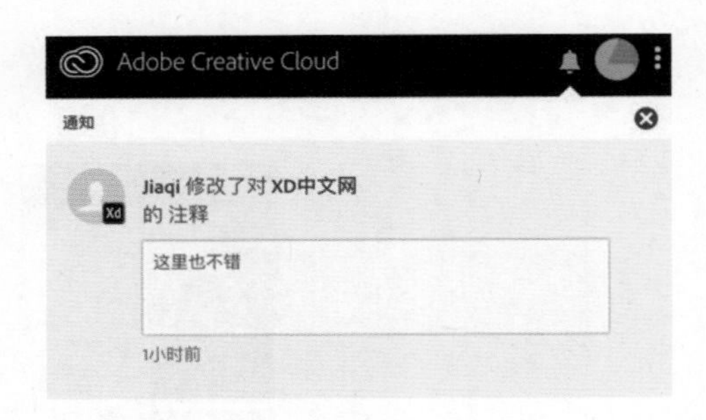

单击消息详情，可打开链接查看。其他用户鼠标指针经过评论区的评论，可对评论进行回复，登录用户还可以使用 @ 功能，在评论和回复中 @ 其他用户，并且 @ 的用户会收到提示。

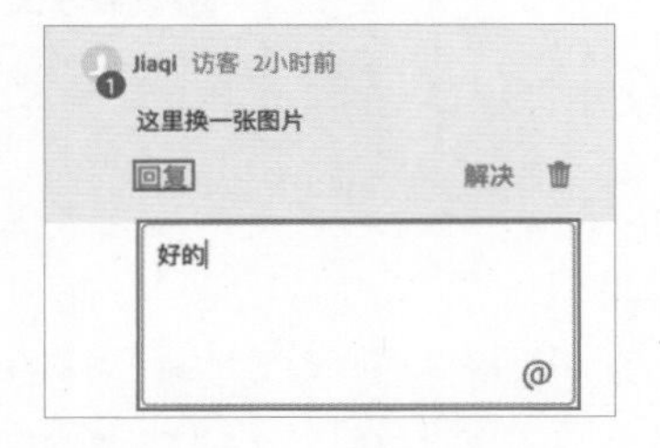

6.2.3 共享以审阅

共享以审阅可以为设计的原型文件创建一个链接，通过浏览器打开链接可以查看或进行评论，还能将原型嵌入到网页中。

需要创建原型链接，首先打开需要共享的文件，单击“共享”按钮 后，在子菜单中单击选择“共享以审阅”选项，打开“共享以审阅”设置界面。

共享以审阅分为“任何打开此链接的人均可查看”和“仅供受邀请人员查看”两个选项，在标题“共享已审阅”下方单击可以进行切换。对于公司项目、具有保密需求的项目建议选择“仅供受邀请人员查看”选项命令来生成链接，相

比“任何打开此链接的人均可查看”选项命令更具安全性。

✓ 任何打开此链接的人均可查看
仅供受邀请人员查看

选择“任何打开此链接的人均可查看”选项命令可对以下选项进行设置。

（1）可在“标题”输入框中输入自定义名称，通常为产品名称如“XD 中文网”，用浏览器查看原型链接时标题会在左上角显示。

（2）“允许评论”勾选后，获得生成的链接的用户用浏览器打开链接后可进行评论，分享者从而获得反馈，未勾选“允许评论”，评论图标将不显示。

（3）“显示热点提示”勾选后，用浏览器打开生成的链接，单击未创建交互链接的对象会提示创建了交互链接可以触发的蓝色区域，未勾选时不会进行提示。

（4）勾选“显示导航控件”后，在查看链接时会显示导航控件，单击“主页”图标，可回到第一个页面，单击左箭头图标可切换到上一个页面，单击右箭头图标，可以切换导航下一个页面，“1/5”表示该原型一共有 5 个页面当前展示的是第 1 个页面。未勾选“显示导航控件”将只显示“主页”图标。

（5）勾选 “全屏打开” 后，打开生成的链接，原型将直接以实际大小的 100% 全屏显示。

（6）勾选 “需要密码” 后，可以给链接设置一个密码，密码要求至少 8 个字符，且大写字母、小写字母及数字必须都至少包含一个，设置后打开链接需要输入密码才能查看，相对来说更安全一些，但是所有获得链接和密码的人都能打开。

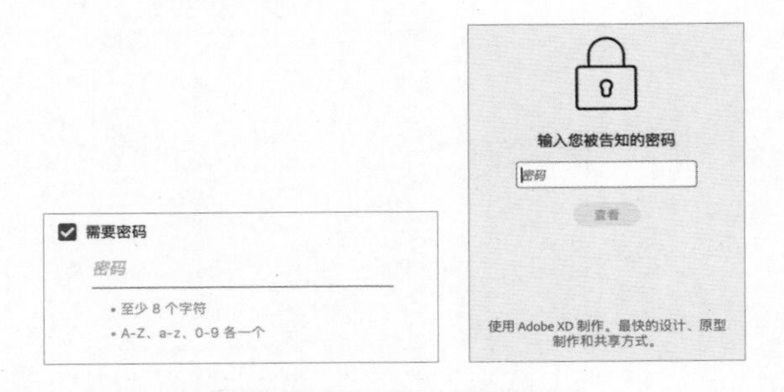

单击“创建链接”按钮后开始创建链接，创建链接需要的时间受网络传输速度影响，网络传输速度较慢时需要等待，在等待过程中会提示“正在创建公共链接 ...”。

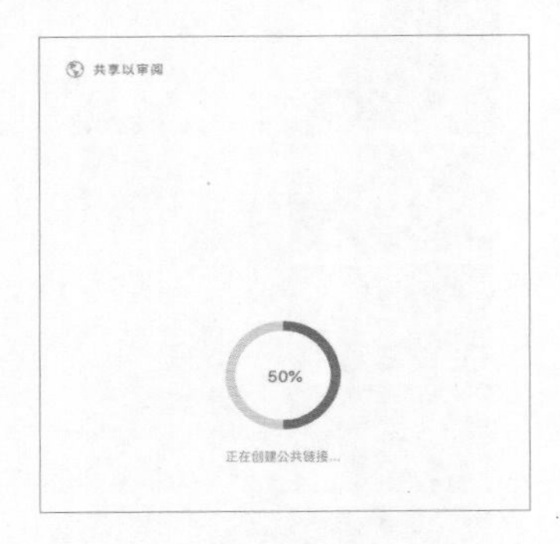

链接创建完成后，单击右上角的“复制嵌入代码”文本，可以复制原型嵌入代码到剪贴板，并会弹出提示代码已复制，示例文件复制的代码如下。

<iframe width= “375” height= “667” src= “https://xx.xxxxx.xxx/embed/8c2844af-3a74-4ff1-53a5-73d959bfa547-fa19/?fullscreen&hints=off” frameborder= “0” allowfullscreen></iframe>

将代码粘贴到网页代码中即可将原型嵌入到网页中。

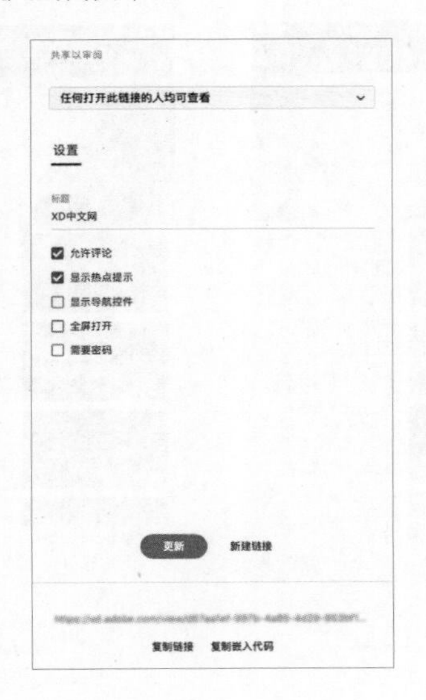

单击“复制链接”文本，可以复制当前文件生成的链接，将链接通过微信、邮件等发送给其他人，他人即可通过浏览器打开链接查看原型。

如对文件的内容或共享设置项进行了更改，可以再次执行“共享 > 共享以审阅”菜单命令，单击“更新”按钮 更新 来更新原型内容，已生成的链接不会更改。如果想创建一个新的链接，单击“新建链接”即可。

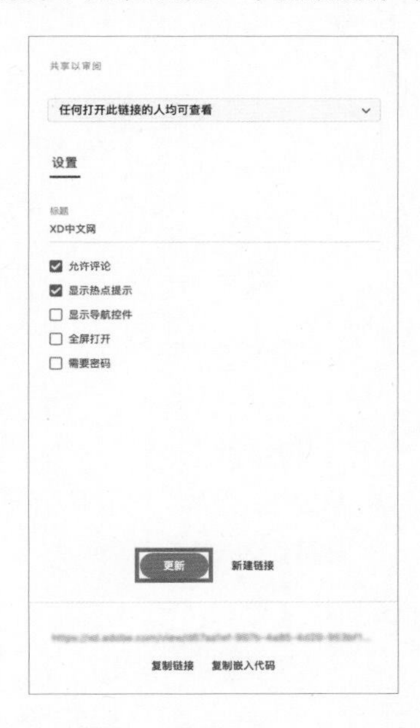

如果需要更加安全的链接，可以单击“任何打开此链接的人均可查看”选项，在弹出的下拉框中单击“仅供受邀请人员查看”选项命令，通过“仅供受邀请人员查看” 选项命令创建的链接只有被邀请的用户登录后才能查看，不再需要设置密码，所以设置项中不再有“需要密码”的选项。

除了没有“需要密码”设置项外，“设置”中的选项与“任何打开此链接的人均可查看”中相同，但多了一个“邀请”栏，使用“邀请”栏需要先生成链接，若未生成链接直接单击“邀请”，进入到“邀请”栏会提示“您需要先创建链接，然后才能邀请他人加入。”，单击蓝色的“生成链接”或直接单击“设置”栏，可切换到“设置”栏创建链接。

选择 “仅供受邀请人员查看”生成链接后与选择“任何打开此链接的人均可查看”生成链接后大致相同，没有“复制嵌入代码”，因为“仅供受邀请人员查看”生成的链接不支持嵌入。

生成“仅供受邀请人员查看”的链接后，在生成成功的页面单击“邀请”按钮，可输入需要邀请的用户邮箱，邀请指定用户查看该链接。在“添加人员”输入框中输入需要邀请的用户邮箱，输入时会出现“信息”输入框，这时可以输入一段简短的邀请文字，单击“邀请”按钮，对方会收到提醒。

邀请后该用户的信息会展示在列表中，鼠标指针经过用户列表中的单个用户，可单击“删除”文本删除该用户的权限，删除权限后还可以单击“还原”按钮还原其权限。

打开“仅供受邀请人员查看”创建的链接，若未登陆 Adobe ID（账号）会跳转到 Adobe ID（账号）的登录界面，登录后会自动鉴定当前登录的账户是否拥有查看权限，没有权限会提示“访问受限：您无权查看此链接，或者该链接可能不可用，请联系链接所有者并请求其邀请您访问此链接，或切换账户。”

技巧提示

如果是 Adobe Creative Cloud 免费用户，那么每个账户只能创建一个原型链接，当然，可以在删除已经创建的原型链接后重新生成一个原型链接。原型链接删除的方法可参考本书 6.2.6 节。

6.2.4 查看设计规范链接

提供设计规范链接给 Web、iOS 及 Android 开发人员，开发人员用浏览器打开链接可以查看设计尺寸、页面之间的链接关系等，还可以单击单个画板、对象查看其所使用的宽高、字符样式及颜色等属性，便于开发人员进行开发，更好地还原设计内容。

设计规范链接使用 XD“共享”中的“共享以开发”可以生成，设计规范链接的生成可以查看本书的 6.2.5 节，设计规范链接可以通过浏览器直接打开，默认显示当前项目中的所有画板，画板内容如下。

A 位置显示当前项目标题和链接类型为“设计规范”。

B 位置统计当前项目中共有多少个屏幕（页面）。

C 位置显示当前链接创建的时间。

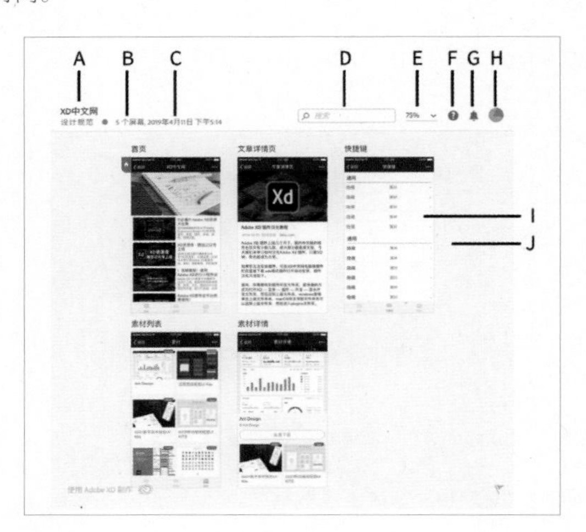

D 为搜索框。搜索框中可以搜索当前项目中画板的名称，输入关键词如“详情”并按回车键，搜索结果相符的画板会高亮显示，有多个结果符合时将高亮显示第一个，单击搜索框中的左右箭头可以切换上一个或下一个相符合的画板高亮显示。

E 为当前页面视图的显示比例，单击比例值右侧的下拉箭头可以切换常用的视图显示比例值，直接单击比例值进入可编辑状态可直接输入精确数值，使用快捷键 Command++（Mac OS）或 Ctrl++（Windows）可以放大视图，使用快捷键 Command+-（Mac OS）或 Ctrl+-（Windows）可以缩小视图，按住空格键拖动画面可以平移视图。

单击 F 位置的“帮助”图标❓可获取帮助或分享反馈。

单击 G 位置的“通知”图标🔔可以查看通知，与“Creative Cloud”中的通知相同。

H 为当前登录账号的头像，单击可以管理或注销当前账号。

I 为画板。

J 为画布。

鼠标指针经过画板会显示当前画板上创建的交互链接。

单击画板可以查看单个画板的详细设计规范，左上角变为“面包屑”导航 ，单击“所有屏幕”文本显示所有页面，该页面下方也有导航控件，单击“主页”图标显示所有页面，单击左箭头图标可切换到上一个页面，单击右箭头图标可以切换到下一个页面，“1/5”表示当前项目一共有 5 个页面当前展示的是第 1 个页面。

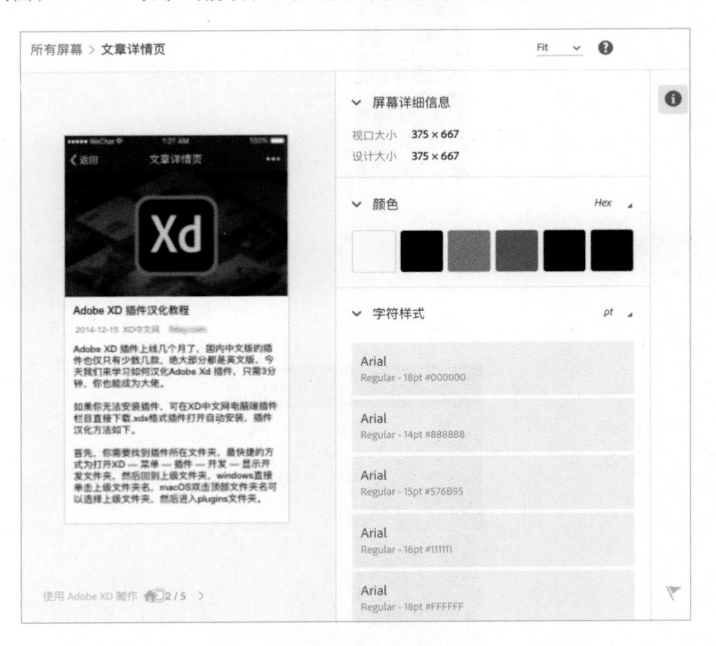

在单个画板详细设计规范页面，可以单击当前页面中的单个对象查看该对象的详细信息，单击某个对象后画板中会标注宽和高，右侧会展示开发需要的规范信息，根据所选择的内容不同展示信息也不同，选中文本时右侧的规范信息有“文本”“样式”“外观”及“内容”。

选中单个对象的状态下，单击画布上空白位置，可以取消选择。

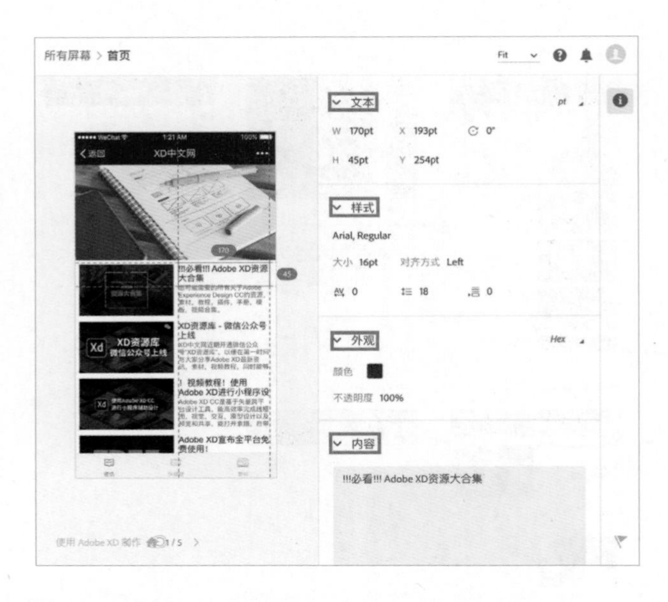

在选中单个对象的状态下，鼠标指针经过另一个对象会显示两个对象之间的间距。

在设计规范详情页面按住 Shift 键，会提示哪些对象设置了交互链接可以单击。按住 Shift 键单击可以在页面之间进行跳转。

在右侧规范列表中，单击标题左侧的箭头可以对单个分类内容进行折叠。

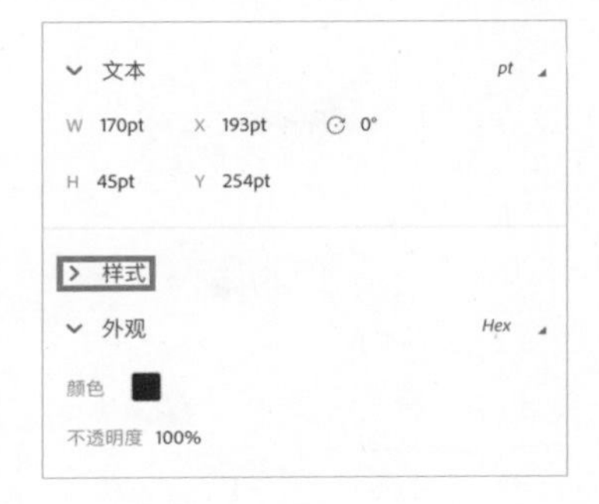

在“设计规范详情”页面中，可查看规范中以下信息。

屏幕详细信息：“屏幕详细信息”栏仅在未选择任何对象时出现，“视口大小”即一个屏幕的大小尺寸，“设计大小”为设计尺寸。

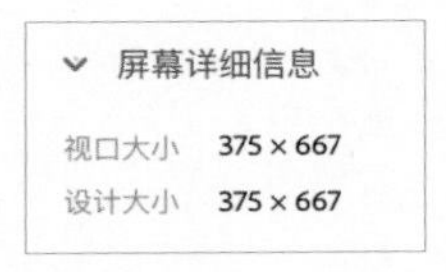

基础属性：“基础属性”栏在选中对象后会出现在查看规范的第一个栏目，标题为选中所选对象的类型（文本、矩形、图像及编组等），选择文本时标题为“文本”，选择图像时标题为“图像”。除标题外内容都相同，包含所选对象的宽、高、X 坐标、Y 坐标及旋转角度信息，单位默认为 pt，单击右上角的单位可以切换为 px 或 dp。

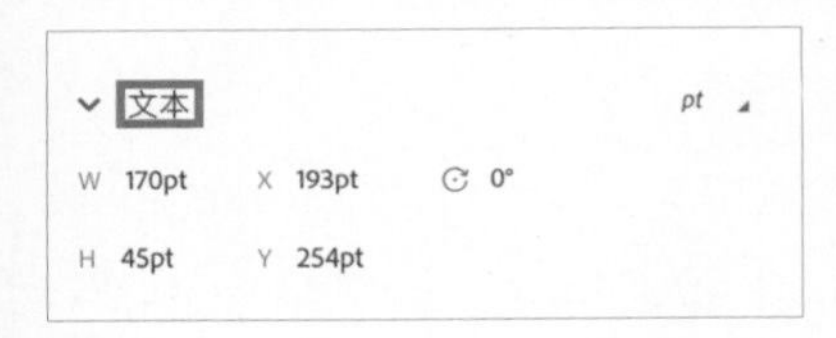

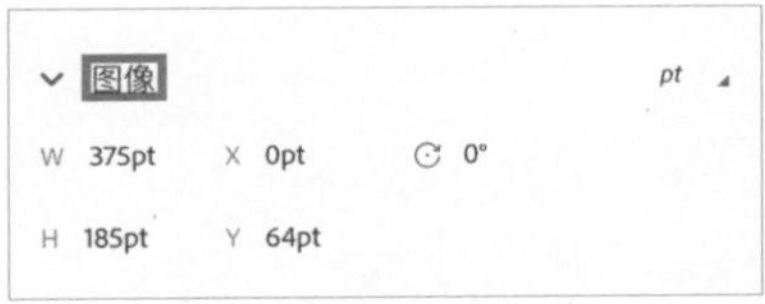

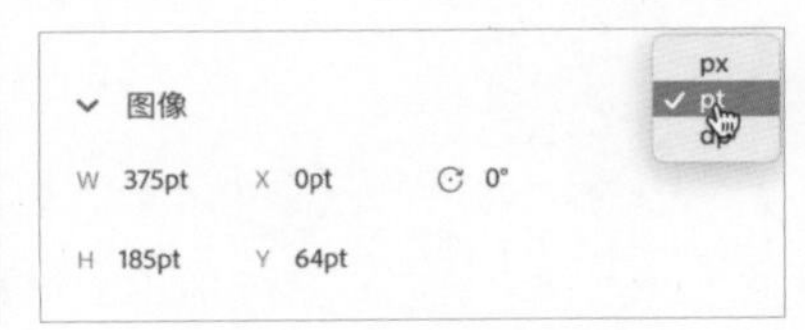

资源：“资源”栏显示在 XD 中标记为导出的资源，在未选择任何元素时展示当前画板中全部标记为导出的资源。

“资源”栏中可以选中单个或多个资源，按住 Shift 可以选中连续多个资源。选择资源后，右下角会出现下载框，默认格式为 PNG，单击格式可以切换格式，并且支持 PNG 和 PDF 两种格式。单击“下载”按钮 下载 可下载切图并用于开发。

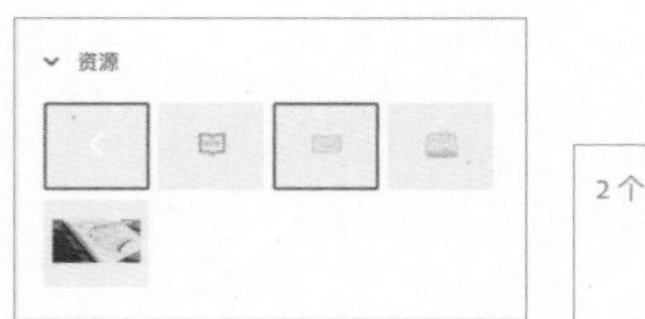

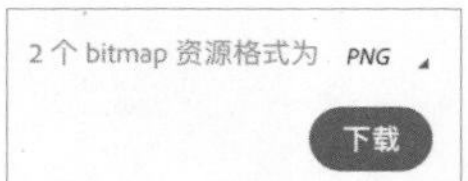

选择单个对象且该对象在 XD 中标记为导出时，资源面板仅显示该对象的名称，单击“下载”按钮下载可直接下载。

选择的对象未标记为导出将不显示于“资源”栏。

样式：“样式”栏仅在选中文本的情况下才会出现，包含字体、字重、大小（字号）、对齐方式、字符间距、行间距及段落间距信息。

外观：“外观”栏仅在选中对象的情况下才会显示，包含不透明度、颜色等信息，如选择的对象有圆角会显示圆角信息，如选择的对象有描边会显示描边的详细信息。

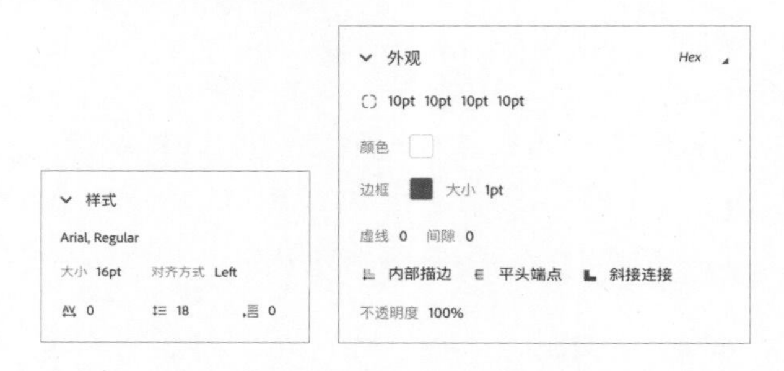

鼠标指针经过“外观”栏中的“颜色”和“边框”中的颜色块会显示详细的颜色值，默认为 Hex 格式，纯白色颜色值为“#FFFFFF,100%”，同时支持 RGBA 和 HSLA 格式，在“外观”栏的右上角可以进行切换。颜色格式切换到 RGBA，鼠标指针经过纯白色颜色块，颜色值显示为“rgba(255,255,255,1)”。颜色格式切换到 HSLA。鼠标指针经过纯白色颜色块，颜色值显示为“hsla(0,0%,100%,1)”。

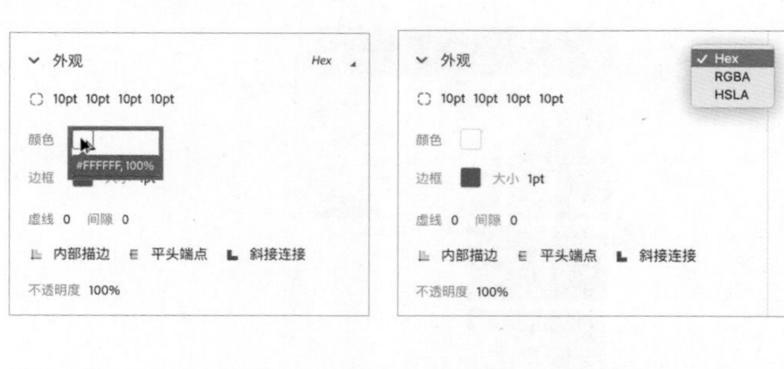

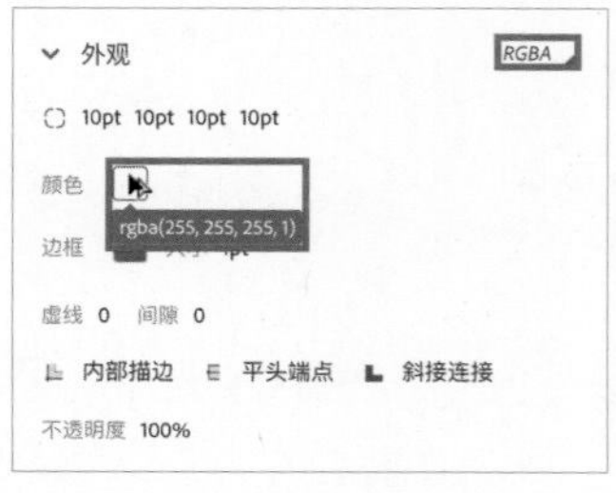

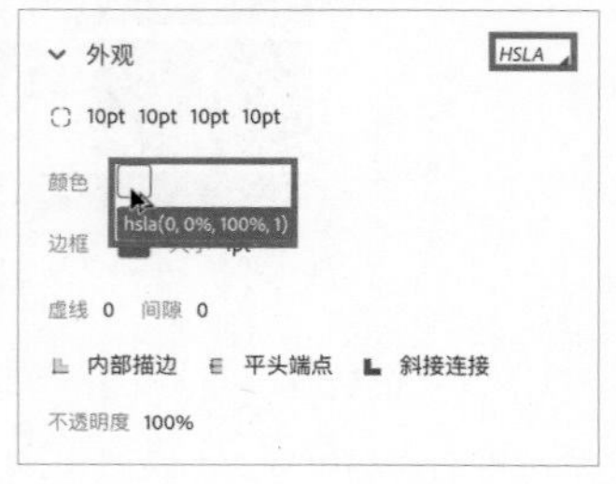

单击颜色块，可直接复制颜色值并提示已复制颜色值。

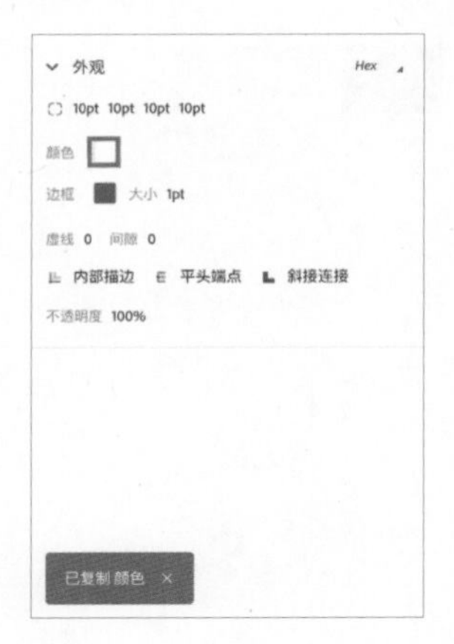

内容：“内容”栏只有在选择文本时才会出现，显示所选对象的文字内容。单击内容栏中的文字可直接复制文本内容。

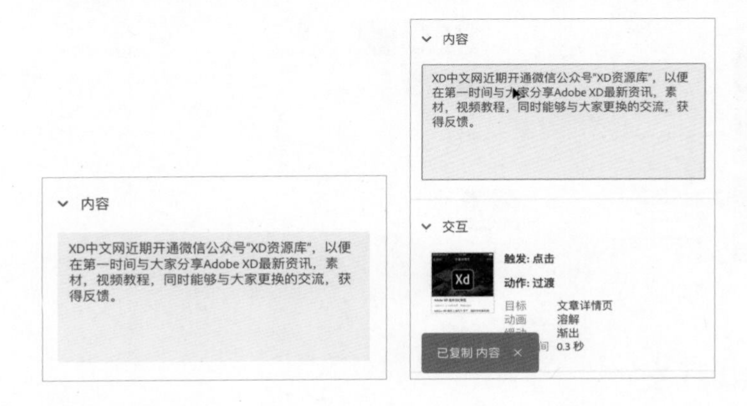

颜色：“颜色”栏仅在未选中任何对象时显示，展示当前画板中所有使用的颜色，鼠标指针经过显示详细颜色值，单击同样可以复制颜色值，单击右上角可切换颜色格式。

字符样式：“字符样式”栏仅在未选中任何对象时显示，展示当前画板中所有使用的字符样式，包含字体、字重及颜色信息，单击右上角可以切换单位，支持 px、pt 及 dp 3 个格式。

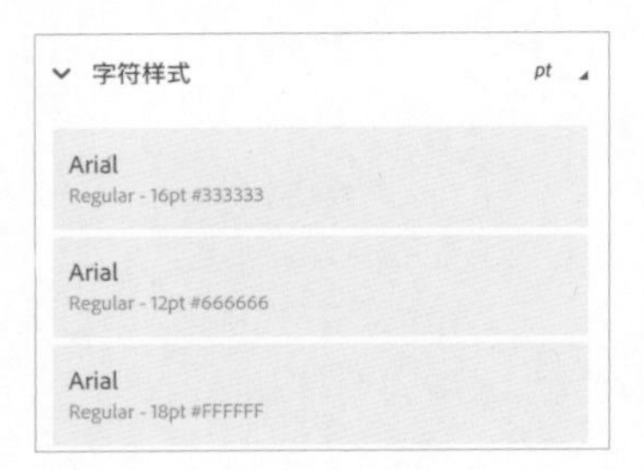

交互：“交互”栏在未选中任何对象的情况下展示当前画板中所有的交互信息，选中对象后，若该对象有设置交互则展示该对象的交互信息，选中的对象没有设置交互信息则该栏不显示。

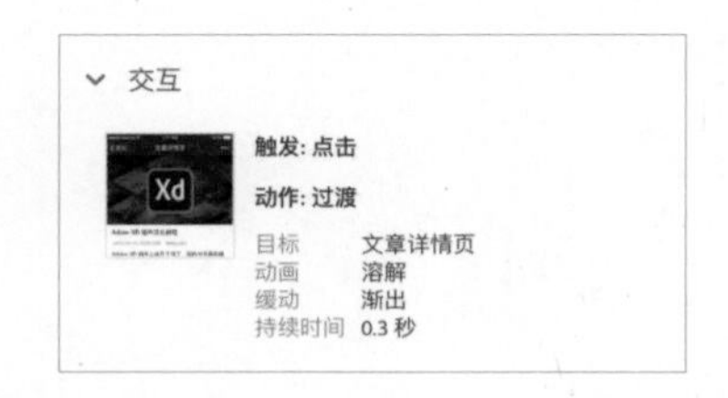

鼠标指针经过查看规范区域中的信息，画板中对应的内容会高亮显示。

单击查看规范图标下方的“评论”图标，也可以使用评论功能，使用方法与本书 6.2.2 小节中的评论功能的使用方法相同。

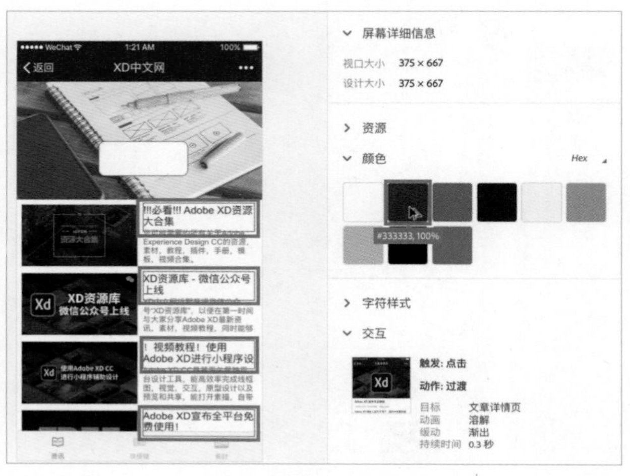

6.2.5 共享以开发

“共享以开发”可以为设计的文件创建一个设计规范的链接，通过浏览器打开链接可查看设计规范用于开发，详情可查看本书 6.2.4 节。

需要创建设计规范链接，需要先打开创建设计规范的文件，单击右上角“共享”按钮 共享 后，在子菜单中单击选择“共享以开发”选项，打开“共享以开发”设置界面。

与“共享以审阅”相同，在标题“共享以开发”下方有“任何打开此链接的人均可查看”和“仅供受邀请人员查看”两个选项。

单击“导出用于”设置项中的下拉箭头，可选择导出使用的平台，支持平台包含有 iOS、Andriod 及 Web，根据实际情况选择即可。

勾选“包括下载资源”可允许查看设计规范时下载已在 XD 中添加导出标记的切图，不勾选则不能下载。

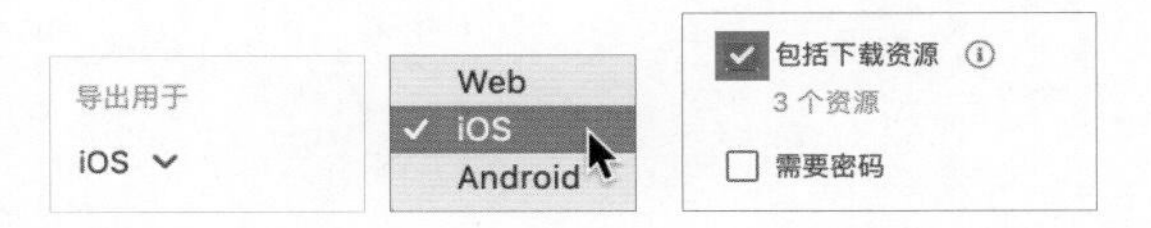

单击“创建链接”按钮，创建设计规范链接，创建链接需要的时间受网络传输速度影响，网络传输速度较慢时需要等待，并且在等待过程中会弹出提示“正在创建公共链接 ...”。设计规范链接创建完成后，可复制链接。

其他设置项设置方法、更新链接、新建链接和“仅供受邀请人员查看”的链接创建方法与本书 6.2.3 节所讲的方法基本相同。

技巧提示

如果是 Adobe Creative Cloud 免费用户，那么每个账户只能创建一个设计规范链接。当然，可以在删除已经创建的设计规范链接后重新生成一个设计规范链接。设计规范链接删除的方法可参考本书中 6.2.6 节。

6.2.6 管理链接

单击右上角“共享”按钮后，在子菜单中单击“管理链接 ...”选项命令，将会通过计算机上的默认浏览器打开管理链接的网页，并可在网页中查看、删除及复制已经生成的原型链接和设计规范链接。

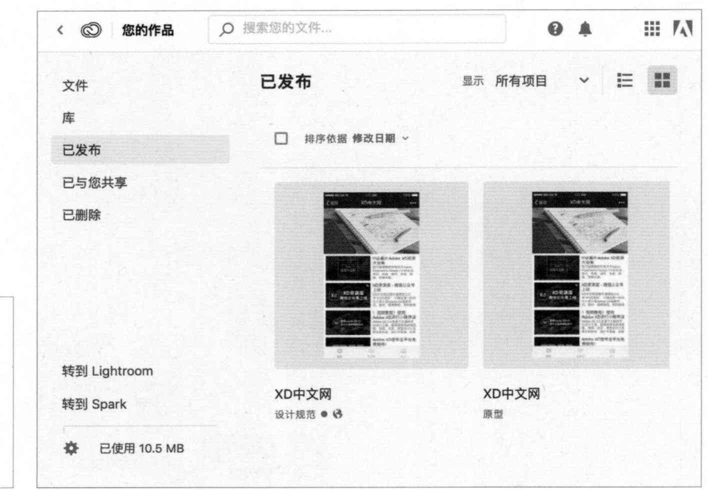

在管理链接网页上可以看到所有已经创建链接的项目，鼠标指针经过项目显示“菜单”图标 ●●● ，单击“菜单”图标 ●●● 可以选择复制链接或删除项目。删除时会二次确认是否永久删除。单击左上角的复选框可以多选项目执行删除操作。单击“排序方式”文本左侧的复选框可以全选所有项目执行删除操作。

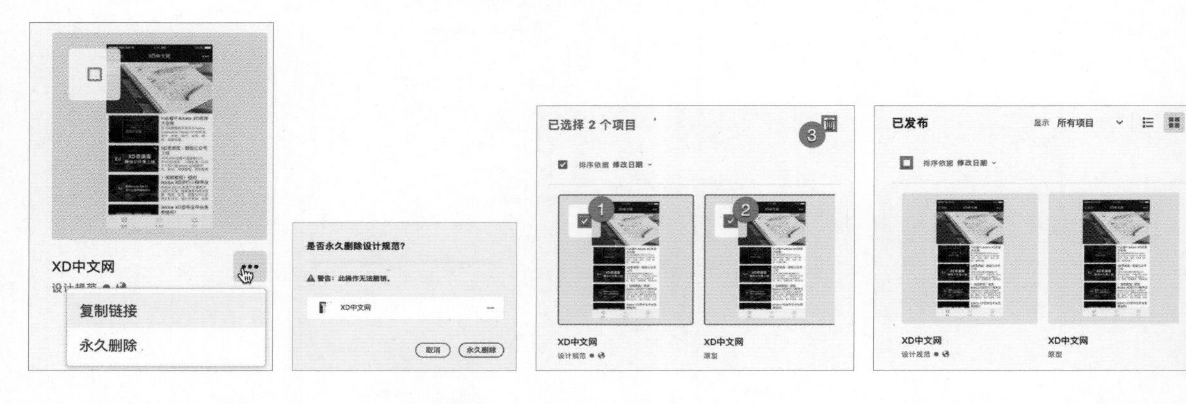

在 XD 的启动页单击“管理链接 ...”选项或执行“文件 > 管理链接”菜单命令，都可以通过计算机上默认浏览器打开管理链接网页。

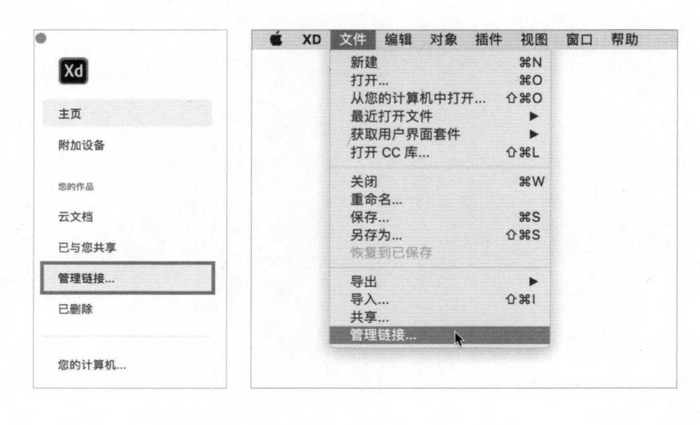

CHAPTER 7

第7章

插件和第三方工具介绍

插件是由Adobe和第三方开发人员提供的可以在XD中运行的程序，能够增强XD的功能，用来简化、加快甚至自动完成一些复杂重复的设计工作。本章会选取一些常用的插件和第三方工具做简单介绍。

7.1 安装和管理插件

学习如何安装、更新及卸载插件是使用插件的基础。

7.1.1 安装插件

XD 插件的安装方法有多种，最简单的是通过 XD 的插件管理器来安装。在 XD 的启动页面的“附加设备”中，单击“插件”，可以打开插件管理器。

执行“插件 > 发现插件 ...”菜单命令或“插件 > 管理插件 ...”菜单命令，也可以打开插件管理器。

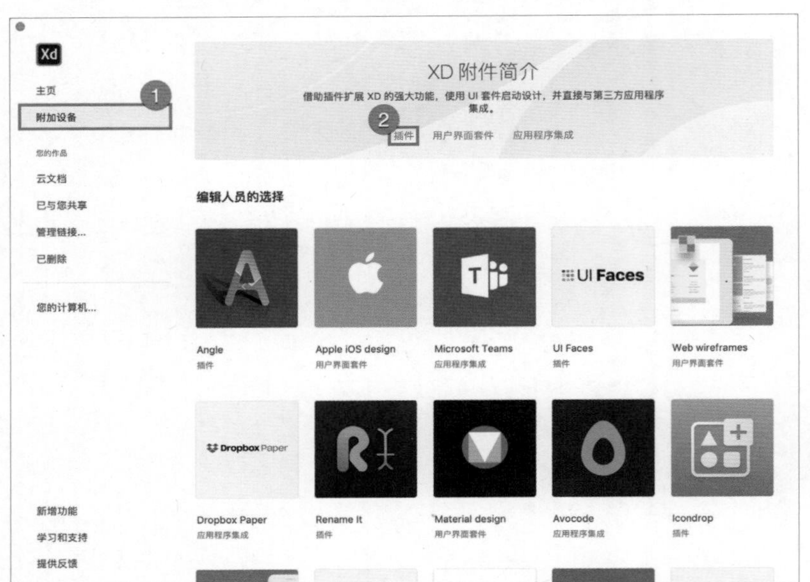

在插件管理器中可以看到所有的插件，单击“名称”文本或“最新版本”文本可对插件进行排序。在插件管理器右上角的搜索框中输入插件名称，例如“ikono”，可以搜索插件，单击“详细显示”文本可以查看插件的详细介绍、更新信息，单击“获取支持”文本可以跳转到插件的相关链接。单击“安装”按钮即可安装该插件。

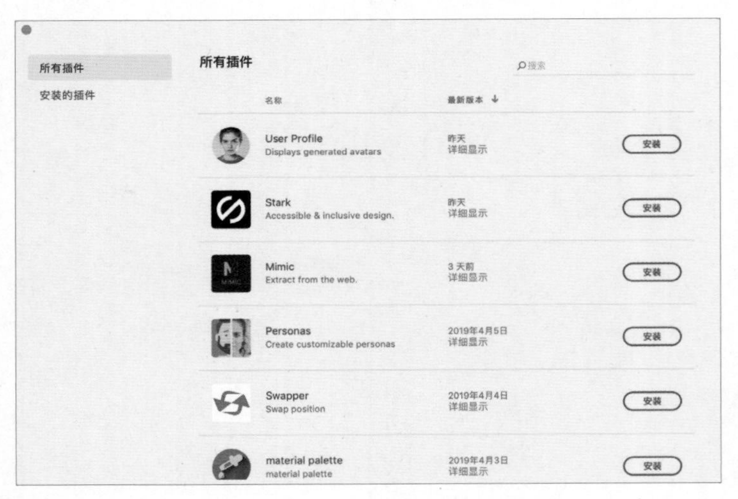

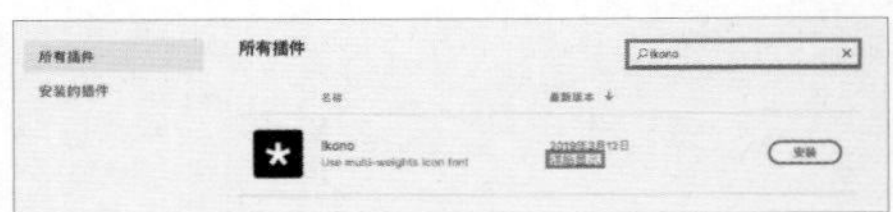

插件大多由第三方开发者开发，部分开发者会为插件建立网站，从网站上可以下载 XDX 格式的 XD 插件安装包来安装，双击 XDX 格式文件，会自动弹出“确认”窗口，单击“安装”按钮自动安装插件，安装完成后会弹出“插件已安装”提示框，单击“确定”按钮关闭提示框。

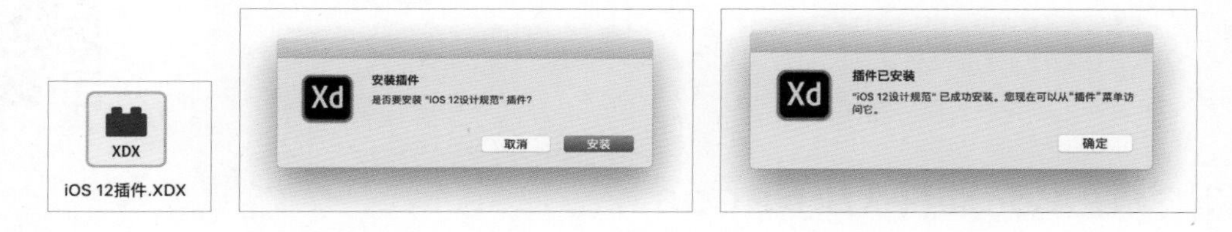

插件安装完成后，即可在 XD 的菜单“插件”栏中看到插件名称。

7.1.2 管理插件

在插件管理器上可以直接管理插件，单击插件管理器左侧“安装的插件”菜单，可仅展示当前已安装的插件，插件后方按钮显示“已安装”按钮且不可单击，插件发布新版本后会显示“更新”按钮，单击即可更新。有多个插件需要更新时，单击右上角的“更新全部”按钮可更新全部可更新的插件。

鼠标指针经过插件列表，会显示“菜单”图标，单击“菜单”图标可从中选择“禁用”选项禁用插件或选择“卸载”选项卸载插件。暂时不使用或插件影响到 XD 的正常运行可以禁用插件，不想再使用某个插件可以直接卸载。启动 XD 软件时，按住 Shift 键后启动 XD 可以暂时禁用 XD 的插件功能，禁用后所有的插件都不用，使用插件会提示插件已禁用，在不按住 Shift 键的情况下，重新启动 XD 即可再次使用插件功能。

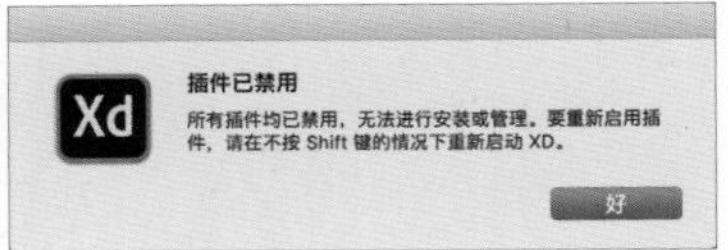

7.2 常用插件

观看在线教学视频

截至目前，XD 插件并不是特别多，且普遍质量并不是特别高，绝大多数插件只有英文版。本节选择了一些比较好用、常用的插件进行分享。

7.2.1 头像填充插件 UI Faces

UI Faces 插件可以在不离开 XD 的情况下自动为所选择的对象填充头像并且支持筛选。

可在 XD 插件管理器中搜索“UI Faces”插件并安装。

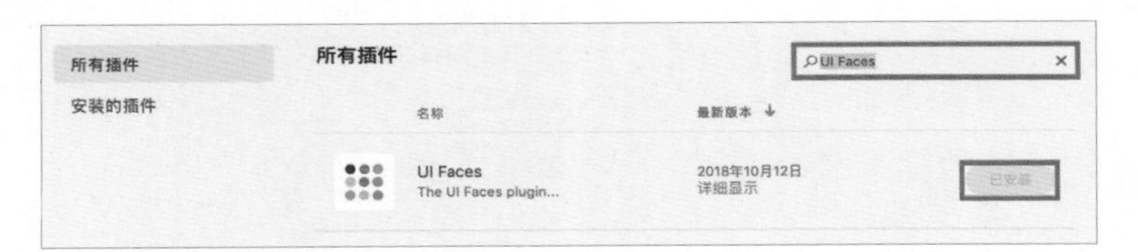

使用时，在 XD 画板中选择一个或多个对象，单击菜单“插件 >UI Faces”，弹出 UI Faces 插件的界面，支持对需要的头像进行筛选，筛选项包括来源网站、年龄、性别及头发颜色等。

设置完成后，单击 UI Faces 插件界面右下角“Apply Faces” 按钮填充头像，如需要填充的对象较多，填充过程中会有提示并可随时停止，填充完成后也会有提示，填充完成后如图所示。单击“Close” 按钮可取消操作。

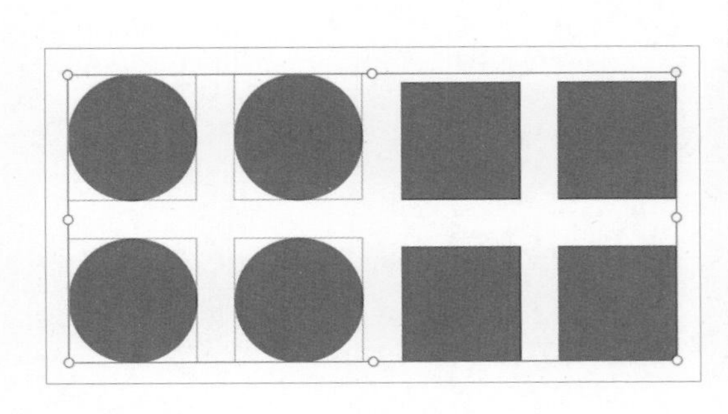

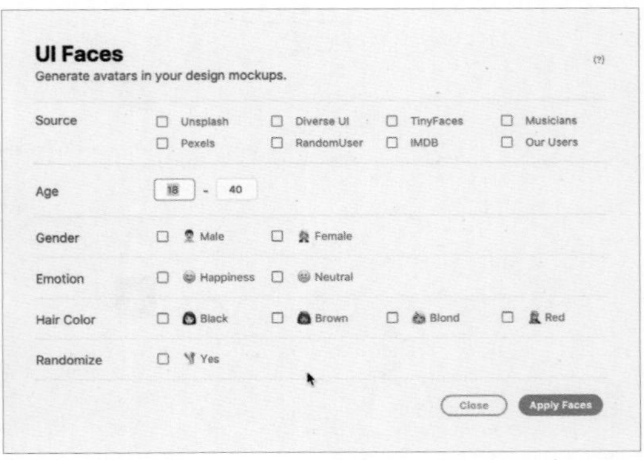

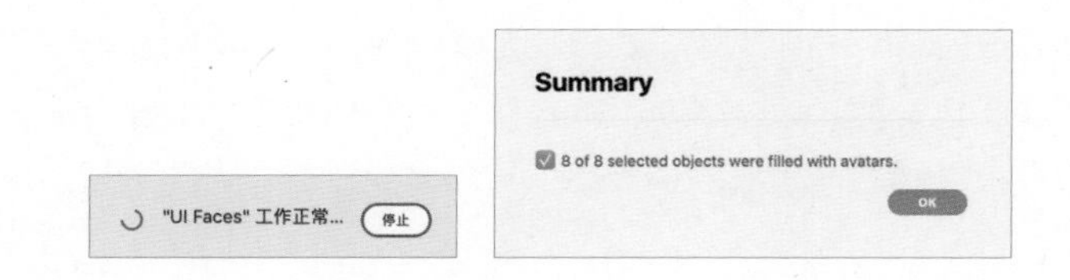

7.2.2 二维码生成插件 QR Code Maker for XD

当下二维码已经非常普及，在很多设计中都需要使用它，使用 QR Code Maker for XD 插件可以直接在 XD 中生成自定义的二维码。

可在 XD 插件管理器中搜索“QR Code Maker for XD”插件并安装。

安装完成后，QR Code Maker for XD 插件在 XD 的菜单栏中显示为“QRCodeMaker”。

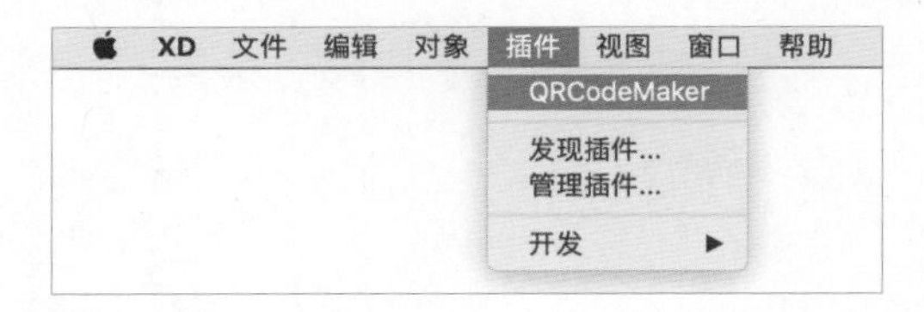

使用时执行“插件 >QRCodeMaker”菜单命令，在弹出的插件界面的输入框中输入文字内容或网址，然后单击“Submit”按钮 Submit ，可在当前文件的第一个画板左上角生成二维码，为保证安全二维码已进行马赛克处理。单击“Close”按钮 Close 可以取消操作。

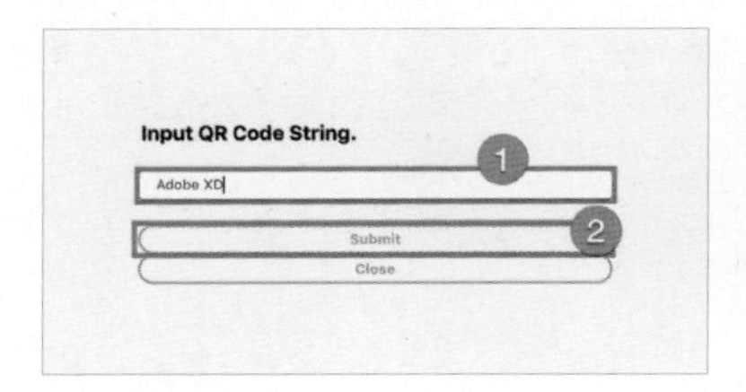

需要注意的是，生成的二维码由若干个可以单独选择移动的矩形组成，在操作的过程中容易因不小心选中一部分矩形并拖动而造成二维码错乱，建议在生成二维码后，先选择二维码的全部内容，然后按快捷键 Comannd+G（Mac OS）或 Ctrl+G（Windows）进行编组，再进行其他操作。

7.2.3 英文大小写切换插件 Change Case

Change Case 插件能够快速对英文大小写进行切换，可在 XD 插件管理器中搜索“Change Case”插件并安装。

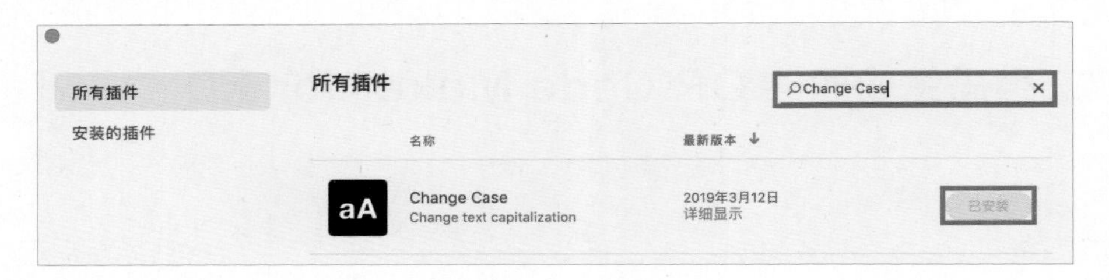

使用 Change Case 插件首先需要选中画布中的点文本或区域文本，未选中时会出现如下提示。

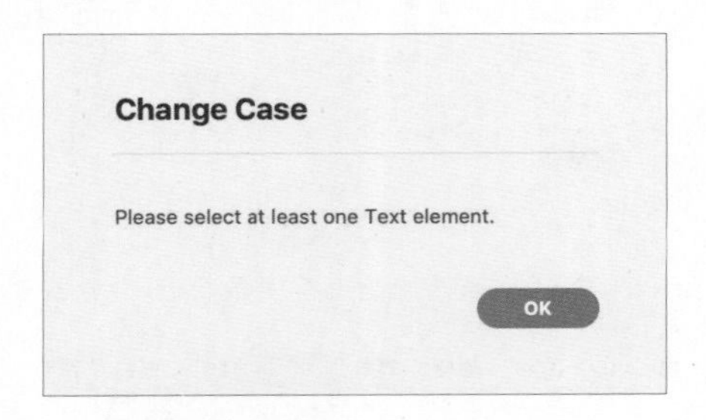

选中文本如“Hello word!”后，执行“插件 >Change Case>lowercase”菜单命令，“Hello word!”会转换为“hello word!”，即所有的英文字母变为小写。执行“插件 >Change Case>UPPERCASE”菜单命令，“hello word!”会转换为“HELLO WORD!”，即所有的英文字母变为大写。执行“插件 >Change Case>Tittle Case”菜单命令，“HELLO WORD!”会转换为“Hello Word!”，即每个单词的首字母大写。执行“插件 >Change Case>Sentence case”菜单命令，“Hello Word!”会转换为“Hello word!”，即句首字母大写。

有的插件开发者给插件设置了快捷键，快捷键会在插件菜单右侧显示，可以直接使用。

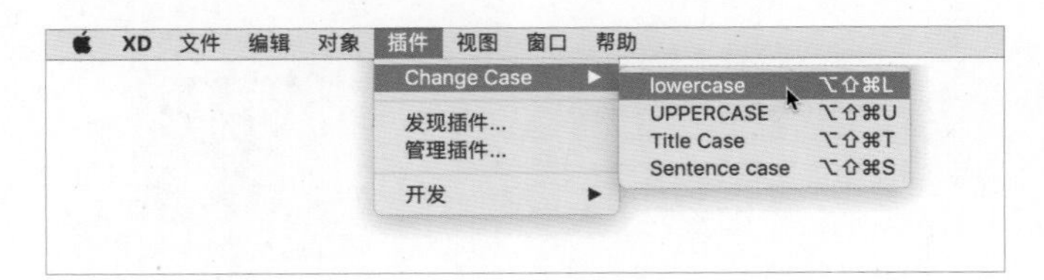

7.2.4 图层批量重命名插件 Rename It

保持对图层规范地命名是个良好的习惯，规范地命名除了能够让自己一眼看明白，也能让协作的同事一眼看明白，XD 中导出的文件也默认以图层名称进行命名。

Rename It 插件可以对 XD 中的图层进行批量重命名。可在 XD 插件管理器中搜索“Rename It”插件并安装。

安装完成后，在 XD 菜单“插件”中可以找到“Rename It”，一共有两个选项，“Rename Selected Layers”是重命名所选图层的名称，“Find & Replace Selected Layers”是查找和替换所选图层的名称，使用时需要先选择一个或多个图层或画板，未选择图层时会出现如图所示的提示。

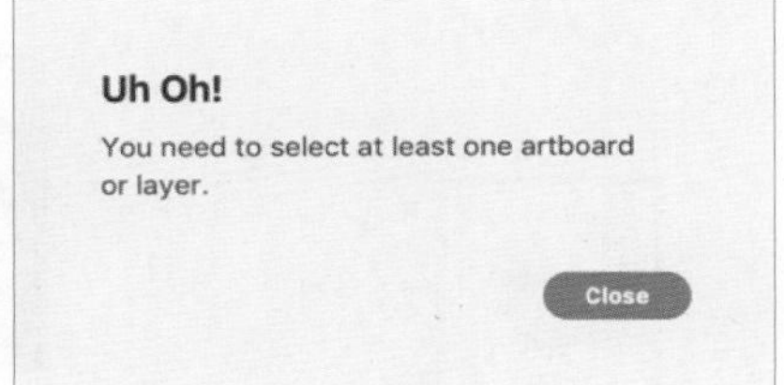

选中画布上的 4 个图层，图层名分别为“山”“仙人掌”“沙滩”和“雪山”，执行“插件 >Rename It>Rename Selected Layers”菜单命令，在弹出的窗口中可对图层进行重命名。

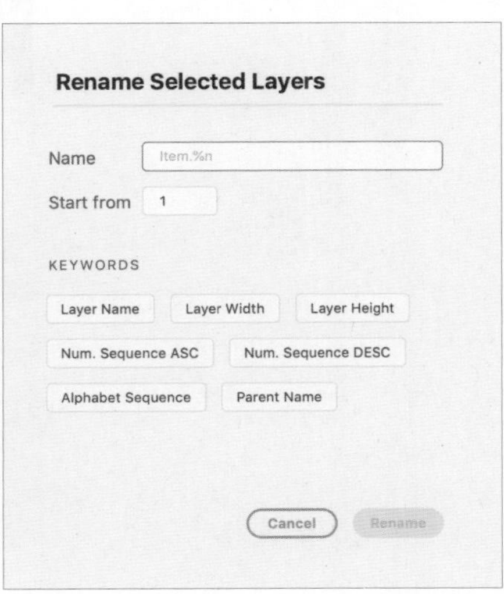

在名称“Name”的输入框可输入自定义名称或使用关键词如“%N”来表示自动升序编号，在“Start from”中可以输入开始序号，输入的同时下方可实时预览图层名称。例如，在“Name”中输入“image%N”、在“Start from”中输入“3”则预览中显示选中的 4 个图层名称将被命名为“image3”“image4”“image5”及“image6”。

Rename Selected Layers

Name image%N

Start from 3

KEYWORDS

Layer Name Layer Width Layer Height

Num. Sequence ASC Num. Sequence DESC

Alphabet Sequence Parent Name

Preview: image3, image4, image5, image6

Cancel Rename

单击“Rename”按钮 Rename 应用重命名，完成后图层名称被修改，单击“Cancel”按钮 Cancel 可取消操作。

在插件界面中单击“KEYWORDS”中的按钮，可以快速应用关键词。

单击“Layer Name”按钮 Layer Name ，在“Name”输入框中自动输入“%*”，即可使用当前图层名称。

单击“Layer Width”按钮 Layer Width ，在“Name”输入框中自动输入“%w”，即可使用当前图层宽度值。

单击“Layer Height”按钮 Layer Height ，在“Name”输入框中自动输入“%h”，即可使用当前图层高度值。

单击“Num. Sequence ASC”按钮 Num. Sequence ASC ，在“Name”输入框中自动输入“%n”，即可使用数字自动降序编号，如“4，3，2，1”。

单击“Num. Sequence DESC”按钮 Num. Sequence DESC ，在“Name”输入框中自动输入“%N”，即可使用数字自动升序编号，如“1，2，3，4”。

单击“Alphabet Sequence”按钮 Alphabet Sequence ，在“Name”输入框中自动输入“%A”，即可使用大写字母升序编号，如“A，B，C，D”。

单击“Parent Name”按钮 Parent Name ，在“Name”输入框中自动输入“%o”，即可使用当前画板名称。

同时，也可以在“Name”输入框中直接输入百分号“%”的这些的关键词来使用，输入“%a”可以使用小写字母升序编号，如“a，b，c，d”。

除此之外，若当前图层名称为英文，输入“%*”使用当前图层名称后，还可以使用一些比较高级的用法。

输入“%*u%”，可将当前图层名称转换为全部都为大写字母的样式，如将“image”转换为“IMAGE”；

输入“%*l%”，可将当前图层名称转换为全部都为小写字母的样式，如将“IMAGE”转换为“image”；

输入“%*t%”，可将当前图层名称转换为单词首字母为大写的样式，如将“hello word”转换为“Hello Word”；

输入“%*uf%”，可将当前图层名称转换为句首为字母大写的样式，如将“hello word”转换为“Hello word”；

输入“%*uf%”，可将当前图层名称转换为以驼峰式命名法命名，如将“hello word”转换为“helloWord”。

选中画布中的 4 个图层，4 个图层名称均为“images”。执行“插件 >Rename It>Rename Selected Layers”菜单命令，可对图层进行重命名。在弹出窗口的“Name”输入框中输入“%*u%_%N_%w_%h”、“Start from”中输入“1”，4 个图层名称将修改为“IMAGE_1_200_120”“IMAGE_2_200_120”“IMAGE_3_200_120”及“IMAGE_4_200_120”。

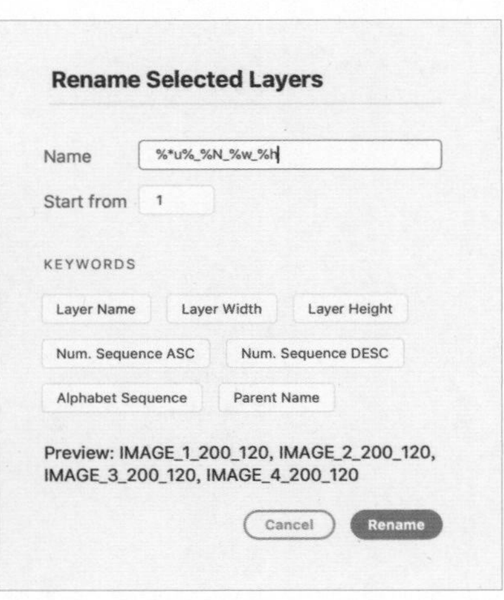

选中画布上的 4 个图层，执行“插件 >Rename It>Find & Replace Selected Layers”菜单命令，在“Find”的输入框中输入需要查找的关键词，在“Replace”的输入框中输入需要替换的关键词，如需要区分大小写，可以勾选“Case sensitive”复选框。例如在“Find”中输入“_200_120”、“Replace”留空，确认可将上面 4 个图层名称替换为“IMAGE_1”“IMAGE_2”“IMAGE_3”及“IMAGE_4”。

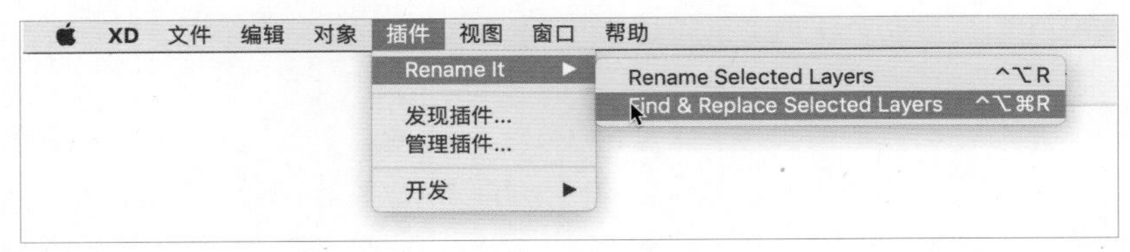

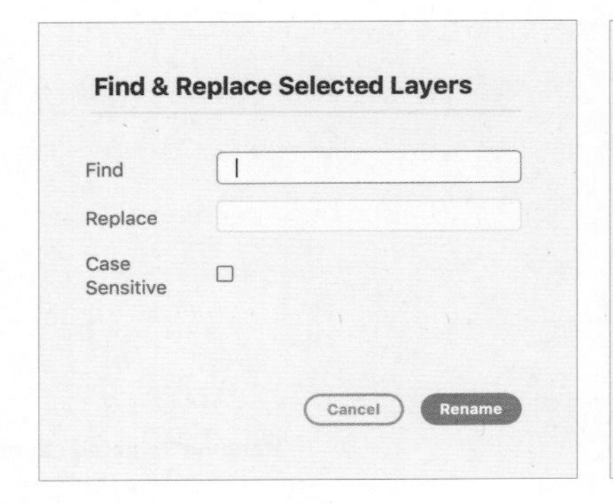

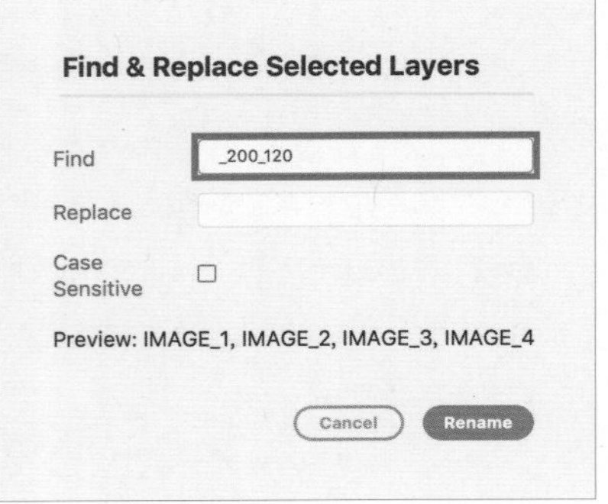

7.2.5 多边形插件 Polygons

XD 中的形状工具只有“矩形”工具□、“椭圆”工具○等基础工具，当需要绘制一个多边形如五边形、三角形时会比较麻烦，更不用说绘制星形了。而“Polygons”插件可以快速创建三角星、菱形、五边形及六边形，甚至星形。可在 XD 插件管理器中搜索“Polygons”插件并安装。

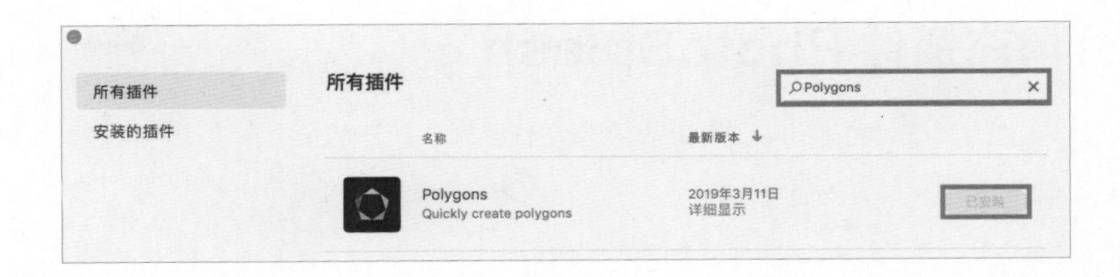

安装完成后，在菜单“插件”中可以找到“Polygons”菜单，其中包含 7 个子菜单。

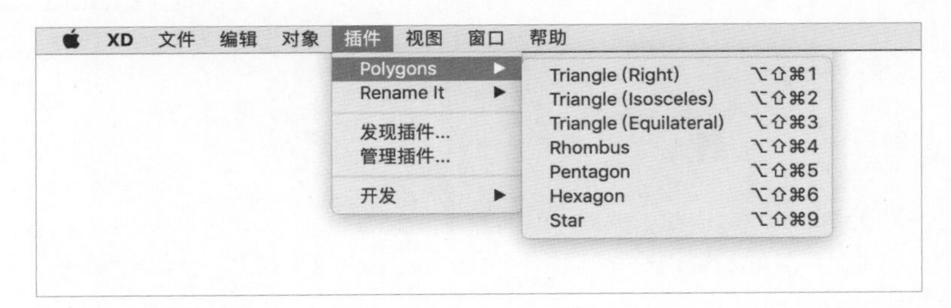

插件需要选择一个画板或某个画板上独立的对象后使用，未选择画板或对象的情况下使用会弹出提示。

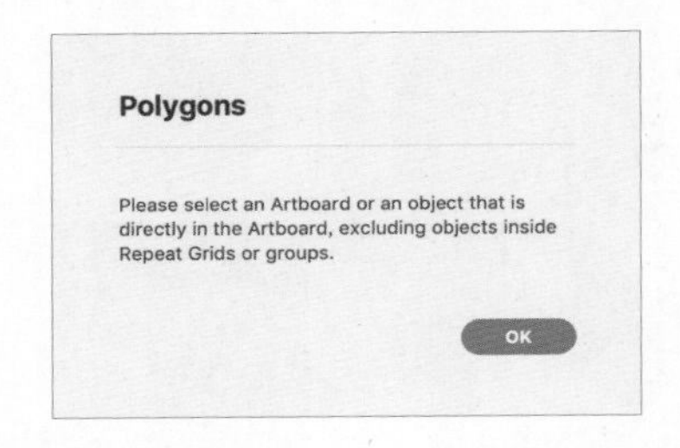

选择一个画板或单独的对象后，使用插件会在画板或对象所在的画板上生成多边形。

“Triangle（Right）”为直角三角形。

“Triangle（Lsosceles）”为等腰三角形。

“Triangle（Equilateral）”为等边三角形。

“Rhombus”为菱形。

“Pentagon”为等五边形。

“Hexagon”为等六边形。

“Star”为星形。

用插件生成的多边形均为矢量形状，选择后可以进行缩放、修改颜色及编辑锚点等操作。

7.2.6 图片填充插件 PhotoSplash

PhotoSplash 是一款图片填充插件，可使用网络上获取的图片对所选择的单个或多个对象进行填充。可在 XD 插件管理器中搜索“PhotoSplash”插件并安装。

使用时选择画布上的单个或多个对象，执行“插件 >PhotoSplash”菜单命令，打开设置界面。

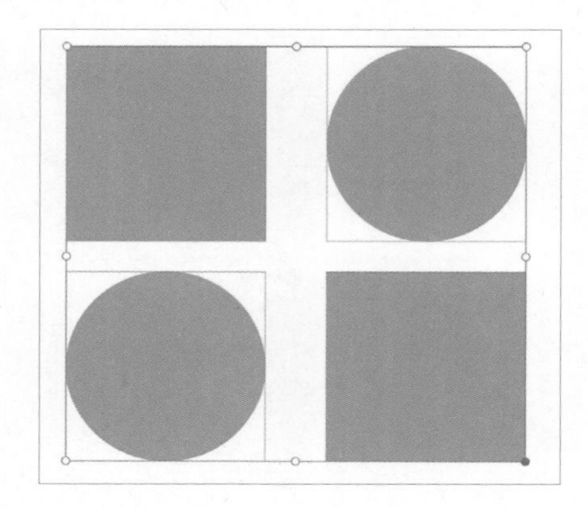

默认使用随机图片，可选择的图片数量与画板中选择的对象数量相同，单击图片可以选择图片，单击“Apply”按钮 Apply 应用填充。

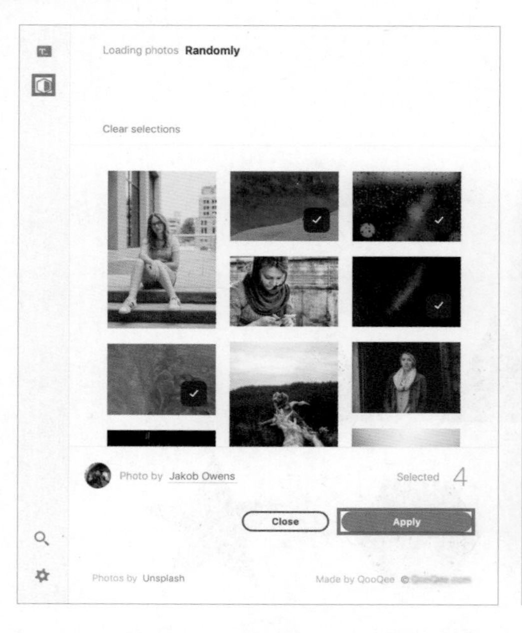

在设置界面单击图标，可以输入关键词搜索指定关键词相关的图片。

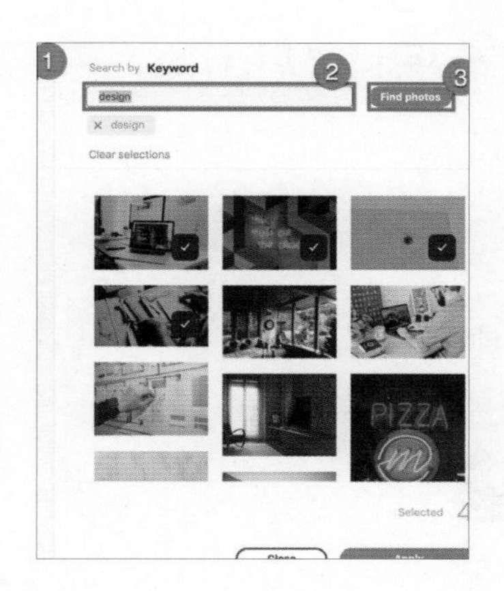

7.2.7 日历插件 Calendar

Calendar 是一款日历插件，可以一键生成日历元素。可在 XD 插件管理器中搜索“Calendar”插件并安装。

使用时选择画板，单击 XD 菜单“插件”中的“Calendar”或使用快捷键 Command+Shift+option+D（Mac OS），会自动弹出设置界面。

在“LANGUAGE”设置项中单击下拉箭头可以切换语言，但是目前还不支持中文。

在“CELL SIZE”设置项中可以设置每一个日期单元的尺寸，“W”为宽，“H”为高。

在“MONTH”设置项中单击左箭头或右箭头可以切换月份，切换到其他月份后，单击“Today”按钮 Today 可以切换到当前月份。

在“WEEKDAYS”中可以设置星期的样式。

单击“OK”按钮 OK 后生成日历，生成的日历中的元素均可任意编辑，可以根据设计作品的配色来调整颜色然后放入设计作品中，下图所示为简单调整颜色后的效果。

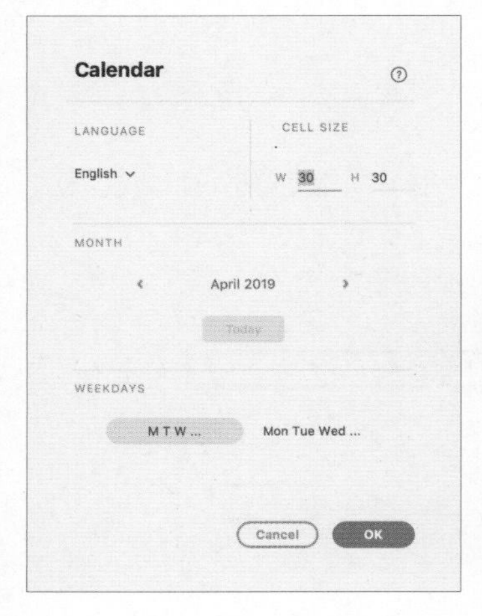

7.2.8 提取网页设计规范插件 Mimic

Mimic 插件可以提取指定网页中所使用的字体、颜色及图标等信息用于学习和参考。可在 XD 插件管理器中搜索“Calendar”插件并安装。

使用时执行“插件 >Mimic”菜单命令，在弹出的窗口中输入网址并单击“Extract”按钮 Extract ，会自动在当前文件第一个画板的上方生成输入的网站中使用的字体、颜色等信息。

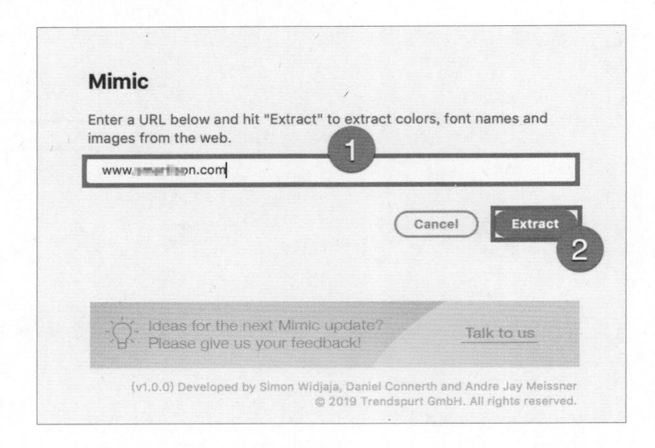

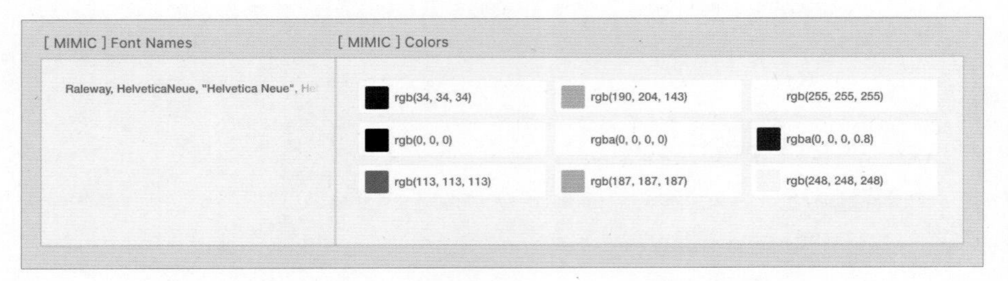

7.2.9 图表生成插件 VizzyCharts

VizzyCharts 插件可以在 XD 中快速创建柱状图、折线图及环形图。可在 XD 插件管理器中搜索“VizzyCharts”插件并安装。

使用时选择画板单击 XD 菜单“插件”，找到“VizzyCharts”菜单命令，在该命令的子菜单中一共有 4 个子菜单，分别是“Column Chart” “Line Chart” “Ring Chart”及“How To Use VizzyCharts...”。

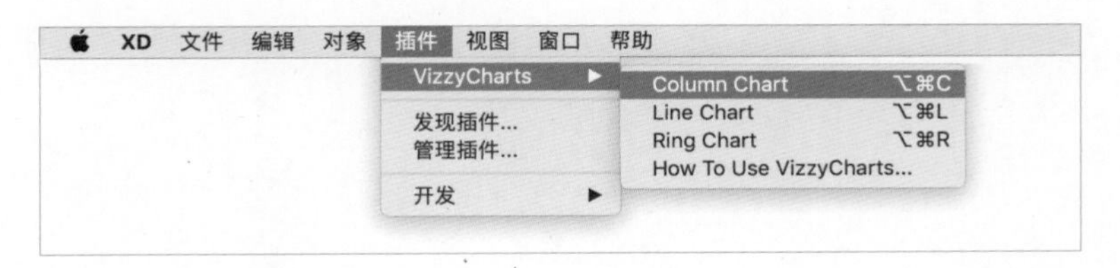

“Column Chart”为制作柱状图。

“Line Chart” 为制作折线图。

“Ring Chart” 为制作环形图。

“How To Use VizzyCharts...”为使用 VizzyCharts 的教程。

执行“VizzyCharts>How To Use VizzyCharts...”菜单命令，在弹出的窗口中单击最下方的“Download sample .csv data file.”文本，可以前往 VizzyCharts 插件的官网下载一个 CSV 格式的数据示例文件。同时，在本书学习资源中的“CH07> 图表生成插件 VizzyCharts”文件夹中也可以找到该文件。该文件可用于 VizzyCharts 插件制作柱状图和折线图，可以用电子表格软件 Excel 打开编辑或创建自己的数据。

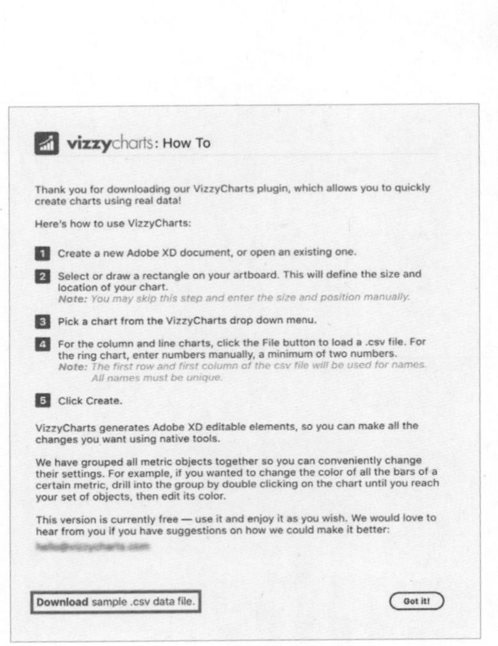

ShareCSV

VizzyCharts-Sample.csv

6 months · 787 Bytes · 16 lines

Download

Name	January	February	March	April	May	June	July
Lizette	30.73	82.32	35.28	57.82	41.16	55.86	78.40
Egor	11.76	95.06	43.12	58.80	49.00	49.00	64.19
Markus	12.74	46.06	29.40	64.68	44.10	68.60	73.50
Bob	31.36	69.58	41.16	66.64	40.18	42.14	56.84
Dora	14.70	80.36	46.06	55.86	49.15	73.50	39.20
Aaronilia	17.64	65.66	44.10	62.72	23.52	66.64	44.10
Abraham	24.50	90.16	36.26	55.86	54.88	29.40	58.80
Brian	21.56	70.56	34.30	65.66	43.12	70.56	53.90
Amina	10.78	62.72	47.04	64.68	34.30	32.34	44.10
Ann	22.54	68.60	48.02	62.72	35.28	36.26	39.20
Arnold	18.62	57.82	38.22	68.60	40.18	72.52	49.00
Zohan	23.52	55.86	40.18	57.82	21.56	75.46	53.90
Aston	31.36	82.32	78.40	88.20	41.16	55.86	47.04
Barbra	11.76	95.06	43.12	58.80	19.60	73.50	50.96
Cathy	12.74	46.06	29.40	64.68	68.60	39.20	58.80

插件的使用方式和方法有以下 3 种。

第一种是柱状图。当需要制作柱状图时，在 XD 中选择画板后执行“插件 >VizzyCharts>Column Chart”菜单命令，弹出设置面板。

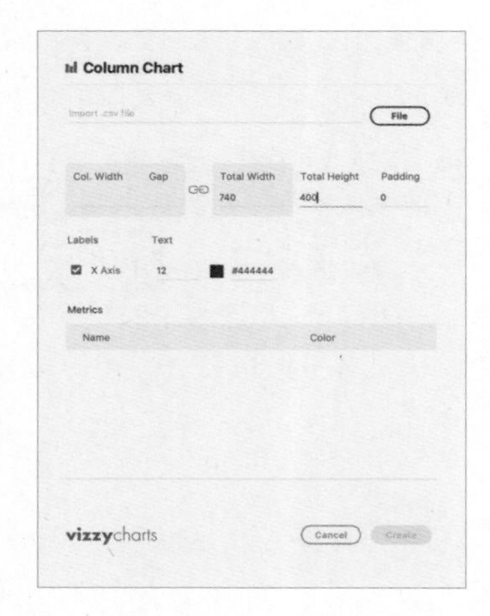

单击“File”按钮，选择一个 CSV 格式的文件导入，可以选择本书学习资源中的“CH07> 图表生成插件 VizzyCharts”文件夹中的“VizzyCharts-Sample.csv”文件，导入完成后可以在“Metrics”中选择数据并设置颜色，不需要的数据可以取消勾选，颜色值需要输入十六进制颜色值。

“Col. Width”为每一列的列宽，“Gap”为两列之间的间距，“Total Width”为整个柱状图的总宽度，“Total Height”为整个柱状图的总高度，“Padding”为整个柱状图的填充边距。总宽度与列宽、间距相互关联，一个值修改后其他值将进行自动计算。

勾选“labels”中的“X Axis”选项，可以在 X 轴给每一列添加标签，“Text”中可以设置标签字体的大小和颜色。

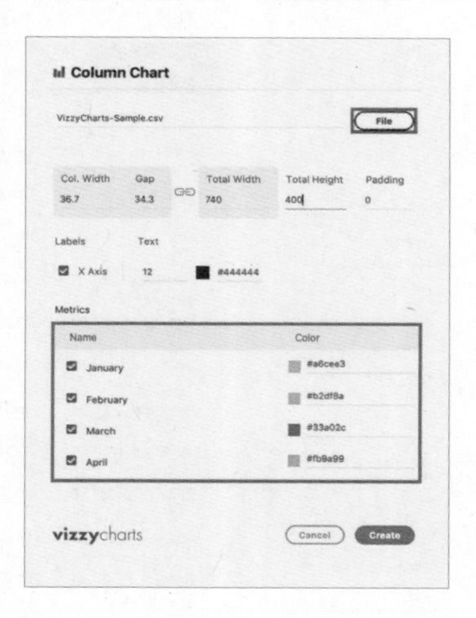

单击“Create”按钮，可生成柱状图。

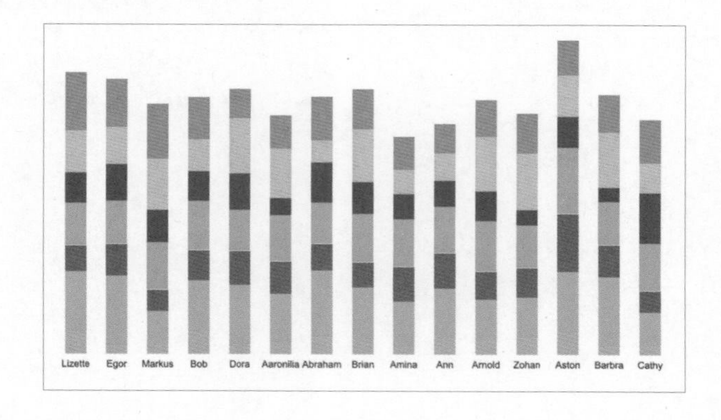

第二种是折线图。当需要制作折线图时，在 XD 中选择画板后执行“插件 >VizzyCharts>Line Chart”菜单命令，弹出设置面板。

单击“File”按钮，导入一个包含数据的 .csv 格式文件，可以选择本书学习资源中的“CH07> 图表生成插件 VizzyCharts”文件夹中的“VizzyCharts-Sample.csv”文件，导入完成后可以在“Metrics”中选择数据并设置颜色，不需要的数据可以取消勾选，颜色值需要输入十六进制颜色值。

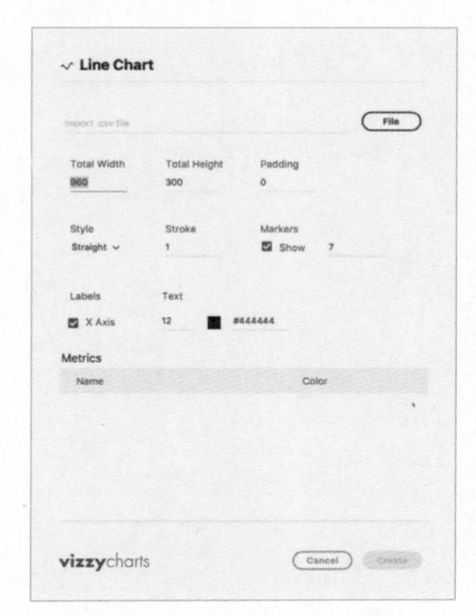

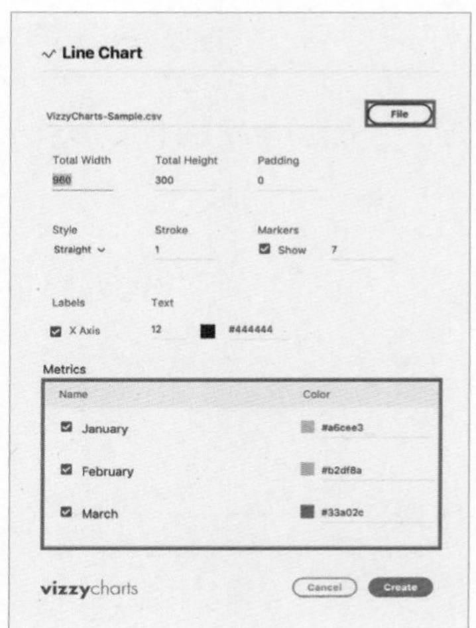

设置面板中“Style”为样式、“Stroke”为折线的粗细，“Markers”中的“Show”为是否显示折线中数据点，如勾选则显示折线中的数据点，并且可以在输入框中设置数据点直径。

“Style”有两种样式可选择，选择“Straight”时生成的为直线效果，选择“Curved”时生成的为曲线效果。

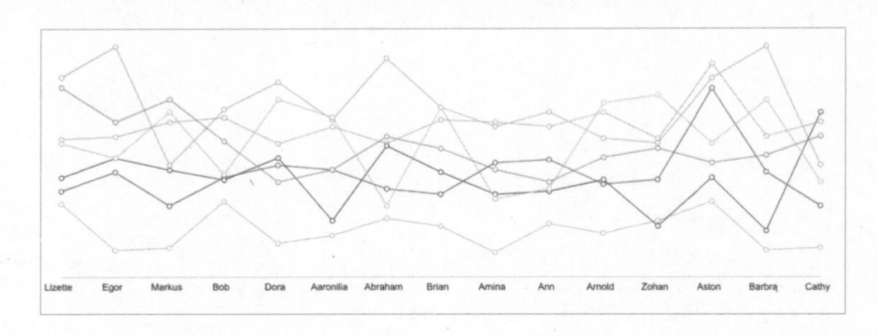

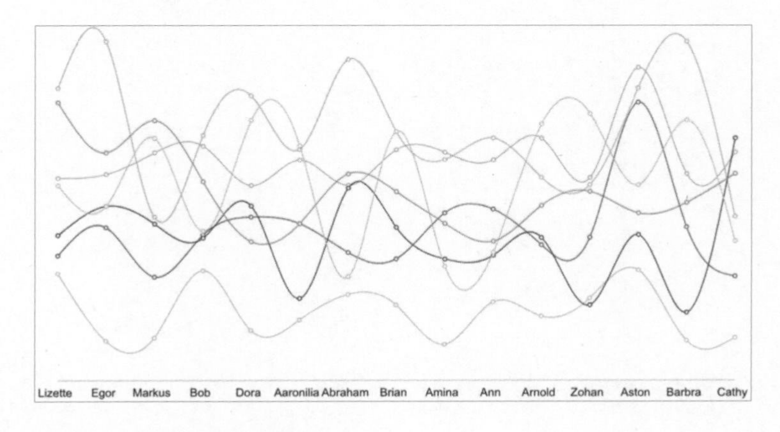

线的粗细“Stroke”设置为 5 时，生成的效果如下。

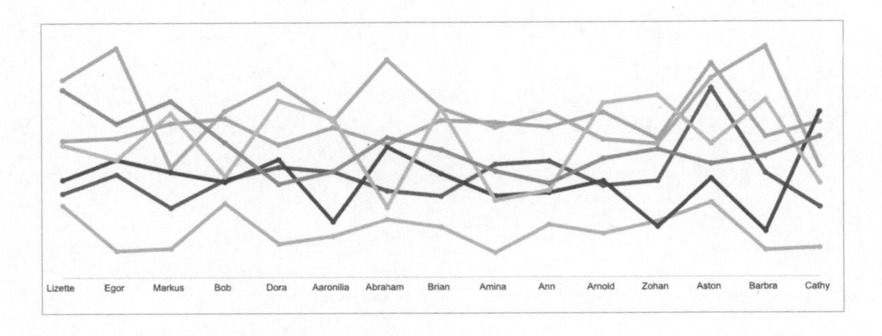

不勾选“Markers”中“Show”时，生成的效果如下，主要表现为不显示折线中的数据点。

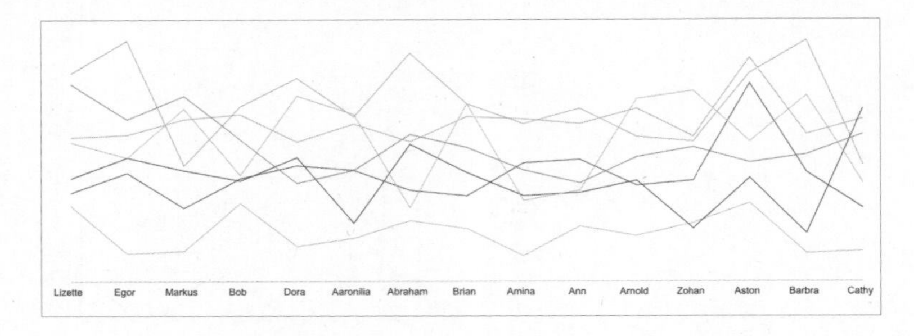

在“Markers”中勾选“Show”选项且在输入框中输入 20 时，生成的效果如下，主要表现为显示折线中的数据点，数据点的直径为 20。

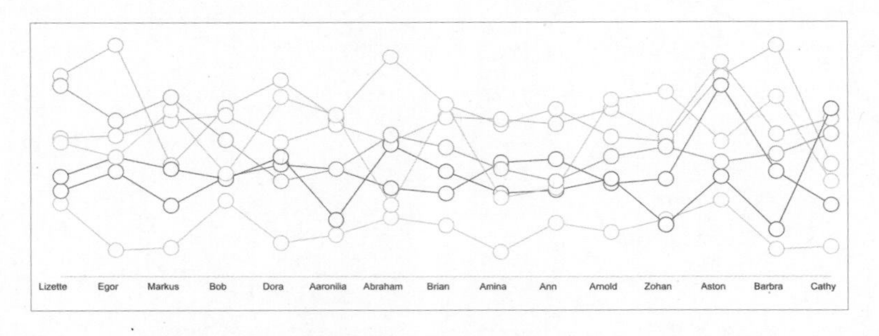

第三种是环形图。当需要制作环形图时，在 XD 中选择画板后执行“插件 >VizzyCharts>Ring Chart”菜单命令，弹出设置面板。

制作环形图时不需要导入数据，直接在“Data”输入框中输入数据即可。用英文状态下的逗号进行分隔，例如输入“20,30,50”，“Diameter”为所生成图的直径，“Thickess”为环形图的厚度，“Gap”为间距，“Corner Radius”为圆角半径，“Padding”为填充，“Labels”中“Show”为是否显示标签，“Text”可设置标签文本，标签文本将显示在环形中间。

按照图中的参数进行设置，生成的效果如下。

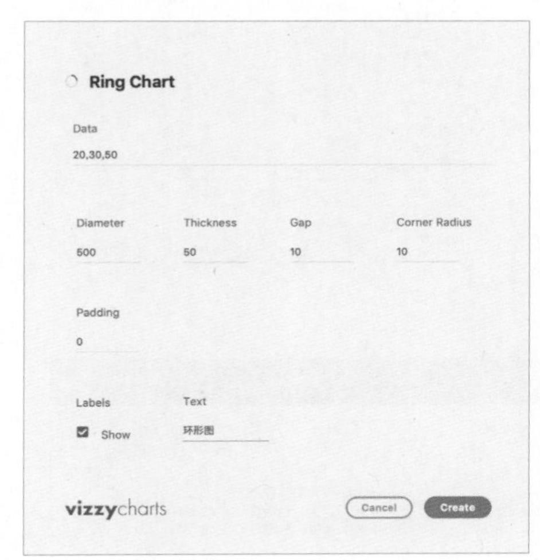

7.3 第三方工具介绍

本节介绍一些可以配合 XD 使用的第三方工具，XD 通过这些第三方工具可以实现快速使用图标、制作微交互及自动标注等功能。由于篇幅有限，这里仅做简单介绍，各工具的详细使用方法可参考其官网。

7.3.1 通过 Axhub Icons 快速使用网络图标

作为设计行业的从业人员，一定知道阿里巴巴矢量图标库 Iconfont。Iconfont 中有数百万个图标，打开其官网在搜索栏中输入关键词搜索，即可找到需要的图标下载来使用，但是下载再导入总让人觉得比较麻烦。

基于此，这里用到的是第三方工具 Axhub Icons。它是一款可以一键复制 Iconfont 图标到 Axure 内的 Chrome 浏览器扩展类插件，可以一键复制图标到 XD 中。该扩展也支持 QQ、360 等 Chromium 套壳浏览器。

通过浏览器打开 Axhub Icons 的官网可以下载该扩展插件，下载后得到一个 CRX 格式的文件，这里以 Chrome 浏览器为例进行安装。

打开已安装的 Chrome 浏览器后，在 Chrome 浏览器右上角执行“菜单 > 更多工具 (L)> 扩展程序 (E)”菜单命令，打开 Chrome 浏览器的扩展程序管理页。

将下载好的“Axhub Assistant.crx”文件直接拖到扩展程序管理页面进行安装。安装完成后打开 Iconfont 网站搜索关键词，鼠标指针经过图标会显示 4 个按钮，单击最后一个“复制到 Axure”按钮，复制完成后在 XD 中使用快捷键 Command+V（Mac OS）或 Ctrl+V（Windows）粘贴即可。粘贴后图标可以任意缩放，双击图标可以编辑、修改颜色。

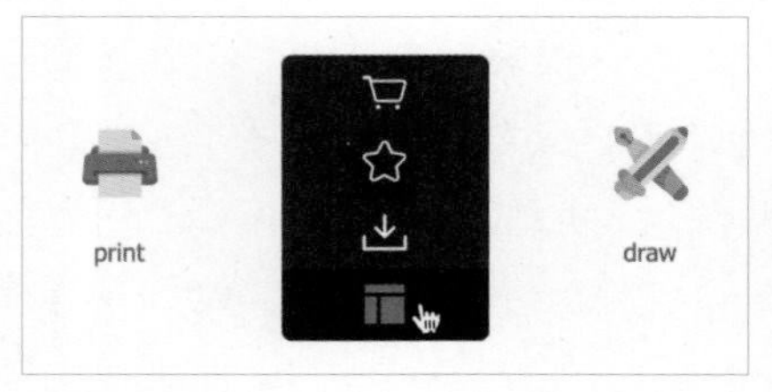

7.3.2 交互原型设计工具 ProtoPie

ProtoPie 是新晋的一款移动端交互原型设计工具，无需代码，操作原理简单，支持手机实时测试、调用手机传感器制作交互原型，在 Windows 和 Mac OS 系统上都可以使用，支持 XD 文件一键导入，可以完成 XD 不能完成的微交互。

从 ProtoPie 官网下载安装 ProtoPie 即可试用，ProtoPie 安装完成后执行“文件 > 导出 >ProtoPie”菜单命令，即可将文件导入到 ProtoPie 进行交互设计，每次可导入一个画板，在“画板”中可以选择画板，导入完成后得到如下图所示界面效果。

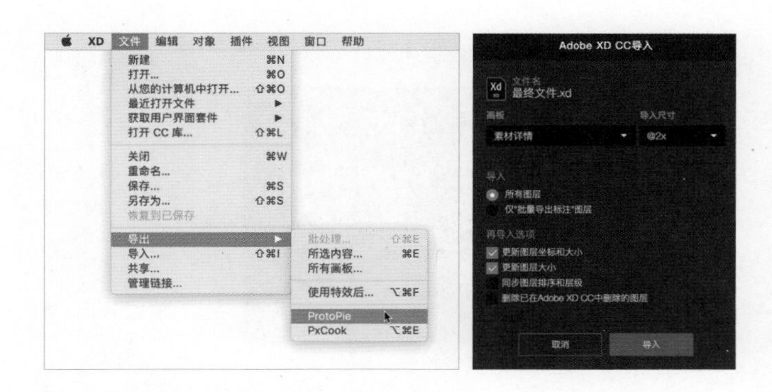

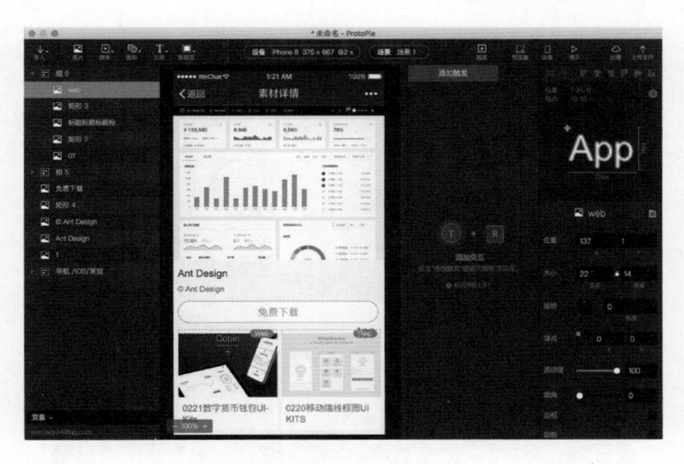

7.3.3 自动标注工具 PxCook

PxCook 是一款高效易用的自动标注工具，同时支持 Windows 和 Mac OS 系统，并且能够在计算机本地标注，也能生成部分前端代码块用于开发。要使用 PxCook 首先需要安装 Adobe AIR，在 PxCook 的官网可以下载安装 PxCook 和 Adobe AIR。

安装完成后在 XD 中打开需要标注的文件，执行“文件 > 导出 >PxCook”菜单命令，自动打开 PxCook 创建项目，输入项目名称，根据设计的内容选择 iOS 或 Android 或 Web。这里以“创建本地项目”为例。

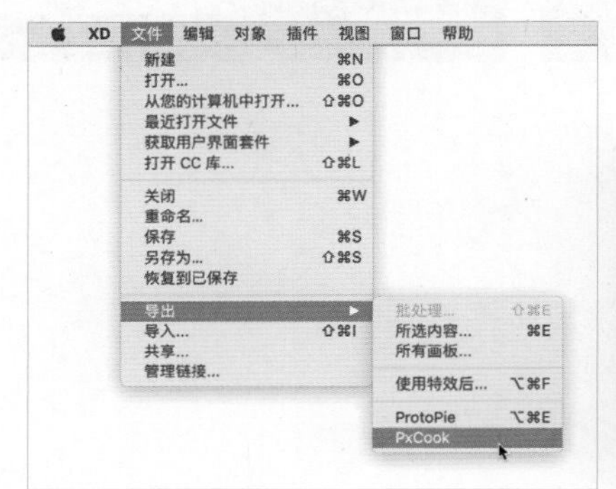

单击“创建本地项目”按钮，在“导入画板”设置页可以选择需要导入的画板，不需要的画板可以取消勾选。

单击“导入”按钮导入，导入完成后显示所有导入的画板。

双击单个画板进入详情页，在详情页中单击画板中的单个对象，即可在右侧查看标注信息和代码块。

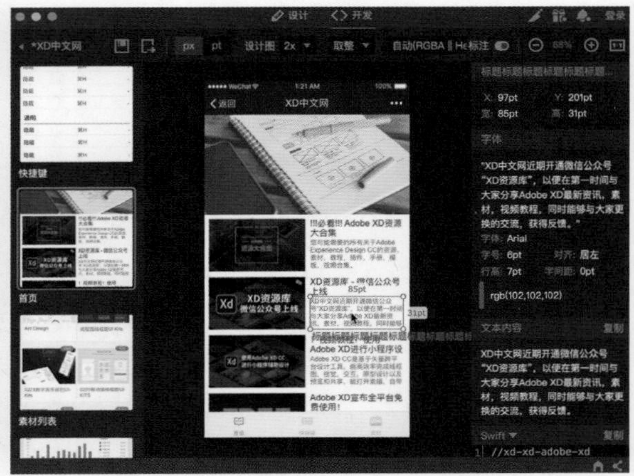

CHAPTER 08

第 8 章

商业实战项目案例解析

本章结合多个商业项目穿插讲解部分设计规范，通过界面设计案例分析、步骤演示进一步学习XD的功能和界面设计技巧，快速掌握技术要点并完成专业的界面设计项目。

8.1 设计规范介绍

本节简单介绍 iOS、Android 及电脑端网页的设计规范中的部分通用内容。在实际工作中，各大企业会有属于自己更加详细、实用的设计规范。

8.1.1 iOS 设计规范介绍

iOS 是由苹果公司开发的移动操作系统，最初设计给 iPhone 系列手机使用，后来陆续套用到 iPod touch、iPad 及 Apple TV 等产品上。本节主要介绍 iOS 操作系统在 iPhone 系列手机上应用的设计规范。无论是设计新手，还是已经工作设计师，都需要对设计规范有所了解。

首先是尺寸，目前主流的 iOS 设备主要有 iPhone 6/7/8、iPhone 6/7 /8 P、iPhone X/XS 及 iPhone XS Max，它们各自的尺寸规范如下。

设备名称	屏幕尺寸	PPI	Asset	逻辑分辨率（pt）	分辨率（px）
iPhone XS Max	6.5 英寸	458	@3x	414 x 896	1242 x 2688
iPhone XS	5.8 英寸	458	@3x	375 x 812	1125 x 2436
iPhone XR	6.1 英寸	326	@2x	414 x 896	828 x 1792
iPhone X	5.8 英寸	458	@3x	375 x 812	1125 x 2436
iPhone 8P/7P/6SP/6P	5.5 英寸	401	@3x	414 x 736	1242 x 2208
iPhone 8/7/6S/6	4.7 英寸	326	@2x	375 x 667	750 x 1334

在 XD 中设计界面时，通常只需要创建一倍图并选择“iPhone 6/7/8 375×667px”的画板即可。其状态栏高度为 20px，导航栏的高度为 44px，标签栏的高度为 49px。

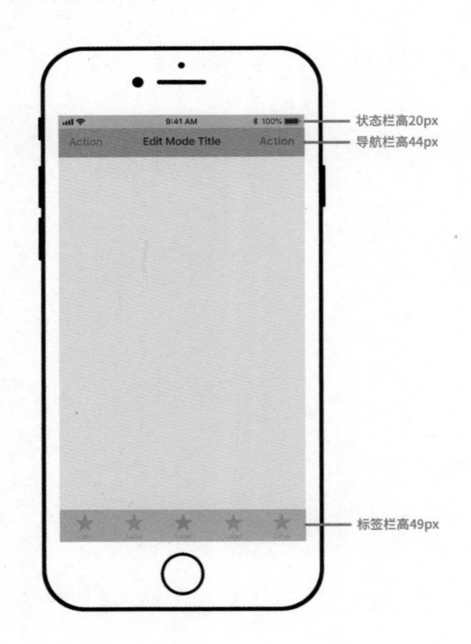

在进行 iPhone X 的设计时，仍然可以沿用“iPhone 6/7/8 375×667 px”的设计作为模板进行适配，“iPhone X/XS 375×812px”相比“iPhone 6/7/8 375×667 px”来说只是高度增加了 145px。iPhone X 是全面屏，四个角的圆角、顶部齐刘海使屏幕下凹一部分，带有圆角和齐刘海的区域不建议放置任何功能。iPhone X 的状态栏高度为 44px，导航栏为 44px，标签栏为 49px，指示器高度为 34px。

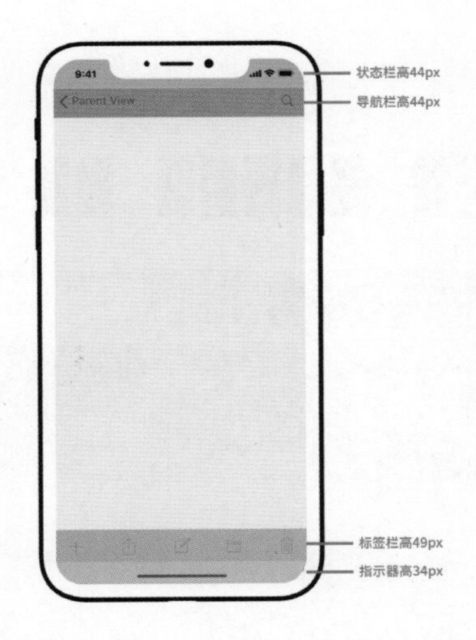

同时，在手机左右两侧靠近边缘的区域应留出一部分边距不放任何可操作元素，防止屏幕边缘手指不方便触屏，边距大小建议为 16~30px。

字体方面，在 iOS 系统中，中文使用的是苹方字体，英文使用的是 San Francisco 字体。苹果认为 App 的字体信息层级应该包含大标题（Large Title）、标题一（Title 1）、标题二（Title 2）、标题三（Title 3）、标题（Headline）、正文（Body）、标注（Callout）、副标题（Subhead）、脚注（Footnote）、注释一（Caption 1）及注释二（Caption 2），并且官方对于字体大小的建议如下。

位置	字重	大小	行距	字间距
大标题	Regular	34	41	+11
标题一	Regular	28	34	+13
标题二	Regular	22	28	+16
标题三	Regular	20	25	+19
标题	Semi-Bold	17	22	-24
正文	Regular	17	22	-24
标注	Regular	16	21	-20
副标题	Regular	15	20	-16
脚注	Regular	13	18	-6
注释一	Regular	12	16	0
注释二	Regular	11	13	+6

在 XD 启动页面的“附加设备”中可以找到“Apple iOS design”，单击链接可以通过浏览器打开苹果设计资源网站，可以下载最新的 iOS 设计套件，打开下载的 iOS 设计套件可以使用 iOS 系统中的状态栏、导航栏、输入框、按钮、开关及图标等素材，iOS 设计套件部分内容如下。

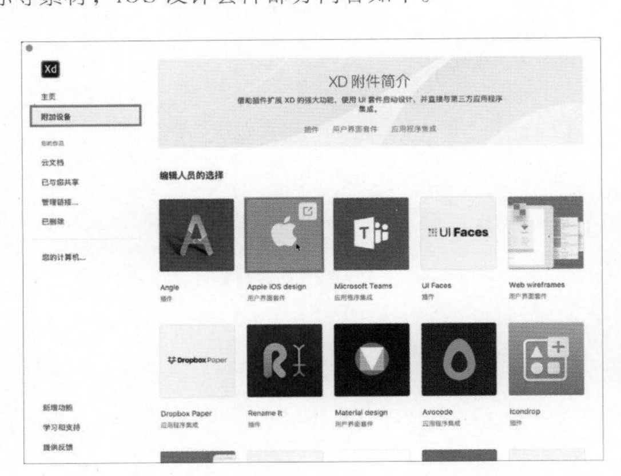

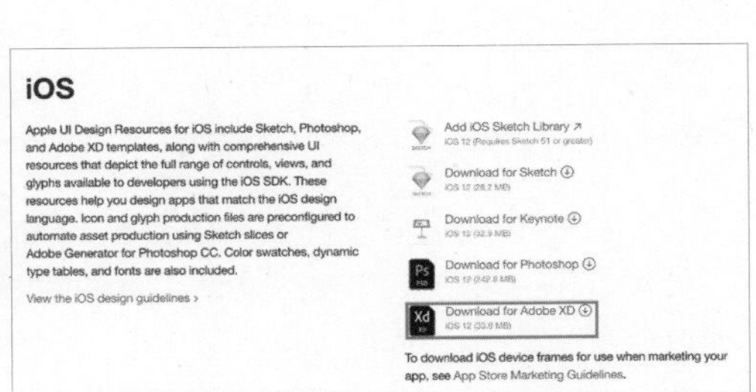

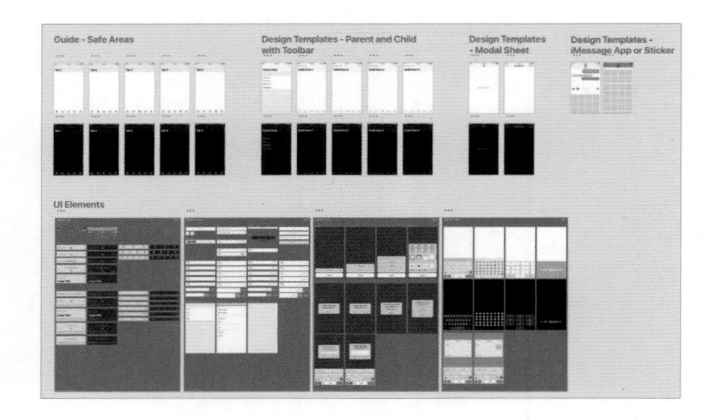

技巧提示

用过 Photoshop，但初次接触 XD、Sketch 等矢量设计软件的读者，都会有这样的疑问——为什么设计尺寸是一倍图 375×667px（@1x）而不是二倍图 750×1334px（@2x）？

首先，XD 是一款矢量设计软件，对于设计中的矢量内容在一定程度上是可以任意缩放的，它依靠数学公式计算，缩放不会降低图片质量。而 Photoshop 的设计对象是位图图像，无论是放大还是缩小都会降低图片的质量。在 XD 中默认的画板尺寸就是一倍图的尺寸，而在 Photoshop 中默认的画板尺寸是二倍图尺寸。

在 XD 中使用一倍图比二倍图有更多的优势，具体表现为以下 4 个方面。

（1）更少的数学计算。使用 @1x 完成的设计需要转换为 @2x 和 @3x 时只需要乘 2 和乘 3 就可以了，而使用 @2x 完成的设计转换 @1x 和 @3x 需要除 2 和乘 1.5。

（2）iOS 和安卓的界面设计可以共用一套。iOS 设计 @1x 尺寸为 375×667px，可以方便地适配到安卓的 360 x 640px 尺寸，还能共用字体、图标及间距，更加方便统一设计规范。

（3）文件更小。@1x 比 @2x 尺寸小一半，当文件内容多时，二倍图做设计的文件更大，容易占用过多的内存，导致计算机卡顿。

（4）内容尺寸更加灵活。在使用 @2x 进行设计时通常有“做偶不做奇”的说法，元素大小、边距等都需要为偶数以保证转换为 @3x 时也是整数，使用一倍图时则都可以为奇数。

因此，建议在 XD 中进行移动端界面设计时选择一倍图。当然，也可以选择 2 倍图来进行设计，自定义画板尺寸即可。

8.1.2 Android 设计规范介绍

Android 是一种基于 Linux 的自由及开放源代码的操作系统，由谷歌（Google）公司和开放手机联盟领导及开发，主要使用于移动设备，如智能手机和平板电脑。Android 尚未有统一中文名称，较多人称其为“安卓”，市面上除 iOS 系统外，绝大多数智能手机使用的都是 Android 操作系统。

目前单独设计安卓界面的设计师较少，安卓界面通常与 iOS 使用同一套设计进行适配。Android 设备与 iOS 设备相比多到无法统计，按照屏幕密度的不同可以将市面上所有的 Android 设备分成低密度（lpdi）、中等密度（mdpi）、高密度（hdpi）、超高密度（xhdpi）、超超高密度（xxhdpi）及超超超高密度（xxxhdpi）6 种类型，Android 系统会根据屏幕的密度自动判断使用多大的字号等。

名称	分辨率	dpi	Asset	换算
ldpi	240 x 320	120	@0.75x	1dp=0.75px
mdpi	320 x 480	160	@1x	1dp=1px
hdpi	480 x 800	240	@1.5x	1dp=1.5px
xhdpi	720 x 1280	320	@2x	1dp=2px
xxhdpi	1080 x 1920	480	@3x	1dp=3px
xxxhdpi	1440 x 2560	640	@4x	1dp=4px

在 Android 系统中，英文字体使用的是 Roboto，中文字体使用的是思源黑体。常用的字号及不同字号的使用情况如下：小字提示使用 12sp；正文 / 按钮文字使用 14sp；小标题使用 16sp；Appbar 文字使用 20sp；大标题使用 24sp；超大号文字使用 34sp/45sp/56sp/112sp。

sp（scale-independent pixel）是安卓开发用的字体大小单位，一般情况下可认为 sp=dp。

8.1.3 电脑端网页设计规范介绍

电脑端网页设计首先是设计尺寸，设计时一般会采用页面宽度为 1920px 的全屏设计，主体内容区域宽度一般在 980~1200px，常用宽度尺寸为 1200px，在 XD 中建议创建 1280 × 800px 尺寸的画板，设计起来更加方便。

字体使用方面可以使用苹方字体，在 Windows 中中文字体通常为微软雅黑，英文字体可以使用 Arial，字号方面对于常规的文字内容一级标题通常使用 18px，二级标题使用 16px，内容文字使用 14px，提示内容使用 12px，对于需要重点强调的文字可以自行调整到 12px、32px，甚至更大，字号大小均建议为偶数，这样更方便居中对齐。

网页设计中很少会有纯黑色和纯白色的内容，需要使用白色时可以使用接近于纯白色的白色（R:250，G:250，B:250），文本的颜色标题通常使用黑色（R:51，G:51，B:51），内容文本的颜色使用黑色（R:102，G:102，B:102）、提示文本的颜色使用黑色（R:153，G:153，B:153）。

8.2 万联数字艺术馆App设计项目实战

观看在线教学视频

本项目完成万联数字艺术馆 App 部分界面，该 App 主要功能是让用户了解万联数字艺术馆的相关动态、入驻艺术家及其作品。案例中一共 5 个界面，分别是首页、文章列表页、文章详情页、艺术家列表页及艺术家主页。

本案例中需要用到的素材在本书学习资源中的“CH08> 移动端 App 设计 > 素材”文件夹中，最终完成效果源文件为本书学习资源“CH08> 移动端 App 设计”文件夹中的“最终文件 .XD”。

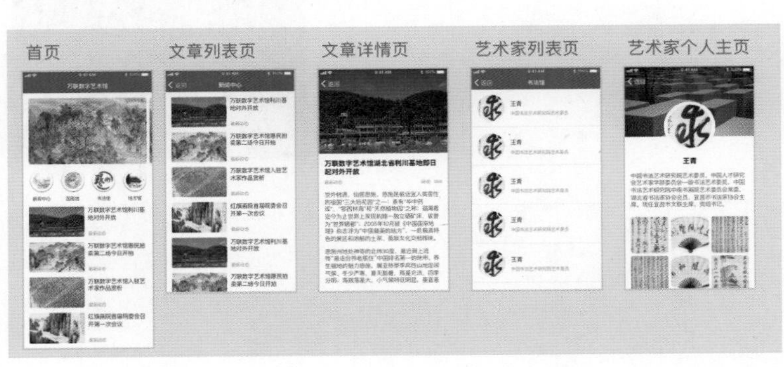

8.2.1 制作首页

01 首页中有一个轮播图、4 个导航和推荐的文章列表，这里按照从上往下从左往右的顺序开始设计。

打开 XD 启动页，选择“iPhone 6/7/8 375×667px”的尺寸创建一个空白画板，然后双击画板名称并将其修改为“首页”。

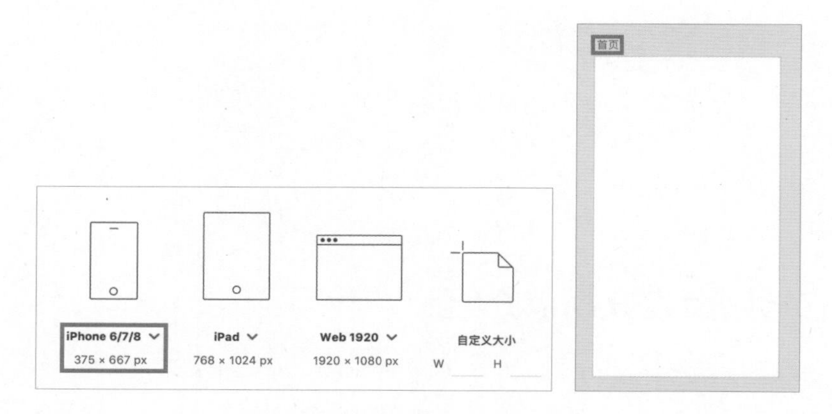

02 在创建画板后，首先要养成保存文件的良好习惯，避免文件丢失。按快捷键 Command+S（Mac OS）或 Ctrl+S（Windows）保存文件，修改文件名称为“万联数字艺术馆”，选择保存位置为“云文档”，最后单击“保存”按钮保存保存。

03 打开本书学习资源中的“CH08> 移动端 App 设计 > 素材 >UI Kit”文件夹中的“UIElements+DesignTemplates+Guides-iPhone8.XD”iPhone8 的 iOS 设计规范文件，找到“Starting Screen - Dark”画板，框选状态栏和导航栏，按快捷键 Command+C（Mac OS）或 Ctrl+C（Windows）复制一份。

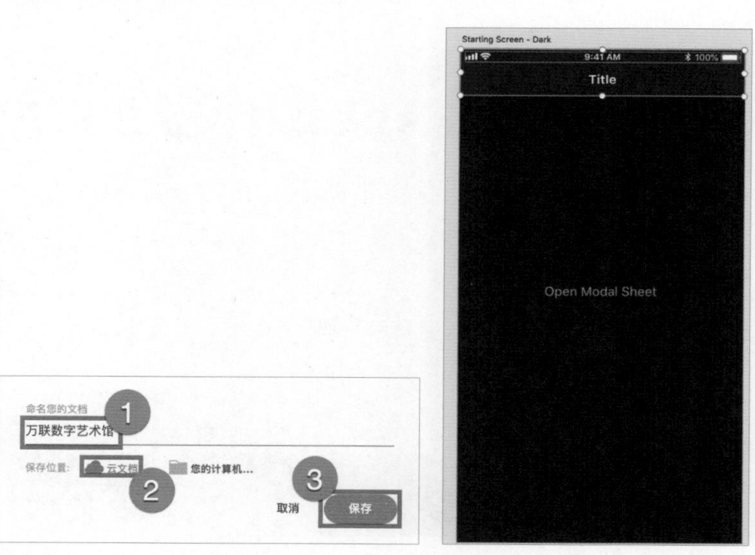

04 切换到第 01 步中创建的文件，单击“首页”画板名称选中画板，按快捷键 Command+V（Mac OS）或 Ctrl+V（Windows）粘贴跨文档链接的符号，面板左上角有蓝色的“链接”图标。单击左下角“资源面板”图标，打开“资源”面板，资源面板的“符号”中也有显示，按住 Shift 键同时选中两个符号后单击鼠标右键，在弹出的快捷菜单中选择“制作本地符号”选项命令，将其制作为本地符号，制作完成后蓝色“链接”图标消失。

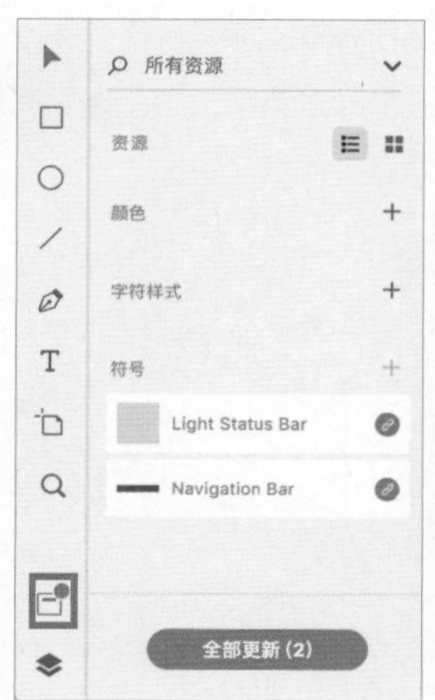

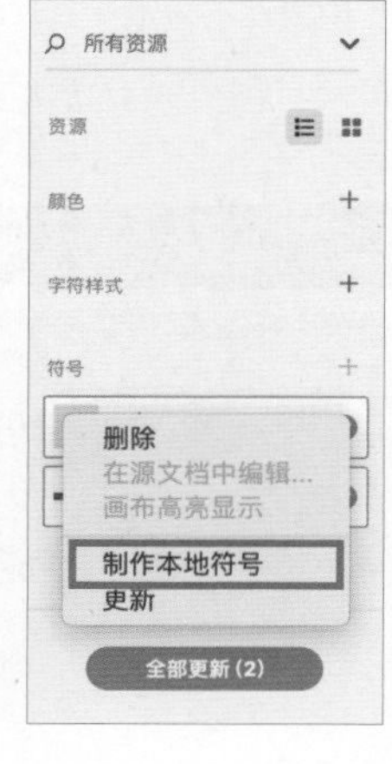

05 双击画板中的状态栏和导航栏，进入元素内部选中灰色的矩形，在属性检查器“外观”栏中修改填充颜色为红色（R:200，G:0，B:0）。按快捷键 Command+Shift+C（Mac OS）或 Ctrl+Shift+C（Windows）将颜色添加到资源面板中备用，双击导航栏中的标题“Title”文本，并消失修改为“万联数字艺术馆”，最后按 Esc 键退出编辑。

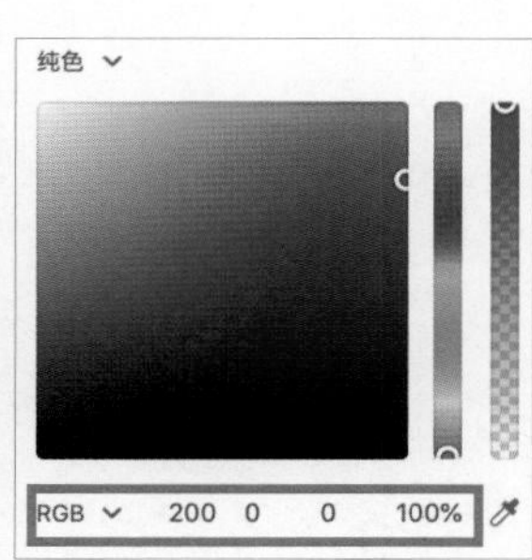

06 按快捷键 R 切换到“矩形”工具□，在画板上按住鼠标左键拖动绘制一个矩形用来制作轮播图。轮播图中有 3 张图片，并且左右两侧需要各留出 16px 的边距，画板的宽度为 375px。选择矩形后，可在属性检查器中的“W”中删除之前的数值后输入“375-16*2”，设置“W”为 343、“H”为 200，移动矩形到画板中水平居中、距离导航栏 16px 的位置。

07 选择第 06 步中创建的矩形，在属性检查器“外观”中设置“圆角”为 8，取消描边。为了方便观察，这里将矩形颜色修改为灰色（R:168，G:168，B:168）。

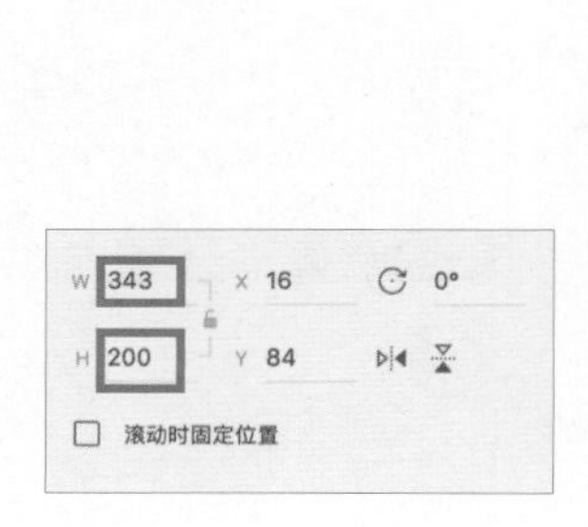

08 选择第 06 步中创建的矩形，在属性检查器中单击“重复网格”按钮，开启重复网格，在水平方向拖动控制按钮创建出 3 个矩形，并使用在重复网格中间的填充区域拖动修改“间距”为 8px。

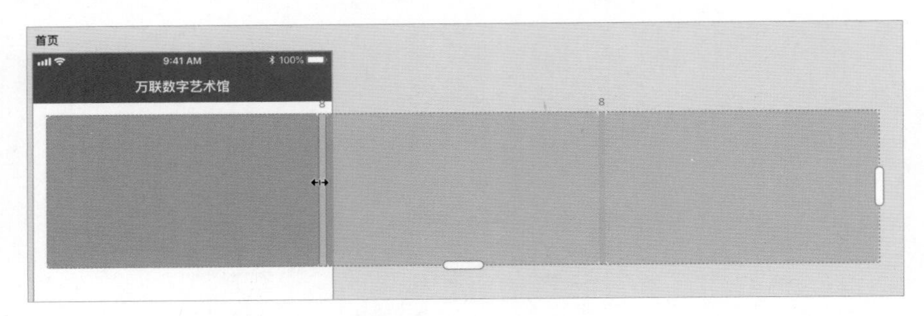

09 打开本书学习资源中的“CH08> 移动端 App 设计 > 素材 > 首页 > 轮播图”文件夹，全选文件夹中的 3 张图片，并拖入到第 08 步中创建的重复网格中自动填充。

10 按快捷键 E 切换到“椭圆”工具，在画板上按住 Shift 键和鼠标左键并拖动鼠标指针绘制一个圆形，在属性检查器中锁定宽高，修改“W”和 “H”均为 70。在属性检查器中取消描边，为了方便观察，将填充颜色改为灰色（R:168，G:168，B:168），移动椭圆的位置到上方与轮播图保留 16px 的距离。

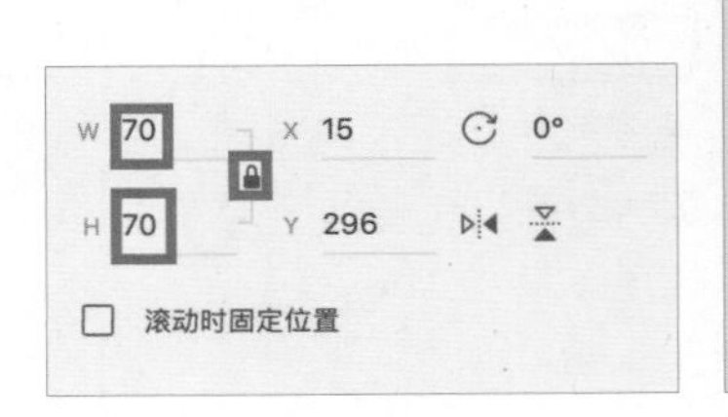

11 按快捷键 T 切换到“文本”工具T，在圆形下方单击创建点文本，输入“新闻中心”字样，按 Esc 键退出编辑。在属性检查器中的文本栏设置“字体”为“苹方－简”、“字号”为 13、“字重”为“Regular”、“对齐方式”为“居中对齐”，“字符间距”为“-6”、“行间距”为 18。在属性检查器中单击填充的颜色块，修改文本颜色为灰色（R:51，G:51，B:51）。

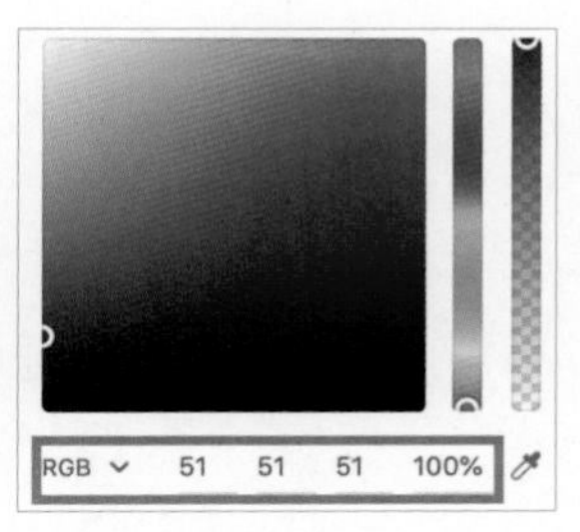

技巧提示

由于第 11 步中的文本最终要与第 10 步中创建的圆进行水平居中对齐，因此在将文本对齐方式设置为居中对齐后，需要将文本与矩形做水平居中对齐。如此一来，当文本内容进行了修改，无论点文本的宽度增加还是减少，都可以保证文本和矩形仍然是水平居中对齐。

12 拖动第 11 步中的文本到圆形下方距离圆形 8px、相对于圆形垂直居中的位置对齐。

13 同时选中圆形和“新闻中心”文本，在属性检查器中单击“重复网格”按钮，开启重复网格，在水平方向拖动控制按钮创建出 4 组文本，并在重复网格中间的填充区域拖动修改“间距”为 20px。在属性检查器中单击“水平居中对齐”按钮，使重复网格相对于画板水平居中对齐。

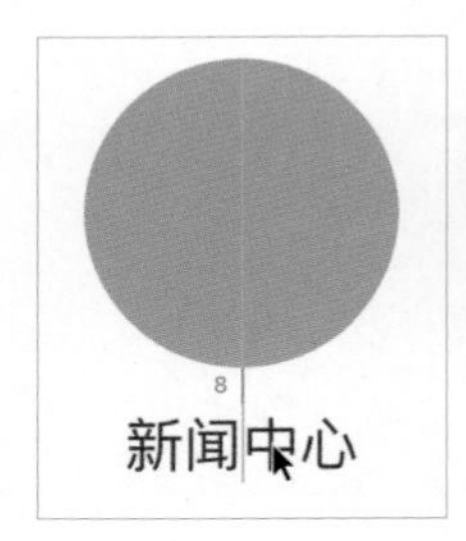

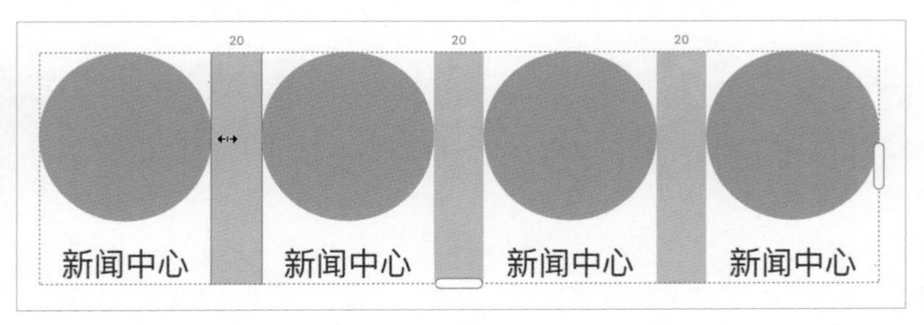

14 双击第 13 步中的重复网格，进入内部将 4 个文本分别修改为“新闻中心”“国画馆”“书法馆”及“地方馆”。打开本书学习资源中的“CH08> 移动端 App 设计 > 素材 > 首页 > 图标”文件夹，全选文件夹中的 4 张图片，拖入到重复网格中的圆形上自动填充。

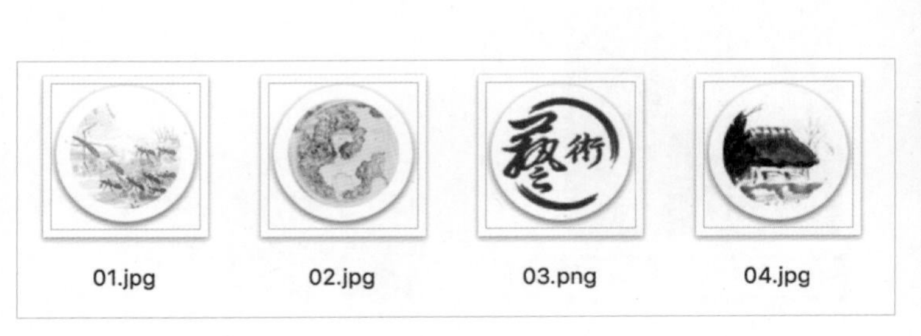

15 接下来完成文章列表，设计为左图右文的形式。按快捷键 R 切换到“矩形”工具□，在画板上按住鼠标左键拖动绘制一个矩形，在属性检查器中修改“W”为 160、“H”为 90，取消描边，设置“圆角”为 8。为了方便观察，将填充颜色改为灰色（R:168，G:168，B:168）。

16 选择第 15 步中创建的矩形，拖动到距离上方导航 16px、距离左侧边缘 16px 的位置。

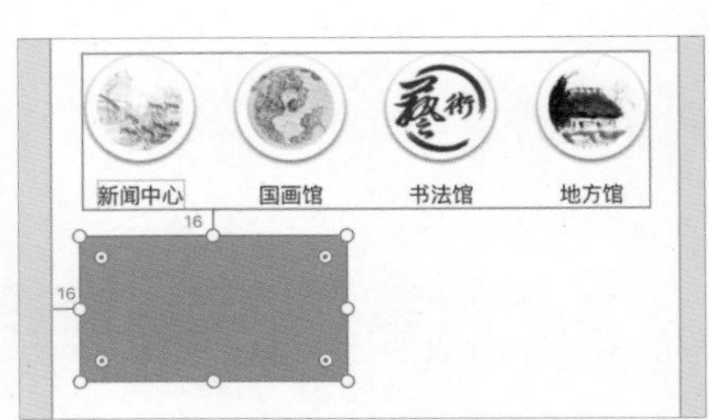

17 按快捷键 T 切换到“文本”工具T，在圆形下方按住鼠标左键拖动创建区域文本，输入标题“万联数字艺术馆利川基地对外开放”，然后按 Esc 键退出编辑。在属性检查器的文本栏设置“字体”为“苹方 - 简”、“字号”修改为“17”、“字重”为“Regular”、“对齐方式”为“左对齐”，“字符间距”为“-24”、“行间距”为“22”。在属性检查器中单击填充的颜色块▭，修改文本颜色为灰色（R:51，G:51，B:51）并移动到合适的位置。

18 按快捷键 T 切换到“文本”工具T，单击创建一个点文本，输入文章的分类名称“最新动态”，然后按 Esc 键退出编辑，并将文本移动到合适的位置。双击第 13 步中的导航重复网格进入元素内部选中“新闻中心”文本，使用快捷键 Command+C（Mac OS）或 Ctrl+C（Windows）复制元素，退出编辑。选中刚刚创建的“最新动态”文本按快捷键 Command+option+V（Mac OS）或 Ctrl+Alt+V（Windows）粘贴外观复用文本属性，然后修改“最新动态”文本的对齐方式为“左对齐”，完成“最新动态”文本在属性检查器中“文本”栏的属性如图。在属性检查器中单击填充的颜色块▭，修改文本颜色为灰色（R:153，G:153，B:153）。

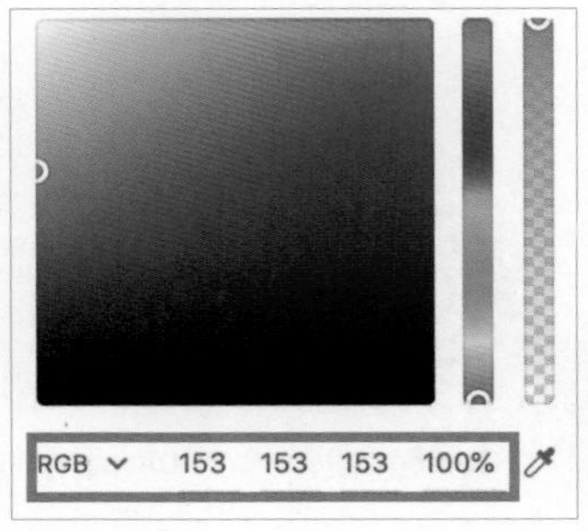

19 同时选中第 16 步中创建的矩形、第 17 步和第 18 步中创建的文本，在属性检查器中单击“重复网格”按钮 重复网格，开启重复网格，在垂直方向拖动“控制”按钮创建出 4 组信息，并在重复网格中间的填充区域拖动修改“间距”为 16px。

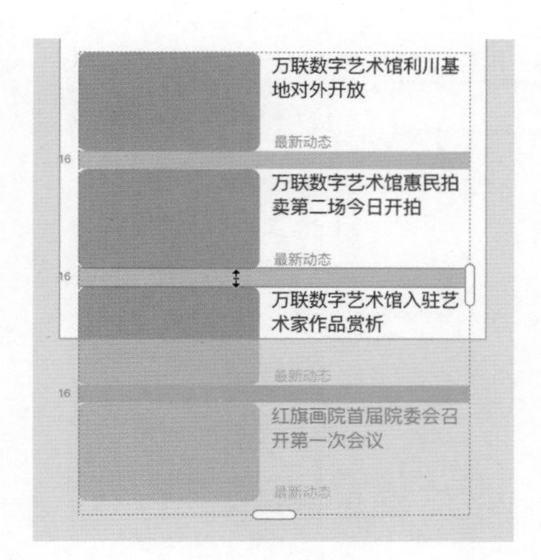

20 单击画板名称“首页”，选中画板，在属性检查器中设置画板高度即“H”为 830，设置“滚动”为“垂直”，“视口高度”为 667。

21 打开本书学习资源中的“CH08> 移动端 App 设计 > 素材 > 首页 > 文章列表”文件夹，选择文件夹中的 4 张图片拖入到文章列表重复网格中的矩形上自动填充，选择文件夹中的“标题 .TXT”文件拖动到文章列表重复网格中的标题自动填充，制作好的首页效果如下。

8.2.2 制作文章列表页

01 按快捷键 A 切换到“画板”工具，在属性检查器中单击“iPhone 6/7/8”添加一个画板，双击画板名称将其修改为“文章列表页”，并按回车键提交。

02 按快捷键 V 切换到“选择”工具▶，框选“首页”画板中的状态栏和导航栏，按快捷键 Command+C（Mac OS）或 Ctrl+C（Windows）复制，单击画板名称“文章列表页”，按快捷键 Command+V（Mac OS）或 Ctrl+V（Windows）粘贴，双击标题“万联数字艺术馆”修改为“新闻中心”，并按 Esc 键退出编辑。

03 打开本书学习资源中的“CH08> 移动端 App 设计 > 素材 >UI Kit”文件夹中的“UIElements+DesignTemplates+Guides-iPhone8.XD”iPhone8 的 iOS 设计规范文件，在“Child View 1 - Light”画板框选状态栏中的左侧控件，按快捷键 Command+C（Mac OS）或 Ctrl+C（Windows）复制。

04 回到“万联数字艺术馆”文件中，单击画板名称“文章列表页”选中画板，然后按快捷键 Command+V（Mac OS）或 Ctrl+V（Windows）粘贴第 03 步中复制的元素，双击粘贴的元素进入元素内容部选择“Parent View”文本，修改为“返回”然后按 Esc 键退出编辑，并在属性检查器中修改填充颜色为白色（R:255，G:255，B:255），选择箭头在属性检查器中修改填充颜色为白色（R:255，G:255，B:255）。

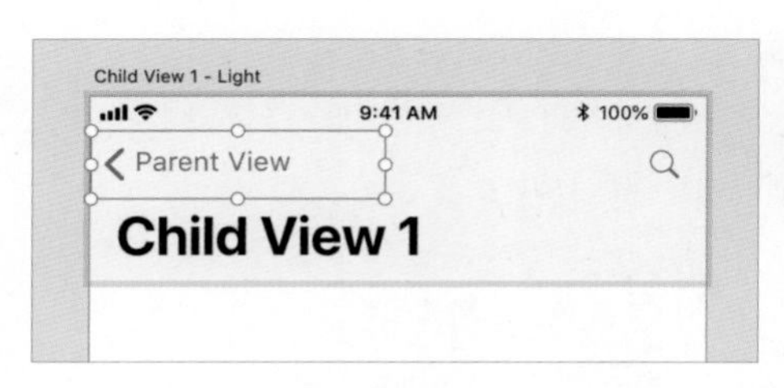

05 选择“首页”画板中的文章列表重复网格，按住 Option 键（Mac OS）或 Alt 键（Windows）复制并拖动到“文章列表页”画板中，单击属性检查器中的水平居中对齐按钮进行对齐，然后拖动到距离状态栏 16px 的位置，拖动重复网格下方的“控制”按钮至填充整个画板，制作好的文章列表页效果如下。

8.2.3 制作文章详情页

01 按快捷键 A 切换到“画板”工具，在属性检查器中单击“iPhone 6/7/8”添加一个画板，双击画板名称将其修改为“文章详情页”，并按回车键提交。

02 按快捷键 R 切换到“矩形”工具□，在“文章详情页”画板上按住鼠标左键拖动绘制一个矩形，在属性检查器中修改“W”为 375、“H”为 254 后，将其放到左上角位置，即“X”为 0、“Y”为 0 的位置，在属性检查器中取消描边。为了方便观察，这里将填充颜色改为灰色（R:168，G:168，B:168）。

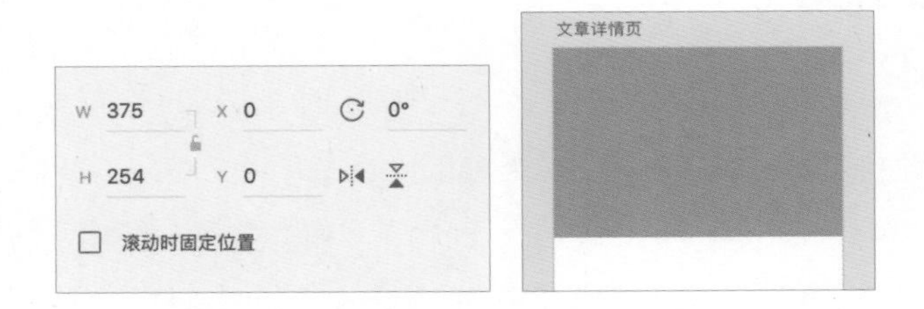

03 将第 02 步中创建的矩形用来放置文章题图。由于最上方还有状态栏和导航栏，为了避免遇到状态栏和导航栏因颜色冲突导致不明显，可以在矩形上方相同的位置再放置一个相同大小且从上往下的渐变颜色为灰色半透明到透明效果的矩形。选中第 02 步中的矩形后按住 Option 键（Mac OS）或 Alt 键（Windows）后向下拖动复制一个，给其添加一个如下图所示的线性渐变颜色。

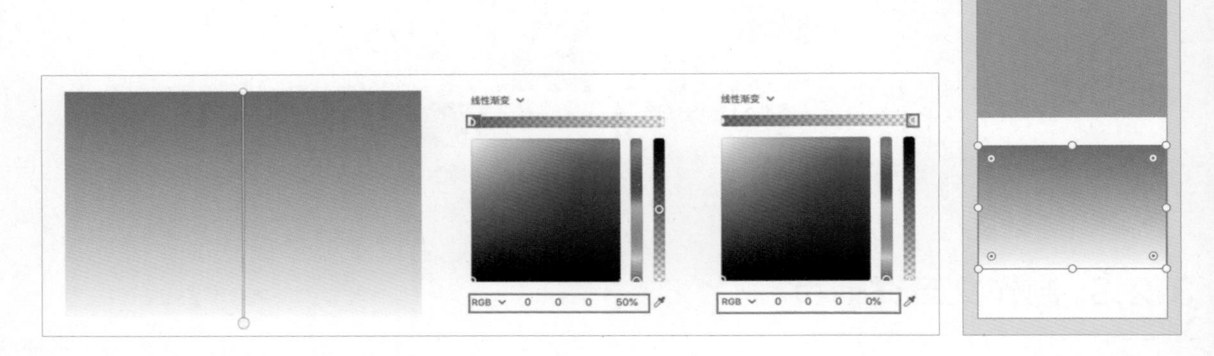

04 打开本书学习资源中的“CH08> 移动端 App 设计 > 素材 > 文章详情页”文件夹，将文件夹中的图片拖动到第 02 步中创建的矩形上自动填充。移动第 03 步中的半透明矩形到左上角的顶点的位置盖住图像。

05 选中“文章列表页”画板中的状态栏和返回控件，按快捷键 Command+C（Mac OS）或 Ctrl+C（Windows）进行复制。单击“文章详情页”画板名称，按快捷键 Command+V（Mac OS）或 Ctrl+V（Windows）进行粘贴。

06 按快捷键 T 切换到“文本”工具T，按住鼠标左键拖动创建一个区域文本，输入文章的标题“万联数字艺术馆湖北省利川基地即日起对外开放”，按 Esc 键退出编辑，在属性检查器中文本属性栏中修改“字体”为“苹方－简”、“字重”为“Semibold”、“对齐方式”为“左对齐”、“字号”为 20、“字间距”为 19、“行距”为 25，“W”为 343、“H”为 54，将修改好的文本移动到距离上方图像 16px 的位置，在属性检查器中的单击“水平居中对齐”按钮进行对齐。

07 在标题的下方可以放上分类名称和阅读量，该文字可以直接从“文章列表页”画板中复制。选中“文章列表页”中的重复网格，双击进入内容选择任意一个“最新动态”文本，按快捷键 Command+C（Mac OS）或 Ctrl+C（Windows）进行复制，在“文章详情页”画板中按快捷键 Command+V（Mac OS）或 Ctrl+V（Windows）粘贴并将其调整到距离画板左侧边缘 16px、距离上方标题 8px 的位置。

08 选中“文章详情页”画板中的“最新动态”文本，按住 Option 键（Mac OS）或 Alt 键（Windows）拖动复制一份，按住 Shift 键锁定在水平方向上拖动至距离右侧边缘 16px 的位置，此时与上方标题区域框对齐。

09 选中第 08 步中复制的文本，在属性检查器“文本”栏中修改“对齐方式”为“右对齐” ，双击该文本进行编辑，将“最新动态”修改为“阅读：998”。

10 打开本书学习资源中的“CH08> 移动端 App 设计 > 素材 > 文章详情页”文件夹，将文件夹中的“文章 .TXT”文件直接拖动到“文章详情页”画板上，自动创建区域文本。

11 选中第 10 步中创建的文本，在属性检查器中修改“字体”为“苹方 - 简”、“字重”为“Regular”、“对齐方式”为“左对齐”、“字号”为 17、“行距”为 22、“字间距”为 -24、“段落间距”为 16，修改该文本的“W”为 343、“H”为 300，移动到距离上方图像 16px 的位置，单击属性检查器中的“水平居中对齐”按钮进行对齐，制作好的详情页效果如下。

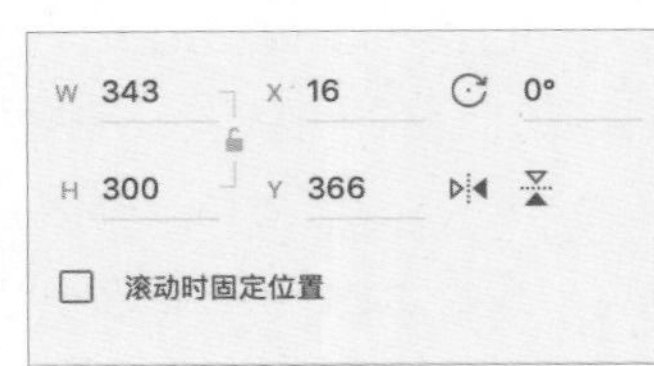

8.2.4 制作艺术家列表页

01 单击“文章列表页”画板名称选中画板，按快捷键 Command+D（Mac OS）或 Ctrl+D（Windows）快速复制一个画板，双击复制得到的画板名称并将其修改为“艺术家列表页”。

02 双击“艺术家列表页”画板中的标题“新闻中心”文本，将其修改为“书法馆”，选中重复网格拖动下方的“控制”按钮往上拖动至仅保留一组内容。

03 按快捷键 Command+Shift+G（Mac OS）或 Ctrl+Shift+G（Windows）取消重复网格编组，再次按快捷键 Command+Shift+G（Mac OS）或 Ctrl+Shift+G（Windows）取消编组，然后单独选中图片按 Delete 键删除。

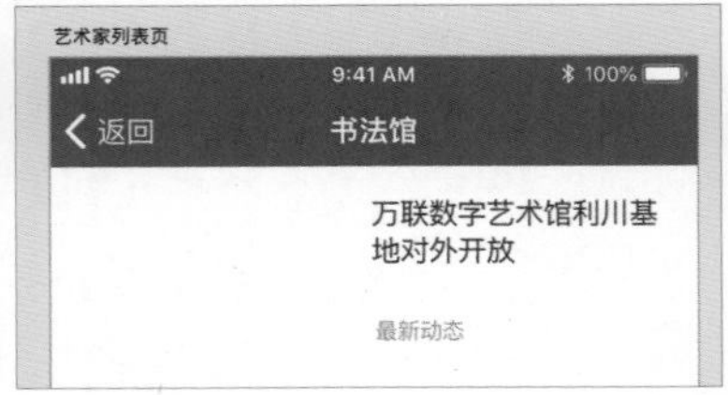

04 按捷键 E 切换到“椭圆”工具◯，按住 Shift 键和鼠标左键并拖动鼠标指针在画板上绘制一个圆形，在属性检查器中锁定宽高比，修改“W”和“H”均为 80。在属性检查器中取消描边。为了方便观察，将填充颜色改为灰色（R:168，G:168，B:168），移动到上方与导航栏距离 16px、左侧与画板边缘距离保留 16px 的位置。

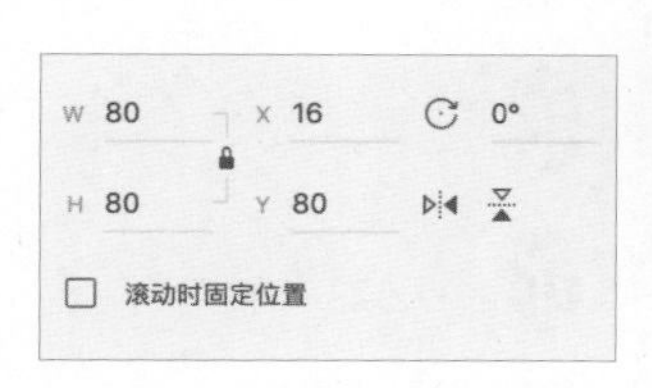

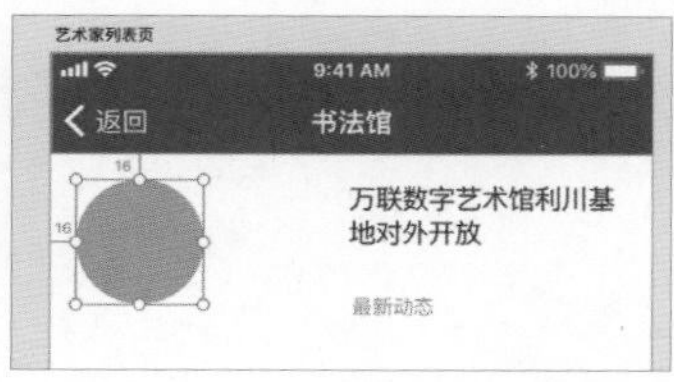

05 双击“万联数字艺术馆利川基地对外开放”文本将其修改为艺术家姓名，例如“王青”，按 Esc 键退出编辑。在属性检查器中文本栏中单击点“文本”按钮切换为点文本，将文本移动到上方与圆形对齐、左侧与圆形距离 16px 的位置。

06 双击“最新动态”文本将其修改为“中国书法艺术研究院艺术委员会员”，按 Esc 键退出编辑，将文本移动到上方与“王浚山”文本距离 8px、左侧与圆形距离 16px 的位置。同时选中两个文本，按快捷键 Command+G（Mac OS）或 Ctrl+G（Windows）进行编组，再同时选中圆形，单击属性检查器中的“垂直居中对齐”按钮进行对齐。

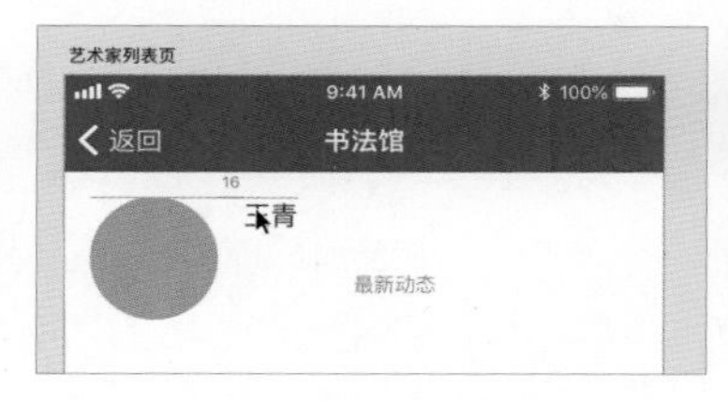

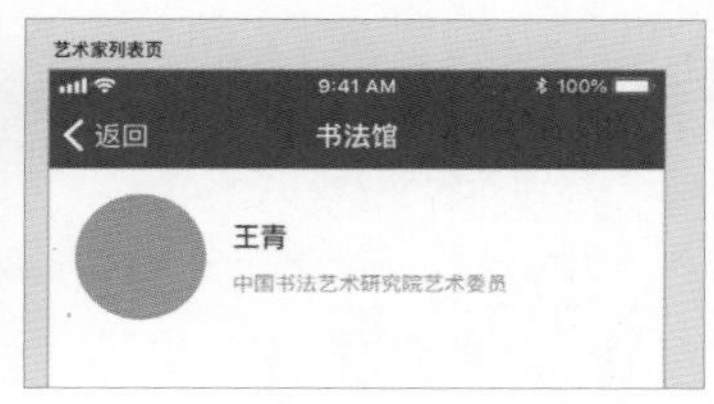

07 按快捷键 L 切换到“直线”工具╱，按住 Shift 键在水平方向绘制一条直线，在属性检查器中修改“W”为 375，单击“水平居中对齐”按钮，然后移动到上方距离圆形 16px 的位置，在属性检查器中修改边界（描边）颜色为灰色（R:246，G:246，B:246）、“大小”为 2。

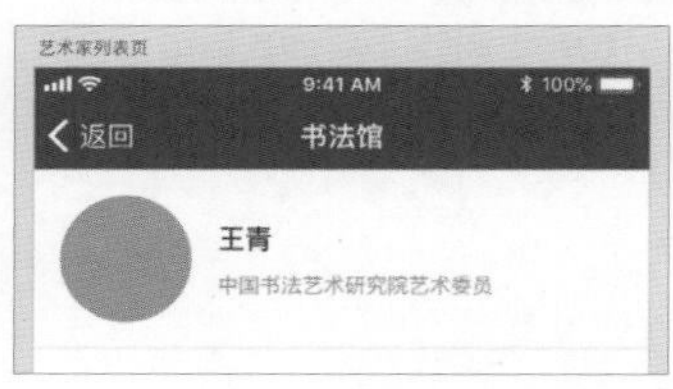

08 按快捷键 V 切换到“选择”工具▶，框选圆形、两个文本和直线，在属性检查器中单击“重复网格”按钮开启重复网格，在垂直方向向下拖动控制按钮创建出 6 组信息，并在重复网格中间的填充区域拖动修改“间距”为 16px。

09 打开本书学习资源中的“CH08> 移动端 App 设计 > 素材 > 艺术家列表页”文件夹，将文件夹中的头像拖动到重复网格中的圆形上，同时也可以找偏向于真实的头像、文本内容来进行填充，制作好的艺术家列表页效果如下。

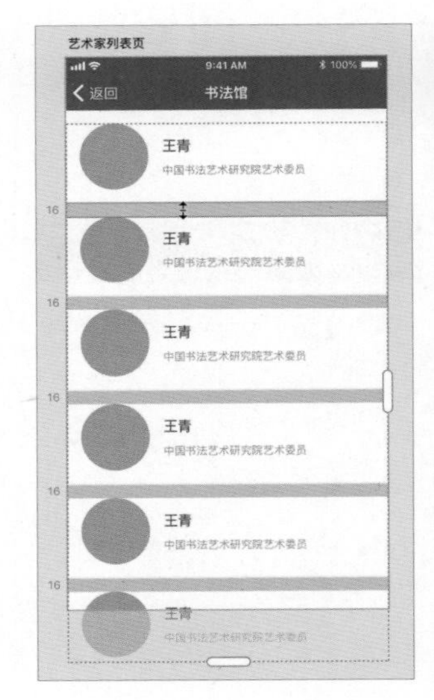

8.2.5 制作艺术家个人主页

01 单击“文章详情页”画板名称，按快捷键 Command+D（Mac OS）或 Ctrl+D（Windows）快速复制一个画板，双击复制出来的画板的画板名称将其修改为“艺术家个人主页”，按回车键提交。选中半透明矩形，在属性检查器中修改“H”为 210，按快捷键 Command+Shift+[（Mac OS）或 Ctrl+Shift+[（Windows）将图层移到最下方。

02 选中图片，在属性检查器中修改“H”为 210，打开本书学习资源中的“CH08> 移动端 App 设计 > 素材 > 艺术家个人主页”文件夹将“背景 .jpg”拖动到图像上自动填充，按快捷键 Command+Shift+[（Mac OS）或 Ctrl+Shift+[（Windows）将图层移到最下方。

03 按快捷键 E 切换到“椭圆”工具○，按住 Shift 键和鼠标左键并拖动鼠标指针在画板上绘制一个圆形，在属性检查器中锁定宽高比，并修改“W”和“H”为 150。在属性检查器中设置边界（描边）颜色为白色（R:255，G:255，B:255）、“描边大小”为 10。为了方便观察，将圆形的填充颜色改为灰色（R:168，G:168，B:168），并将其移动到图像上相对于画板水平居中对齐的合适的位置。

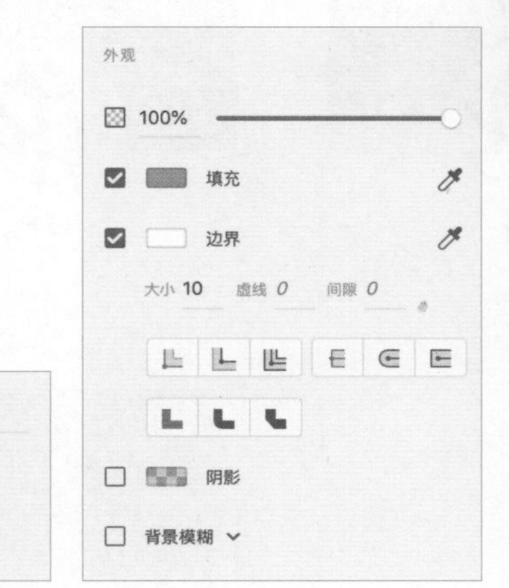

04 选择“最新动态”文本和“阅读：998”文本，按 Delete 键删除，双击“万联数字艺术馆湖北省利川基地即日起对外开放”文本将其修改为艺术家姓名“王青”，按 Esc 键退出编辑，然后在属性检查器中文本栏中单击点“文本”按钮，将文本切换为“点文本”，并将其移动到上方与圆形距离 16px、相对于画板水平居中的位置。

05 打开本书学习资源中的“CH08> 移动端 App 设计 > 素材 > 艺术家个人主页”文件夹，将“头像 .jpg”文件拖动到圆形上自动填充，将“艺术家介绍 .TXT”文件拖动到区域文本上并在属性检查器中修改区域文本的高度为 120px，调整区域文本至距离上方“王青”文本 16px、相对于画板水平居中的位置。

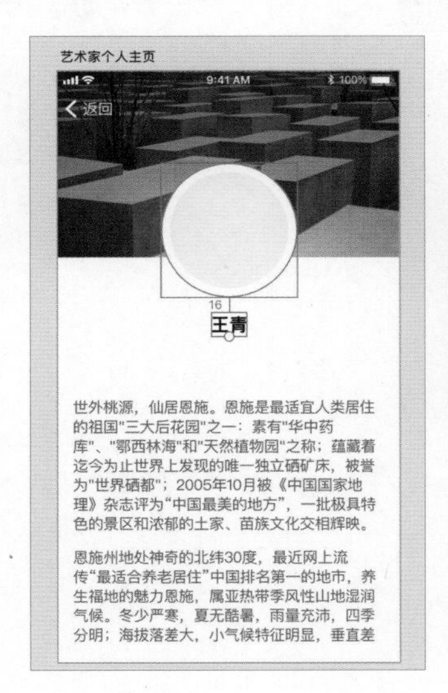

06 按快捷键 R 切换到“矩形”工具，在“艺术家个人主页”画板上按住鼠标左键拖动绘制一个矩形，在属性检查器中修改“W”为 109、“H”为 109，取消描边，设置“圆角”为 8。为了方便观察，将矩形的填充颜色改为灰色（R:168，G:168，B:168），移动到距离画板左侧边缘 16px、距离上方区域文本 16px 的位置。

07 选中第 06 步中创建的矩形，在属性检查器中单击“重复网格”按钮开启重复网格，在水平方向向右拖动“控制”按钮创建出 3 组矩形，在垂直方向向下拖动控制按钮创建 2 列矩形，并在重复网格中间的填充区域拖动修改“间距”为 8px。

08 打开本书学习资源中的“CH08> 移动端 App 设计 > 素材 > 艺术家个人主页 > 作品”文件夹，全选图片拖动到上一步制作的重复网格中，制作好的艺术家主页效果如下。

8.2.6 制作交互原型

01 “首页”画板的高度高于一个屏幕的高度，应开启滚动。首先在设计模式下单击“首页”画板名称选中画板，在属性检查器中设置“滚动”为“垂直”，“视口高度”为一个屏幕的高度即 667px。滚动时状态栏和导航栏应固定不动，框选“首页”画板中的状态栏和导航栏，在属性检查器中勾选“滚动时固定位置”选项，并按快捷键 Command+Shift+]（Mac OS）或 Ctrl+Shift+]（Windows）将图层移到最上方，保证滚动时不被覆盖。

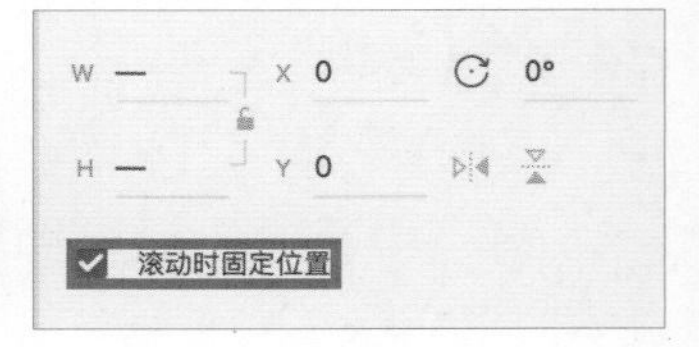

02 单击 XD 左上角的“原型”，切换到原型模式。在原型模式下单击“首页”画板名称选中画板，单击画板左上角左侧的“主页”图标将其设置为主页。

03 选中“首页”画板中的导航栏，拖动蓝色箭头▶到“艺术家列表页”上添加交互链接。在交互设置面板上设置“触发”为“点击”、“动作”为“过渡”、“动画”为“向左推出”、“缓动”为“渐出”、“持续时间”为“0.3 秒”。

04 导航栏中的“新闻中心”需要跳转到“文章列表页”画板，可以双击导航重复网格进入内部选中新闻中心的图片，拖动蓝色箭头▶到“文章列表页”画板上添加交互，此时可自动复用第 03 步中设置的交互选项，无需再设置。“新闻中心”文本也可以添加相同的交互。

05 分别选择“首页”画板和“文章列表页”画板中的文章列表重复网格拖动箭头▶到“文章详情页”画板上添加交互链接，复用第 04 步中设置的交互选项。选择“艺术家列表页”中的艺术家列表重复网格拖动箭头▶到“艺术家个人主页”画板上添加交互链接，复用第 04 步中设置的交互选项。

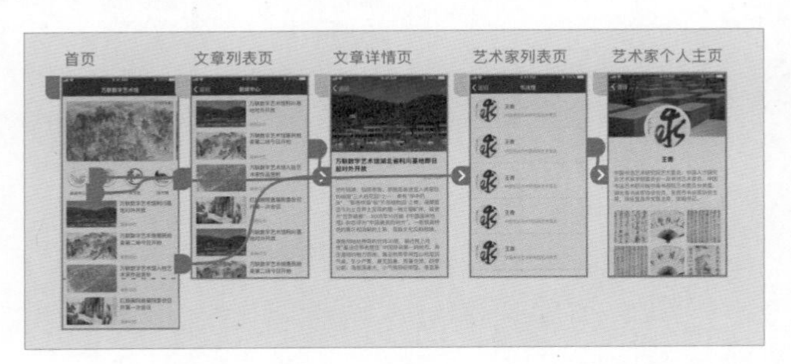

06 选中“文章列表页”中的返回控件，单击箭头▶，打开“交互设置”面板，设置“触发”为“点击”、“动作”为“上一个画板”。

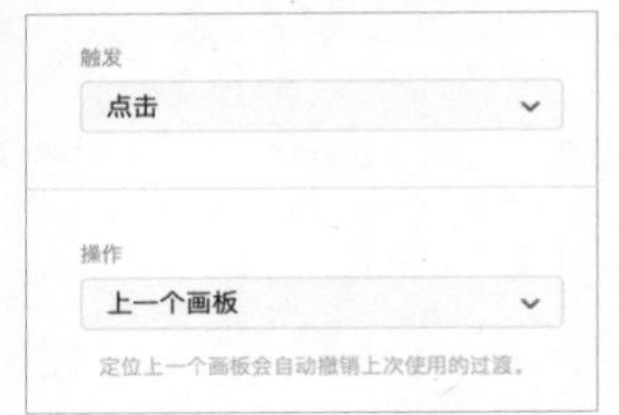

07 按快捷键 Command+C（Mac OS）或 Ctrl+C（Windows）复制“返回”控件，选中“文章详情页”画板中的返回控件，然后按快捷键 Command+option+V（Mac OS）或 Ctrl+Alt+V（Windows）粘贴交互。对“艺术家列表页”和“艺术家个人主页”画板中的返回控件同样执行粘贴交互的操作。

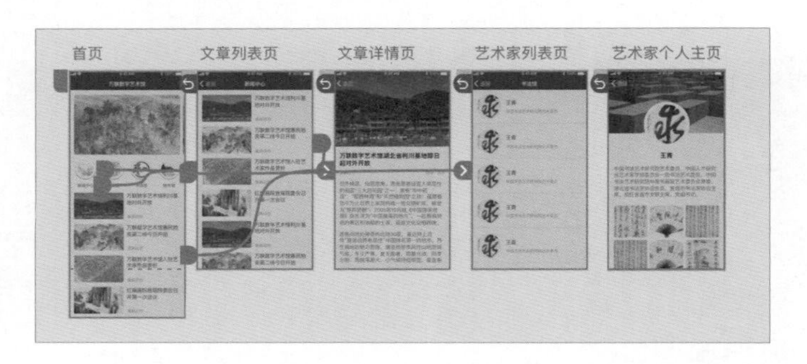

08 使用自动制作动画制作首页轮播图拖移效果，自动制作动画需要关键帧，轮播图中有 3 张图，共需要 3 个画板。先选中除“首页”画板外的 4 个画板，移动位置至“首页”画板下方。单独选中“首页”画板，按快捷键 Command+D（Mac OS）或 Ctrl+D（Windows）两次，复制两个画板。

09 选中“首页 - 1”画板中的轮播图，将其水平拖动到相对于画板居中对齐的位置。

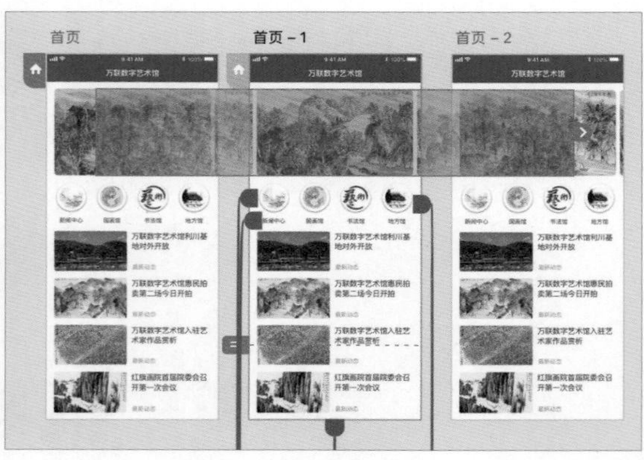

10 选中“首页 - 2”画板中的轮播图，水平拖动到距离画板右侧边缘 16px 的位置。

11 单击“首页”画板名称选中画板，拖动箭头到“首页 - 1”画板创建交互链接，在交互设置面板中设置“触发”为“拖移”、“动作”为“自动制作动画”、“缓动”为“渐出”。

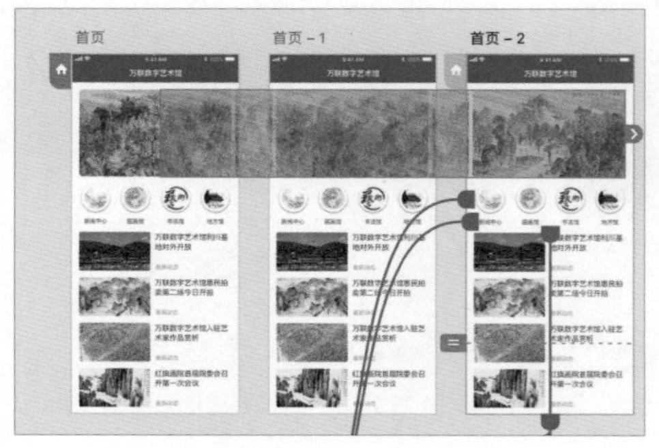

12 单击“首页 - 1”画板名称选中画板，拖动箭头▶到“首页 - 2”画板创建交互链接，复用第 11 步中设置的交互。单击“首页 - 2”画板名称选中画板，拖动箭头到“首页”画板创建交互链接，复用第 11 步中设置的交互，单击右上角桌面“预览”按钮▶可预览原型。

8.3 鲜艺App小程序设计项目实战

观看在线教学视频

小程序是一种不需要下载安装即可使用的应用，并且是用户扫一扫二维码或搜索名称即可打开的应用。目前微信、支付宝及百度等应用里面都有很多小程序。而本节将以微信小程序为例，完成一个在线教育小程序的界面设计。

本节中完成的在线教育微信小程序名为“鲜艺”。该小程序主要提供在线学习设计类视频教程的服务，本次实战要完成的是首页（推荐页）、分类页、课程列表页、课程详情页及我的学习页 5 个界面的设计。

本案例中需要用到的素材在本书学习资源中的“CH08> 在线教育小程序设计 > 素材”文件夹中，最终完成效果源文件为本书学习资源“CH08> 在线教育小程序设计”文件夹中的“最终文件 .XD”。

技巧提示

上一节中曾介绍到，在做适用于 iOS 的 App 界面设计时推荐使用一倍图即 375×667px 的尺寸大小。但在做微信小程序设计时推荐使用二倍图即 750×1334px 的大小进行设计，因为微信小程序中引入了一个新的单位 rpx。

rpx（responsive pixel）可以根据屏幕宽度进行自适应，它规定屏幕宽为 750rpx，即 rpx = px *（目标设备宽 px 值 / 750）。如在 iPhone6 上，屏幕宽度为 375px，共有 750 个物理像素，则 750rpx = 375px = 750 物理像素，1rpx = 0.5px = 1 物理像素。

使用 rpx 时，用二倍图 750×1334px 的大小进行微信小程序的设计基本可以做到一稿通用，适配各种屏幕这种事交给程序就好了。

小程序其他设计规范可以在微信官方的小程序设计指南网站查看，在该页面的最下方提供了小程序的基础控件库，设计师可以下载使用，目前仅有 SKETCH 和 PSD 两个版本。但是没有关系，XD 既能直接打开 PSD 文件又能打开 SKETCH 文件。本书学习资源中的“CH08> 在线教育小程序设计 > 素材 > 小程序控件”文件夹中可以找到已经下载好的文件。

8.3.1 制作首页

01 打开 XD，在启动页自定义画板中设置“W”为 750、“H”为 1334，创建一个二倍图的画板，双击画板名称修改画板名称为“首页”，按回车键退出编辑。

02 按快捷键 Command+S（Mac OS）或 Ctrl+S（Windows）保存文件，设置“文件名”为“鲜艺”、“保存位置”为“云文档”，单击“保存”按钮 保存 进行保存。

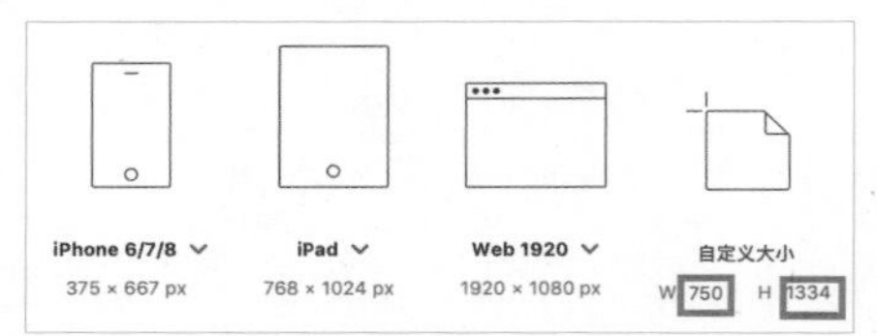

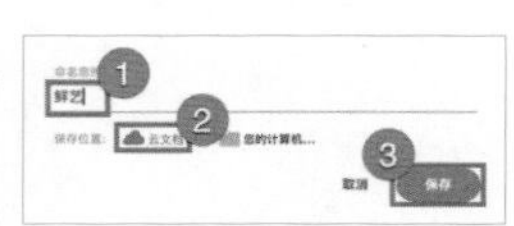

03 打开本书学习资源中的“CH08> 在线教育小程序设计 > 素材 > 小程序控件”文件夹中的“小程序控件 .XD”文件，选中第一组状态栏和导航栏，按快捷键 Command+C（Mac OS）或 Ctrl+C（Windows）复制，回到“鲜艺”文件中单击“首页”画板名称选中画板，按快捷键 Command+V（Mac OS）或 Ctrl+V（Windows）粘贴并将粘贴的画板移到左上角位置。

04 多次双击第 03 步中粘贴的状态栏和导航栏，选中黑色背景，在属性检查器中修改填充颜色为绿色（R:20，G:180，B:20），设置“不透明度”为 100%。选中“标题”文本并双击将其修改为“鲜艺”，最后按 Esc 键退出编辑。

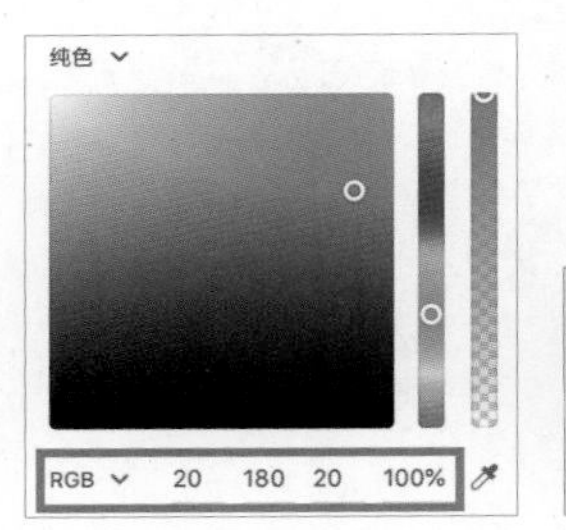

05 按快捷键 R 切换到“矩形”工具□，按住鼠标左键在画板上拖动绘制一个矩形，在属性检查器中修改“W”为 686、“H”为 260，取消描边，设置“圆角”为 8。为了方便观察，将填充颜色改为灰色（R:168，G:168，B:168），移动到距离画板左侧边缘 32px、距离上方导航栏 32px 的位置。

06 打开本书学习资源中的“CH08> 在线教育小程序设计 > 素材 > 首页”文件夹，将文件夹中的“大图 .PNG”图像拖动到第 05 步中创建的矩形中自动填充。

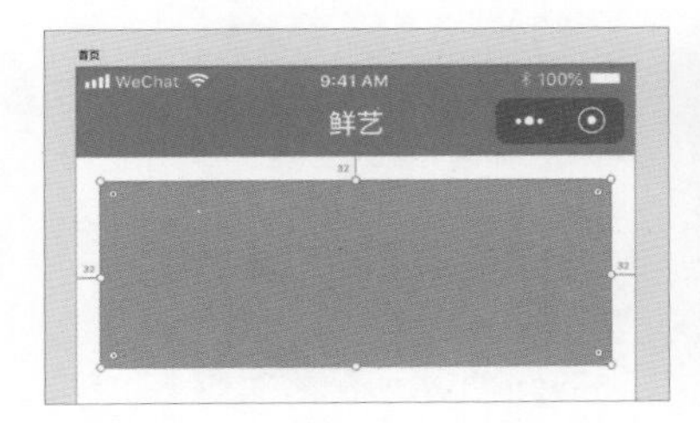

07 按快捷键 T 切换到“文本”工具T，单击创建一个点文本，输入“推荐课程”并按 Esc 键退出编辑，在属性检查器“文本”属性栏中修改“字体”为“苹方 - 简”、“字重”为“Semibold”、“对齐方式”为“左对齐”、“字号”为 36、“字间距”为 12、“行距”为 50。将其移到与上方图像左对齐、上方距离图像 48px 的位置。在属性检查器中修改填充颜色为灰色（R:51，G:51，B:51）。

08 选中第 06 步中的图像，按住 Option 键（Mac OS）或 Alt 键（Windows）拖动复制一个，然后按住 Shift 键锁定垂直方向向下移动到距离“推荐课程”32px 的位置。

09 选中“推荐课程”文本，按住 Option 键（Mac OS）或 Alt 键（Windows）拖动复制一个文本，在属性检查器的文本属性栏中修改“字体”为“苹方 - 简”、“字重”为“Medium”、“对齐方式”为“左对齐”、“字号”为 30、“字间距”为 0、“行距”为 42。将其移到与上方图像左对齐、上方距离图像 16px 的位置。双击修改文本内容为“ProtoPie 高保真交互原型设计入门”并作为标题，最后按 Esc 退出编辑。

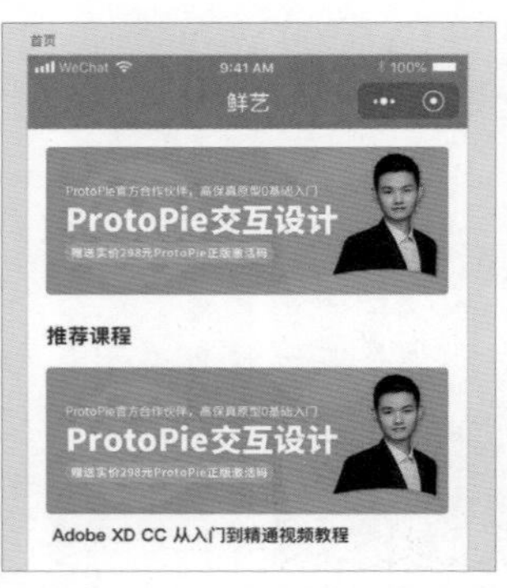

10 选中第 09 步中的文本，按住 Option 键拖（Mac OS）或 Alt（Windows）键拖动复制一个文本，在属性检查器“文本”属性栏中修改“字号”为 26、“字重”为“Regular”、“行距”为 36，其他属性保持不变。将其移到与第 09 步中的文本左对齐、上方距离第 09 步中的文本 8px 的位置，双击修改文本内容为“赠送实价 298 元的 ProtoPie 正版激活码”作为描述，按 Esc 退出编辑。在属性检查器中修改填充颜色为灰色（R:153，G:153，B:153）。

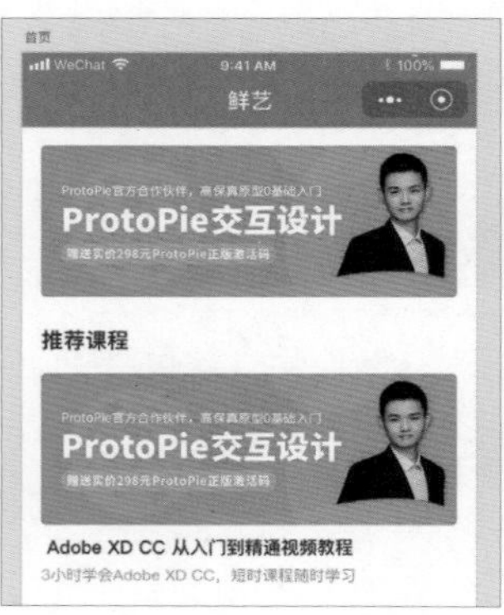

11 选中第 08 步、第 09 步和第 10 步创建的图像和两个文本，在属性检查器中单击“重复网格”按钮 重复网格 开启重复网格，在垂直方向拖动控制按钮创建 2 组文本，并使用鼠标在重复网格中间的填充区域拖动修改“间距”为 32px。

12 打开本书学习资源中的“CH08> 在线教育小程序设计 > 素材 > 首页 > 课程列表”文件夹，选择两张图片拖动到第 11 步中创建的重复网格的图像上，将“标题 .TXT”文件拖动到第 11 步中创建的重复网格的标题文本上，将“描述 .TXT”文件拖动到第 11 步中创建的重复网格的描述文本上。

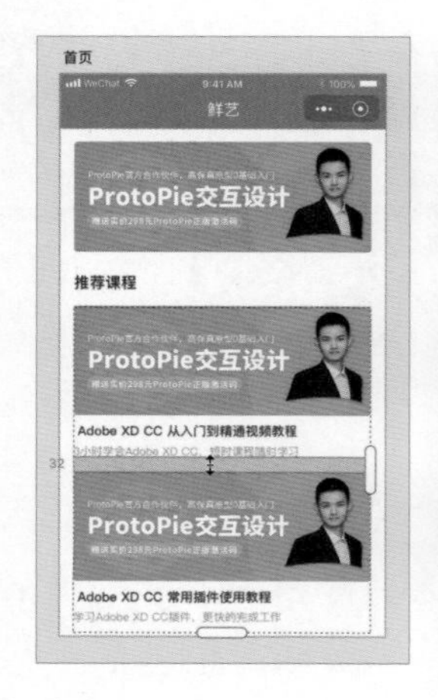

13 接下来制作底部标签栏。找到本书学习资源中的“CH08> 在线教育小程序设计 > 素材 > 小程序控件”文件夹中的“WeUI1.0.PSD”文件，并使用 XD 打开。

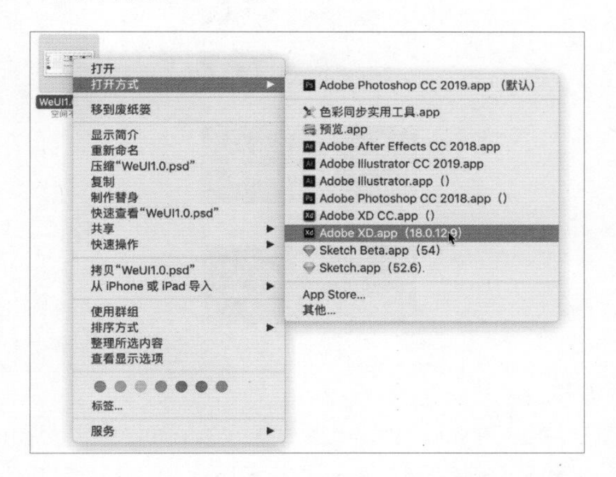

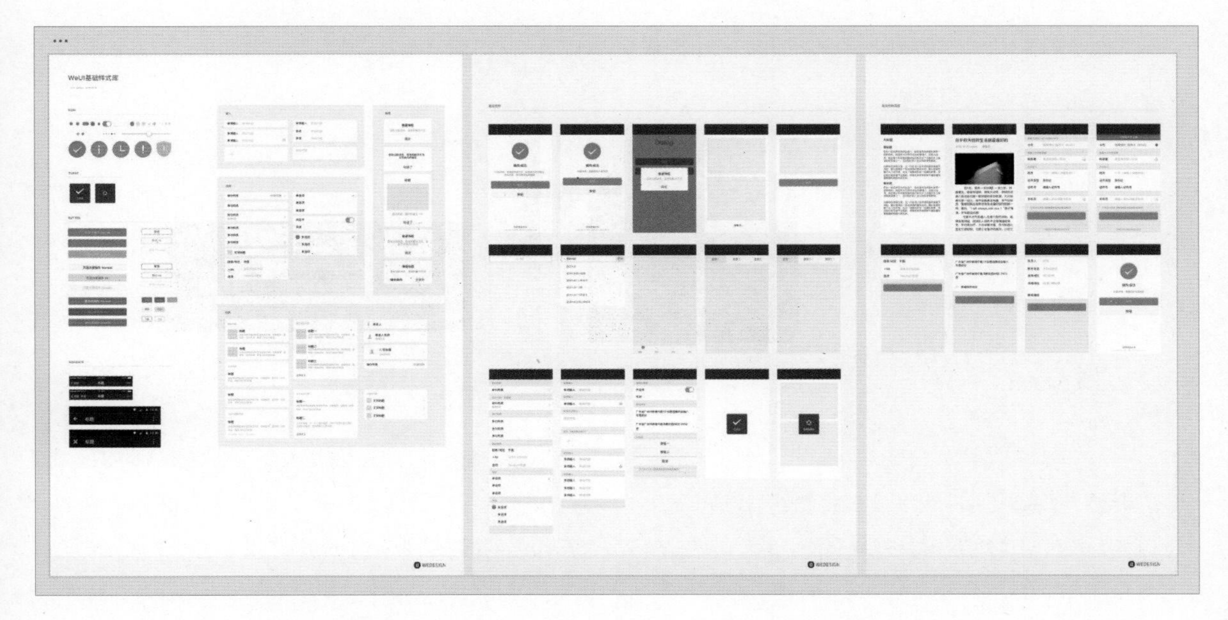

14 在第 13 步打开的文件中第二个画板上找到有底部标签栏的元素，多次双击进入元素内部选中一组标签，按快捷键 Command+C（Mac OS）或 Ctrl+C（Windows）复制。

15 回到 XD 打开的“鲜艺”文件中，在画布空白位置按快捷键 Command+V（Mac OS）或 Ctrl+V（Windows）粘贴。按快捷键 R 切换到“矩形”工具□，在画布空白位置上，按住鼠标左键拖动绘制一个矩形作为单个标签的背景，一共有 3 个标签，总宽度为 750px，在属性检查器中修改“W”中可输入“750/3”得到 250、“H”为 98，取消描边。

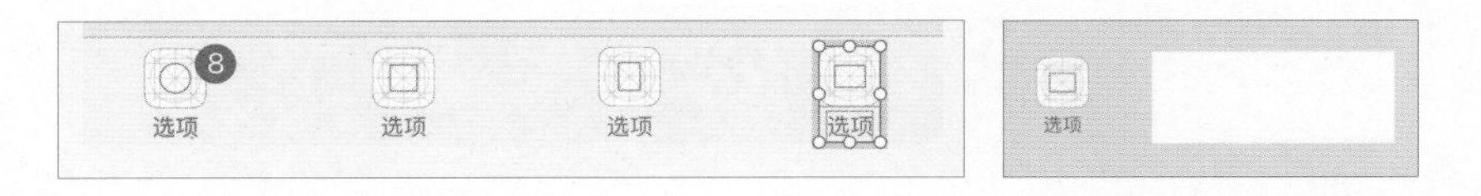

16 选中复制的标签，按快捷键 Command+Shift+]（Mac OS）或 Ctrl+Shift+]（Windows）调整图层顺序到最上方。同时选中标签和背景，单击属性检查器中的“垂直居中对齐”按钮和“水平居中对齐”按钮居中对齐，对齐后按快捷键 Command+G（Mac OS）或 Ctrl+G（Windows）进行编组，完成后将其移到“首页”画板的左下角。

17 为了避免底部标签背景与内容区域颜色相同，可以在上方加一条分割线，使用投影即可完成。双击第 16 步中的编组后选择其中的背景，在属性检查器中勾选“阴影”选项，设置“X”为 0、“Y”为 -1、“B”为 0、“颜色”为黑色（R:0，G:0，B:0）、“不透明度”为 20%。

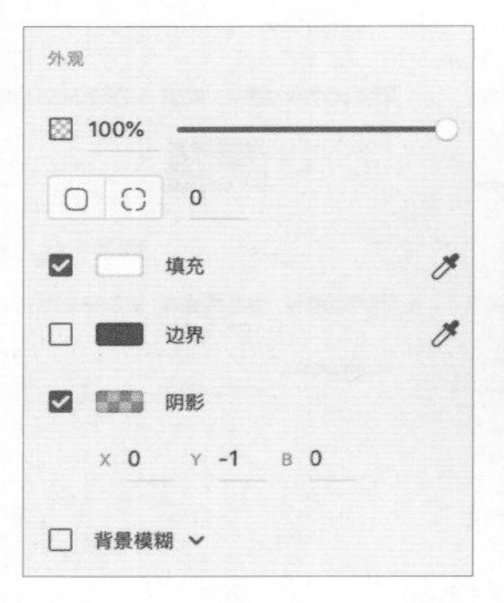

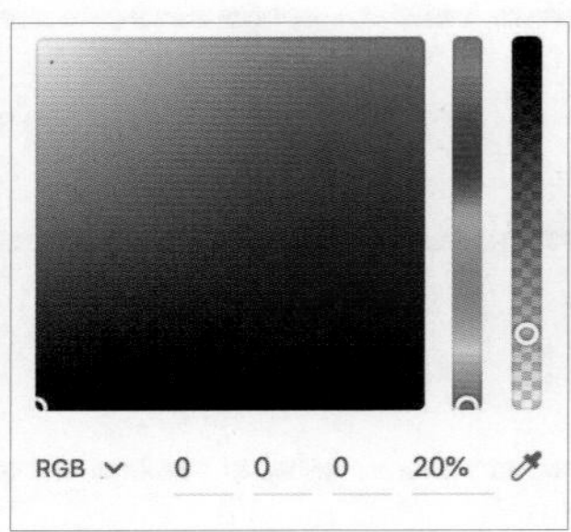

18 由于从“WeUI1.0.PSD”文件中复制过来的标签中的图标为组合路径，不支持拖入图标替换，这里双击进入内部后选中它，按 Delete 键删除，按快捷键 R 切换到“矩形”工具□，按住 Shift 键和鼠标左键拖动绘制一个正方形，在属性检查器中设置“W”为 54、“H”为 54，取消描边，将其放到原来 icon 的位置。为了方便观察，将填充颜色改为灰色（R:168，G:168，B:168）。

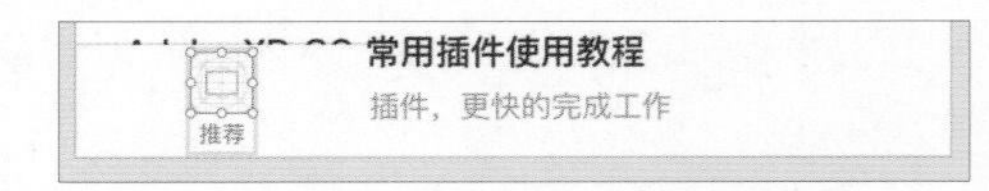

19 底部标签栏当前页面的图标和文字会突出显示，其他页面的导航则显示其他颜色，所以这里为了方便调整不再使用重复网格，直接复制两份并排摆放，并分别双击进入内容选择文本将文本分别修改为“推荐”“分类”及“我的”。

20 打开本书学习资源中的“CH08> 在线教育小程序设计 > 素材 > 首页 > 图标”文件夹，将图标分别拖到对应标签的矩形中自动填充，多次双击第一组标签进入内部分别选中图标和文本，修改填充颜色为绿色（R:20，G:180:，B:20）、“不透明度”为 100%，制作好的首页效果如下。

8.3.2 制作分类页

01 为了方便复用首页中的内容，可以将首页中的部分内容存储到资源面板中，如颜色。可以直接单击“首页”画板名称选中整个画板，按快捷键 Command+Shift+C（Mac OS）或 Ctrl+Shift+C（Windows）添加当前画板中所有使用过的颜色到“资源”面板中，添加后单击左下角的“资源面板”按钮，打开资源面板。

02 单击“首页”画板名称，选中画板，按快捷键Command+D(Mac OS)或Ctrl+D(Windows)快速复制一个画板，双击画板名称并将其修改为“分类页”，按回车键提交，删除画板中的“推荐课程”文本和推荐课程列表重复网格，保留大图。同时分别多次双击修改底部标签栏中的文本和图标，第一组的颜色设置为灰色（R:127，G:131，B:137），第二组为当前页突出显示，颜色修改为绿色，选中后可以直接单击资源面板中的绿色（#14B414）即（R:20，G:180，B:20）和灰色（#7F8389，即 R:127，G:131，B:137）来进行修改。

03 单击“分类页”画板名称，选中画板，在属性检查器的网格栏中勾选版面进行设置。单击“列”左侧的颜色块调用拾色器，不修改默认颜色，设置“不透明度”为 0%，画板被分为三栏，左右两侧各留 32px 的边距，两栏之间的间距为 1px。

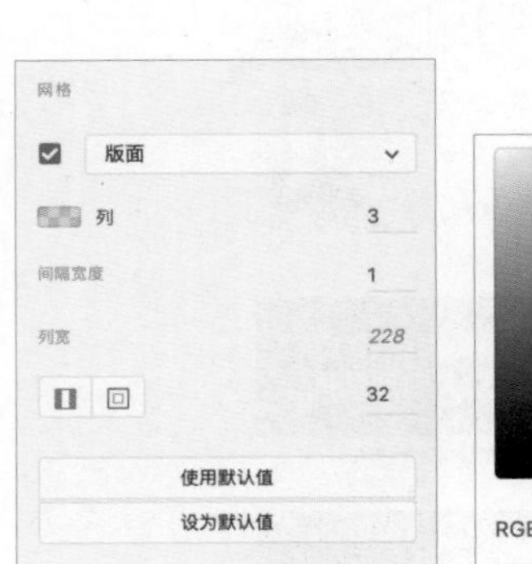

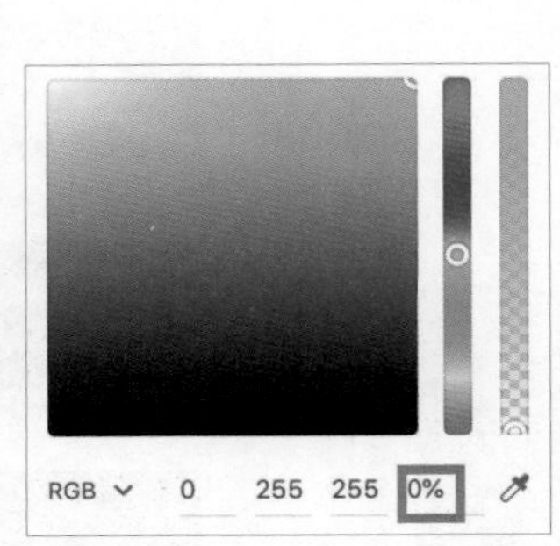

04 按快捷键 R 切换到“矩形”工具□，在版面第一栏之间按住鼠标左键拖动绘制一个矩形，在属性检查器中设置“W”为 228、“H”为 168，取消描边，将其移动到上方距离大图 48px 的位置。为了方便观察，将填充颜色改为灰色（R:168，G:168，B:168），该矩形用来辅助其他元素对齐。

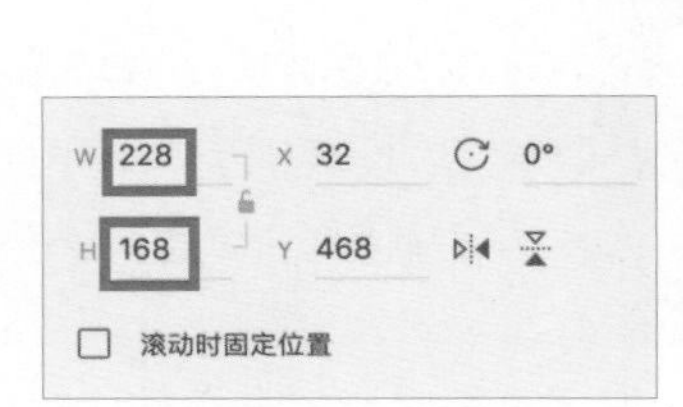

05 使用“矩形”工具□并按住 Shift 键在第 04 步绘制的矩形上方绘制一个正方形，在属性检查器中锁定宽高比，设置“W”和“H”均为 112、取消描边，将其移动至与第 04 步中的矩形上方对齐、水平居中对齐的位置。

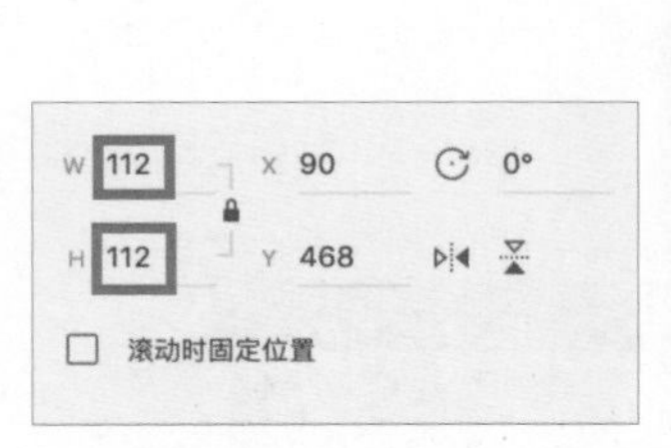

06 按快捷键 T 切换到“文本”工具T，单击创建一个点文本，输入“分类名称”，按 Esc 键退出编辑，在属性检查器的文本属性栏中修改“字体”为“苹方 - 简”、“字重”为“Regular”、“对齐方式”为“居中对齐”☰、“字号”为 28、“字间距”为 0、“行距”为 40，将其移到与第 05 步绘制的矩形水平居中对齐、上方距离 16px 的位置，单击“资源”面板中的灰色（#333333，即 R:51，G:51，B:51）设置颜色。

07 同时选中第 04 步、第 05 步和第 06 步中创建的矩形和文本，在属性检查器中单击“重复网格”按钮 重复网格，开启重复网格，在水平方向拖动控制按钮创建 3 组信息，在垂直方向拖动控制按钮创建 3 列信息，并在重复网格中间的填充区域拖动修改水平方向“间距”为 1px、垂直方向“间距”为 48px。

08 打开本书学习资源中的“CH08> 在线教育小程序设计 > 素材 > 分类页”文件夹，将文件夹中的所有图片拖动到第 07 步中重复网格中的矩形上，将文件夹中的“分类名称 .TXT”文件拖动到第 07 步重复网格中的文本上。

09 双击进入重复网格，选择任意一组的灰色背景矩形背景，按 Delete 删除，所有的灰色背景矩形被删除，制作好的分类页效果如下。

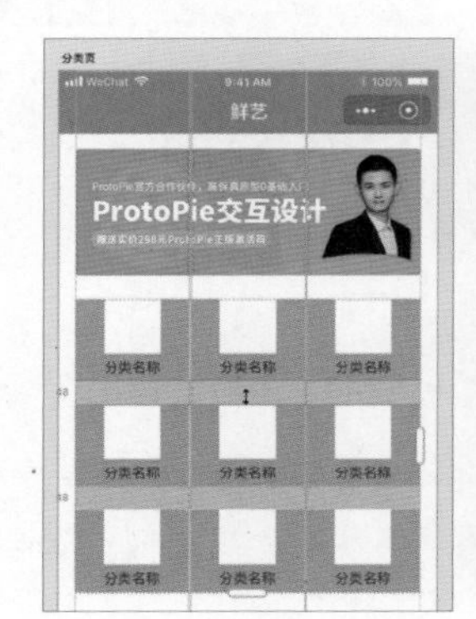

8.3.3 制作课程列表页

01 单击“分类页”画板名称选中画板，然后按快捷键 Command+D（Mac OS）或 Ctrl+D（Windows）快速复制一个画板，双击画板名称将其修改为“课程列表页”，按回车键提交。小程序列表页中不应该有底部标签栏，顶部导航栏左侧应该有返回控件。直接框选当前画板上的全部内容，按 Delete 键删除，打开本书学习资源中的“CH08> 在线教育小程序设计 > 素材 > 小程序控件”文件夹中的“小程序控件 .XD”文件，从中选择一组包含返回控件的状态栏和导航栏按快捷键 Command+C（Mac OS）或 Ctrl+C（Windows）复制。

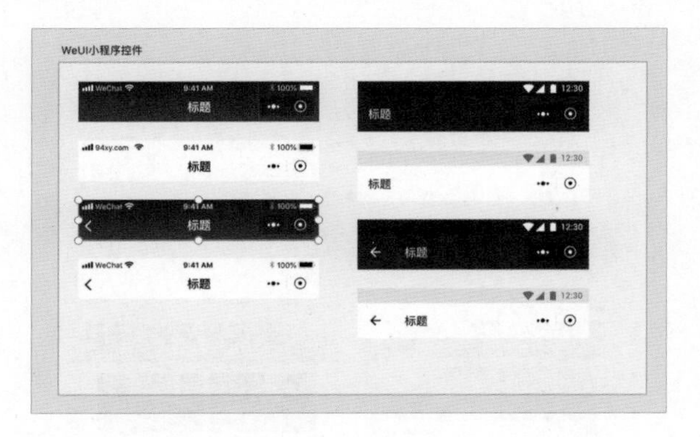

02 单击“课程列表页”画板名称选中画板，按快捷键 Command+V（Mac OS）或 Ctrl+V（Windows）粘贴第 01 步中复制的内容，双击进入其内部，选中矩形，单击“资源”面板中的绿色（#14B414），设置填充颜色为绿色（R:20，G:180，B:20），双击“标题”文本将其修改为课程类别名称如“XD”，按 Esc 退出编辑，然后将状态栏和导航栏移到画板左上角的位置。

03 课程列表页设计为两栏，单击“课程列表页”画板名称选中画板，在属性检查器网格栏中进行修改，画板被分为两栏，左右两侧各留 32px 的边距，两栏之间的“间距”为 16px。

04 按快捷键 R 切换到“矩形”工具，在版面第一栏之间按住鼠标左键拖动绘制一个矩形，在属性检查器中设置“W”为 335、“H”为 190、“圆角”为 4px，取消描边，放到上方距离导航栏 32px 的位置。为了方便观察，将填充颜色改为灰色（R:168，G:168，B:168），该矩形用来放置课程图片。

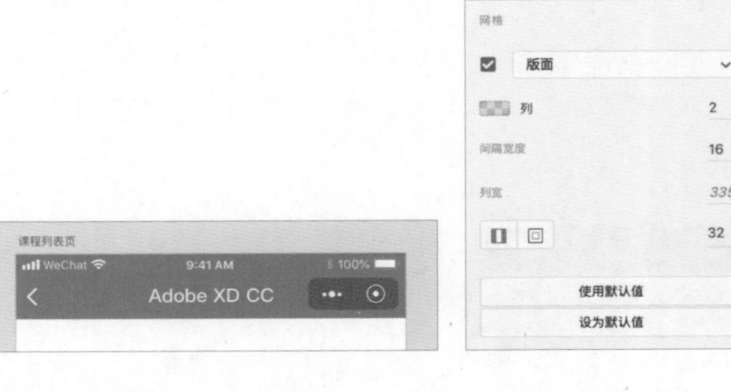

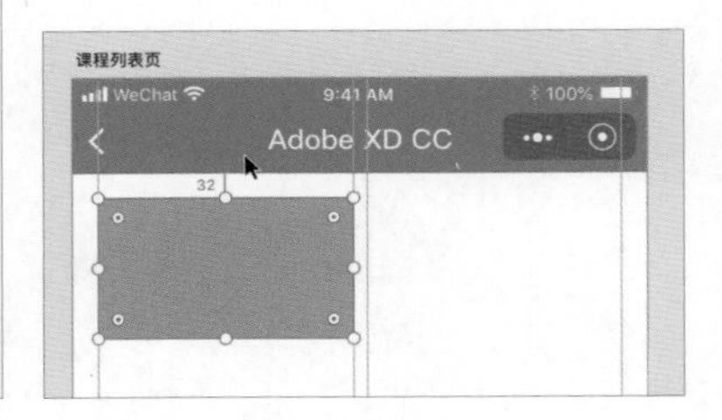

05 按快捷键 T 切换到“文本”工具，按住鼠标左键拖动创建一个区域文本，输入一个较长的标题，例如“这是一个比较长的标题最好能有两行”，按 Esc 键退出编辑。在属性检查器文本属性栏中修改“字体”为“苹方－简”、“字重”为“Medium”、“对齐方式”为“左对齐”、“字号”为 30、“字间距”为 0、“行距”为 42，修改该文本的“W”为 335、“H”为 84，移到与第 04 步中的矩形左对齐上方距离 16px 的位置。单击“资源”面板中的灰色（#333333），设置文本的填充颜色为灰色（R:51，G:51，B:51）。

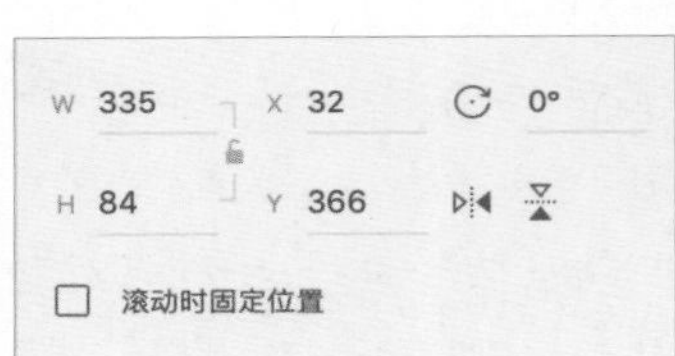

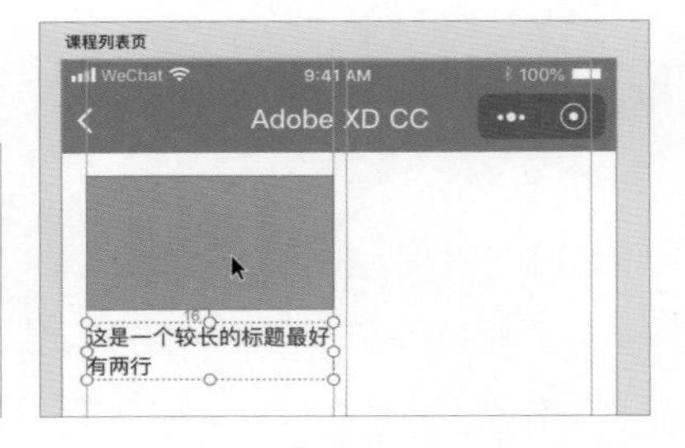

06 选中第 04 步中创建的矩形和第 05 步中创建的文本，在属性检查器中单击“重复网格”按钮开启重复网格，在水平方向拖动控制按钮创建 2 组，在垂直方向并拖动控制按钮创建 4 列，并在重复网格中间的填充区域拖动修改水平方向的“间距”为 16px、垂直方向的“间距”为 32px。

07 打开本书学习资源中的“CH08> 移动端 App 设计 > 素材 > 课程列表页”文件夹，选择文件夹中的 8 张图片拖入到课程列表重复网格中的矩形上自动填充，选择文件夹中的“课程标题 .TXT”文件拖动到课程列表重复网格中的标题自动填充，制作好的课程列表页效果如下。

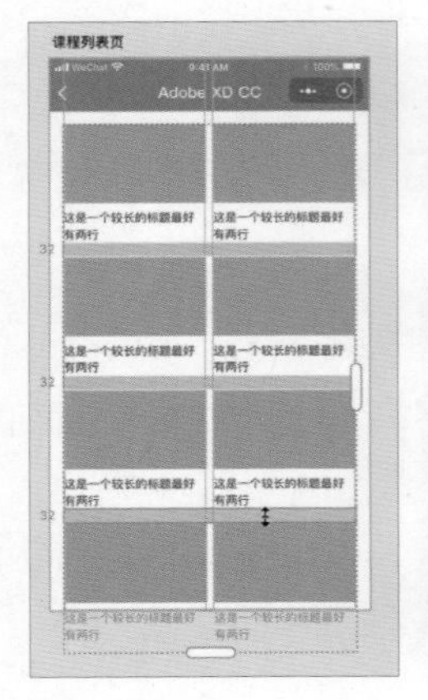

8.3.4 制作课程详情页

01 单击“课程列表页”画板名称选中画板，然后按快捷键 Command+D（Mac OS）或 Ctrl+D（Windows）快速复制一个画板，双击画板名称将其修改为“课程详情页”，按回车键提交。在属性检查器中取消勾选“版面”选项，删除画板中的课程列表重复网格，双击标题“XD”将其修改为“课程详情”，最后按 Esc 键退出编辑。

02 按快捷键 R 切换到“矩形”工具□，按住鼠标左键并拖动绘制一个矩形，在属性检查器中设置“W”为 750、“H”为 420，取消描边，左边紧靠画板边缘，上方紧靠导航栏。为了方便观察，将填充颜色改为灰色（R:168，G:168，B:168），该矩形用来放置课程图片。

03 打开本书学习资源中的“CH08>移动端 App 设计>素材>课程详情页”文件夹，选择文件夹中“课程图片.PNG”图片拖入到第 02 步的矩形上自动填充。

04 按快捷键 T 切换到“文本”工具T，按住鼠标左键拖动创建一个区域文本，输入标题“ XD 从入门到精通视频教程”，并按 Esc 键退出编辑。在属性检查器文本属性栏中修改“字体”为“苹方 - 简”、“字重”为“Medium”、“对齐方式”为“左对齐”、“字号”为 42、“字间距”为 0、“行距”为 60，修改该文本的“W”为 686、“H”为 120，将文本移到距离左侧画板边缘 32px、距离上方课程图片 32px 的位置，单击“资源”面板中的灰色（#333333），设置文本的填充颜色为灰色（R:51，G:51，B:51）。

05 复制“课程列表页”画板中的重复网格到“课程详情页”中，移动到相对于画板水平居中、上方距离第 04 步中的文本 32px 的位置，制作好的课程详情页效果如下。

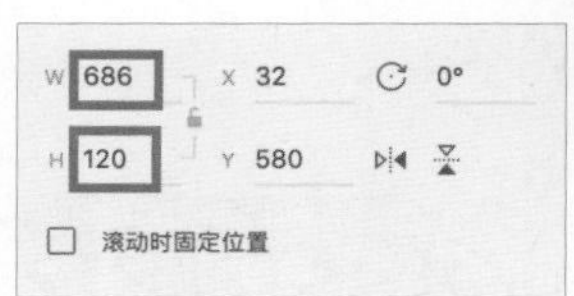

8.3.5 制作我的学习页

01 我的学习页主要展示用户最近的学习记录。单击“首页”画板名称选中画板，然后按快捷键 Command+D（Mac OS）或 Ctrl+D（Windows）快速复制一个画板，接着双击画板名称并将其修改为“我的学习页”，同时按回车键提交，删除画板中的“推荐课程”文本、推荐课程列表重复网格和大图。同时分别多次双击修改底部标签栏中的文本和图标，第一组的颜色为灰色设置（R:127，G:131，B:137），第三组为当前页突出显示，颜色修改为绿色（R:20，G:180，B:20），可以选中后直接单击“资源”面板中的颜色将填充颜色修改为绿色（R:20，G:180，B:20）和灰色（R:127，G:131，B:137），修改导航栏中的标题文本为“我的学习”。

02 复制“课程详情页”中的重复网格到“我的学习页”画板中，调整重复网格仅保留一组，按快捷键Command+Shift+G（Mac OS）或Ctrl+Shift+G（Windows）两次取消网格编组和编组。选择课程标题文本，将其移动到上方与图形对齐、左侧距图形32px的位置，在属性检查器中修改文本的“W”为319。

03 按快捷键R切换到“矩形”工具，按住鼠标左键拖动绘制一个矩形，在属性检查器中修改”W”为319、”H”为8，取消描边，移动到与课程图片底对齐、左侧距离课程图片32px的位置，设置填充颜色为灰色（R:239，G:239，B:239），该矩形作为学习进度条的总长度。

04 选中第03步中的矩形，按快捷键Command+D（Mac OS）或Ctrl+D（Windows）快速复制一份，单击“资源”面板中的绿色（#14B414），修改填充颜色为绿色（R:20，G:180，B:20），修改复制出来的矩形的宽度小于319，将其作为已学习的进度。

05 按快捷键T切换到“文本”工具T，按住鼠标左键拖动创建一个区域文本，输入标题“学习进度”，按Esc键退出编辑。在属性检查器文本属性栏中修改“字体”为“苹方－简”、“字重”为“Regular”、“对齐方式”为“左对齐”、“字号”为26、“字间距”为0、“行距”为36，将其移到左侧距离课程图片32px、下方距离进度条16px的位置。单击“资源”面板中的绿色（#14B414），设置文本的填充颜色为绿色（R:20，G:180，B:20）。

06 框选课程图片、课程标题、“学习”进度文本、进度条，在属性检查器中单击“重复网格”按钮开启重复网格，在垂直方向拖动控制按钮创建4列，垂直方向填充区域间距修改为32px，按快捷键

Command+Shift+[（Mac OS）或 Ctrl+Shift+[（Windows）调整图层顺序到最下方。

07 打开本书学习资源中的“CH08> 移动端 App 设计 > 素材 > 我的学习页”文件夹，选择文件夹中的 8 张图片并拖入到重复网格中的矩形上自动填充，选择文件夹中的“课程标题 .TXT”文件拖动到表重复网格中的标题自动填充，制作好的我的学习页效果如下。

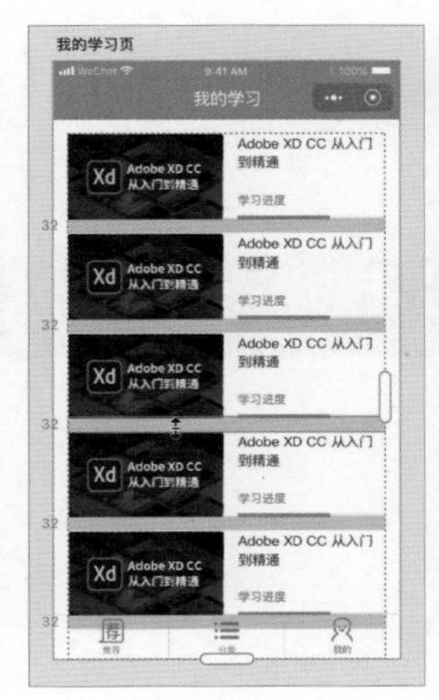

8.3.6 批量替换颜色

在小程序实战的第一个页面会发现使用的绿色（R:20，G:180，B:20）与项目内容的颜色搭配不协调。如果要将页面中所有的绿色全部替换为紫色（R:46，G:0，B:30），需要一个一个去对象选择替换吗？当然不需要。

在 XD 中，用户可以通过资源面板批量替换颜色，在资源面板中找到需要替换的颜色，单击鼠标右键在弹出的右键菜单中选择“编辑”选项，直接修改颜色，修改后文件中所有的绿色（R:20，G:180，B:20）都会修改为紫色（R:46，G:0，B:30）。当然，也可以使用这个功能做两版或三版配色给领导或客户看，过稿率应该会更高。

“资源”面板中的字符样式也可以使用同样的方式批量替换。

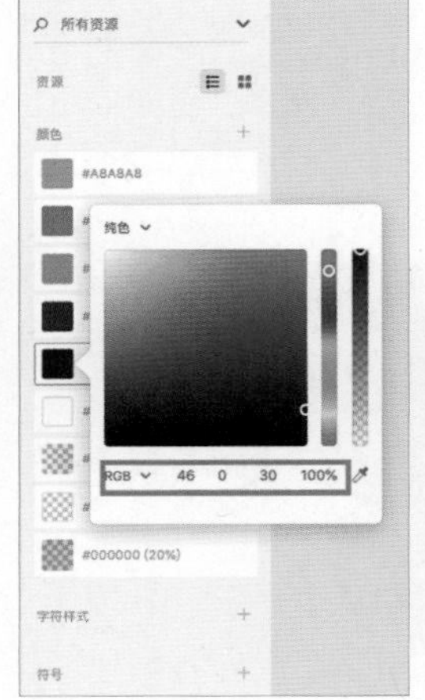

8.3.7 制作交互原型

01 除“分类页”画板外，其他画板的高度都应该高于一个屏幕的高度，应开启滚动。以“首页”画板为例，首先在设计模式下单击“首页”画板名称选中画板，拖动画板下边缘调整画板的高度，选择画板中的重复网格，拖动下方的控制按钮复制出几组，在属性检查器中设置“滚动”为“垂直”、“视口高度”为 1334（即一个屏幕的高度）。

02 滚动时状态栏和导航栏、标签栏应固定不动，框选“首页”画板中的状态栏和导航栏，在属性检查器中勾选“滚动时固定位置”选项，并按快捷键 Command+Shift+]（Mac OS）或 Ctrl+Shift+]（Windows）将图层移到到最上方，保证滚动时它们不被覆盖。选择底部标签栏执行同样的滚动时固定位置的操作。

03 使用第 01 步和第 02 步中相同的操作，给“课程列表页”“课程详情页”及“我的学习页”设置滚动时状态栏、导航栏和标签栏固定不动。

04 单击 XD 左上角的“原型”切换到原型模式。在原型模式下单击“首页”画板名称选中画板，单击画板左上角左侧的“主页”图标，将画板设置为主页。

05 选中首页中的大图，拖动蓝色箭头到“课程详情页”上添加交互链接。在交互设置面板中设置“触发”为“点击”、“动作”为“过渡”、“动画”为“向左推出”、“缓动”为“渐出”、“持续时间”为“0.3 秒”。

06 分别选中“首页”画板中的课程列表重复网格、“分类页”画板中的大图、“课程列表页”中的课程列表重复网格、“我的学习”画板中的重复网格，拖动箭头到“课程详情页”画板，只需创建交互链接，系统会自动复用第 05 步中设置的交互。

07 选中“分类页”画板中的重复网格，拖动箭头到“课程列表页”创建交互链接，系统会自动复用第 06 步中设置的交互。

08 分别选中“首页”画板、“分类页”画板及“我的学习”页画板中的底部标签栏中的标签，添加交互链接跳转至对应的画板。

09 在“课程列表页”画板和“课程详情页”画板导航栏的“返回”控件中，单击箭头，在交互设置面板中设置“触发”为“点击”、“操作”为“上一个画板”，添加返回上一个画板的交互，制作好的交互原型如下。

8.4 XD中文网网页项目设计实战

观看在线教学视频

本节将完成 XD 中文网的首页的设计，该网站于 2015 年上线，主要分享关于 XD 的资讯、资源和教程，属于一个非官方的 XD 交流社区。

本案例中需要用到的素材在本书学习资源中的“CH08>XD 中文网首页设计 > 素材”文件夹中，最终完成效果源文件为本书学习资源“CH08>XD 中文网首页设计”文件夹中的“最终文件 .XD”。

8.4.1 创建文件并设置网格

01 在 XD 启动页选择“Web 1280”创建一个 1280 × 800 px 的画板，双击左上角的画板将其名称修改为“首页”，按快捷键 Command+S（Mac OS）或 Ctrl+S（Windows）保存文件，设置文件名称为“XD 中文网首页”、“保存位置”为“云文档”，并单击“保存”按钮保存保存。

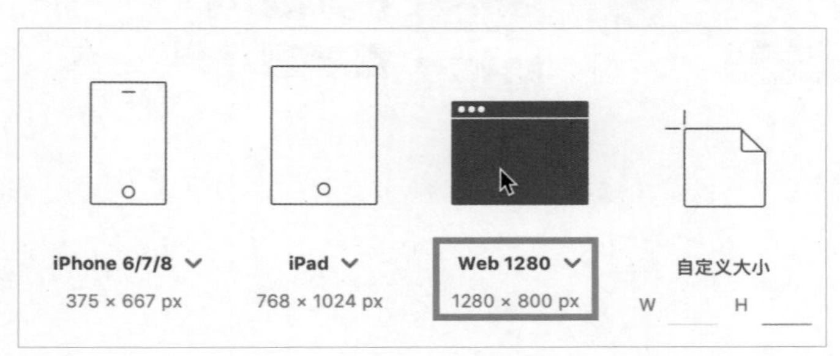

02 单击画板名称“首页”选中画板，在属性检查器“网格”栏中勾选“版面”选项，网页内容区域采用常见的宽度 1200px 进行设计，设置两侧相同的“边距”为 40、“列设置”为 16、“列宽”为 60，“间隔宽度”为 16。

03 单击属性检查器中“列”左侧的颜色块，设置颜色的“不透明度”为 0%。

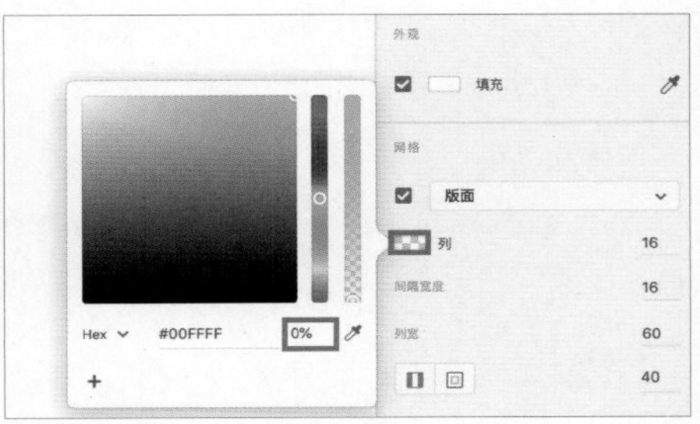

8.4.2 制作网页导航和首屏

01 网页中导航栏的宽度通常为浏览器视窗宽度的 100%，即浏览器视窗有多宽，导航栏就有多宽。这里设置导航栏的高度为 70px。按快捷键 R 切换到“矩形”工具□，按住鼠标左键拖动绘制一个矩形，在属性检查器中设置“W”为 1280、“H”为 70，取消描边，将其移动到画板左上角对齐。为了方便观察，设置填充颜色为灰色（R:168，G:168，B:168）。

02 使用文本代替 XD 中文网的 LOGO，按快捷键 T 切换到“文本”工具T，单击创建一个点文本，输入“XD 中文网”，按 Esc 键退出编辑，在属性检查器中文本属性栏中修改“字体”为“思源黑体”、“字重”为“Bold”、“对齐方式”为“左对齐”≡、“字号”为 32、“字间距”为 0、“行距”为 46，将其移动到左侧与最左侧参考线对齐、与第 01 步中的矩形垂直方向对齐的位置，设置“颜色”为粉色（R:250，G:50，B:190）。

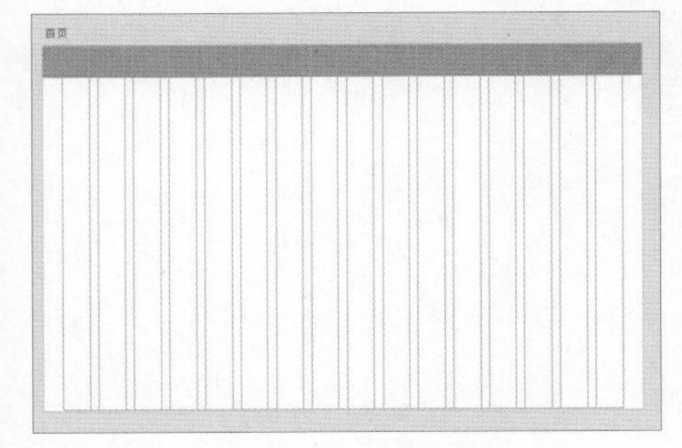

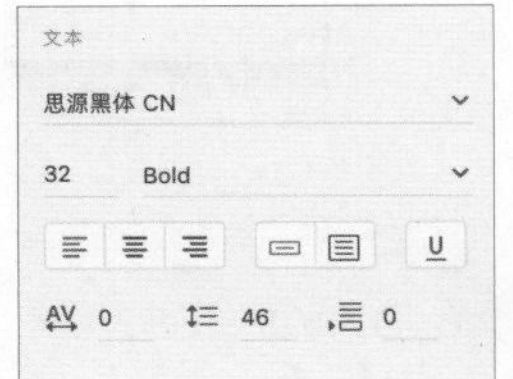

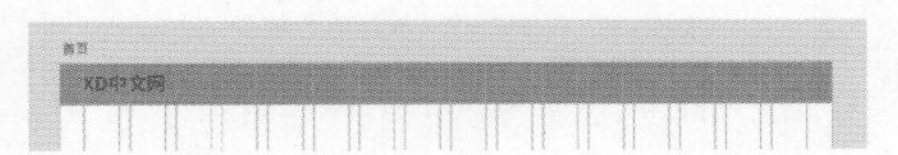

03 制作菜单，可以直接使用单个文，本中间用相同的空格分割，方便修改。按快捷键 T 切换到“文本”工具T，单击创建一个点文本，输入“首页“资讯”“素材”“插件”和“教程”，按 Esc 键退出编辑。作为菜单，每两个菜单直接用 5 个空格分割，在属性检查器文本属性栏中修改“字体”为“思源黑体”、“字重”为“Regular”、“对齐方式”为“右对齐”≡、“字号”为 16、“字间距”为 0、“行距”为 26，将其移动到右侧与最右侧参考线对齐、与第 01 步中的矩形垂直方向对齐的位置，设置“颜色”为灰色（R:51，G:51，B:51）。

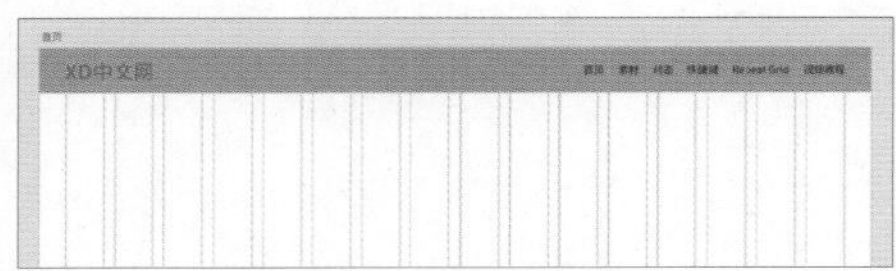

04 选中第 01 步中的矩形并按快捷键 0 两次，设置“不透明度”为 0%，打开本书学习资源中的“CH08>XD 中文网首页设计 > 素材”文件夹，将文件夹中的“首屏背景 .PNG”图片拖动到画板中，在属性检查器中修改“W”为 1920、“H”为 500，分别单击属性检查器中的“顶对齐”按钮、“水平居中对齐”按钮进行对齐，按快捷键 Command+Shift+[（Mac OS）或 Ctrl+Shift+[（Windows）移动图层到最下方。

05 给背景图中的显示器添加一个“视频播放”按钮、一个圆形背景和一个三角形。首先完成圆形背景的制作。按快捷键 E 切换到“椭圆”工具，在画板上空白位置按住 Shift 键和鼠标左键并拖动鼠标指针绘制一个圆形，在属性检查器中锁定宽高比，修改“W”和“H”均为 60。在属性检查器中取消描边。设置填充颜色为蓝色（R:43，G:154，B:243）。

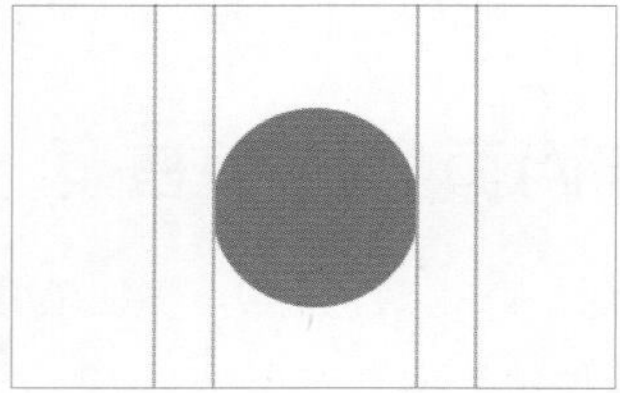

06 按快捷键 R 切换到“矩形”工具，在第 05 步中的圆形上方按住 Shift 键和鼠标左键拖动绘制一个正方形，在属性检查器中设置“W”和“H”均为 24，取消描边，鼠标指针移动到矩形角落出现旋转图标，按住 Shift 键旋转 45°。双击旋转后的矩形并选中单个锚点，按 Delete 键删除锚点后矩形变为三角形，将其调整到圆形中合适的位置。同时选中三角形和圆形，按快捷键 Command+G（Mac OS）或 Ctrl+G（Windows）编组，将其移动到背景图中显示器上合适的位置。

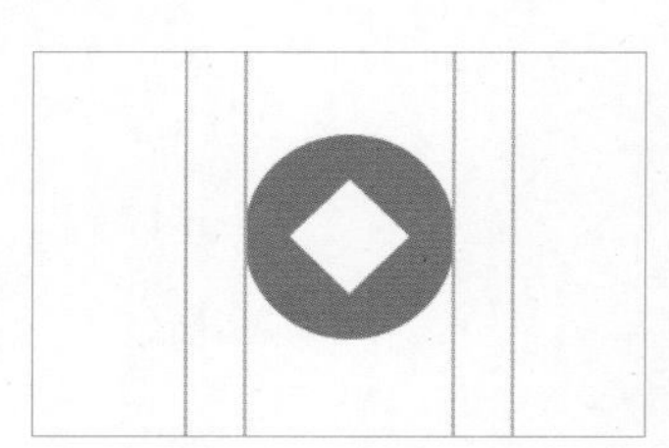

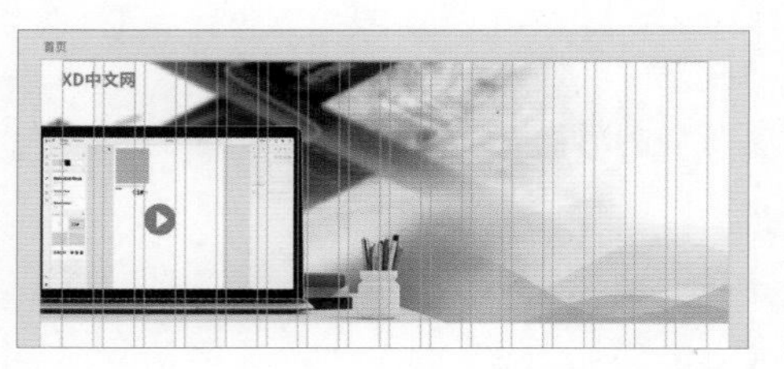

07 接下来添加主标题和描述。按快捷键 T 切换到“文本”工具，单击创建一个点文本，输入“设计 · 原型 · 分享”，按 Esc 键退出编辑，在属性检查器中文本属性栏中修改“字体”为“思源黑体”、“字重”为“Bold”、“对齐方式”为“右对齐”、“字号”为 46、“字间距”为 0、“行距”为 46，将其移动到右侧与最右侧参考线对齐、与背景中显示器上方大致对齐的位置，设置“颜色”为灰色（R:51，G:51，B:51）。

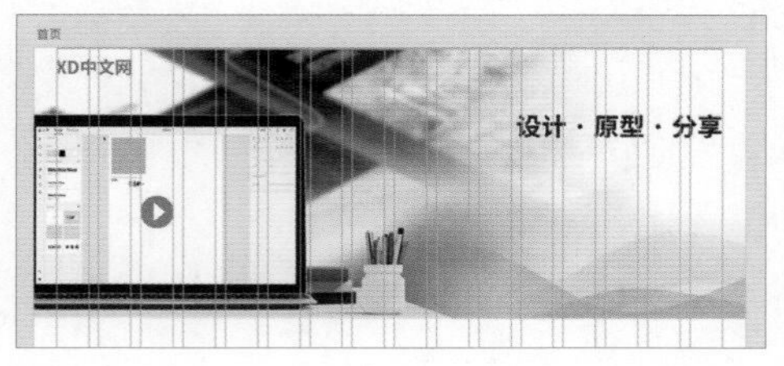

08 打开本书学习资源中的“CH08>XD 中文网首页设计 > 素材”文件夹，选择文件夹中的“描述 .TXT”文件拖动画板中自动创建区域文本，在属性检查器中设置文本框的“W”为 360、“H”为 72。在文本栏中修改“字体”为“思源黑体”、“字重”为“Regular”、“对齐方式”为“右对齐”、“字号”为 16、“字间距”为 0、行距为 24。将其移动到与第 07 步中的文本右对齐、距离上方 40px 的位置。

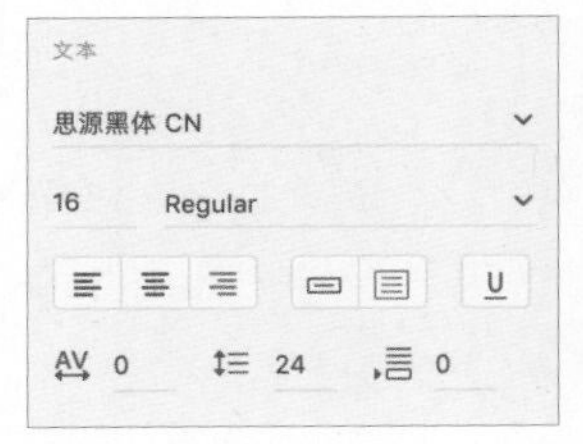

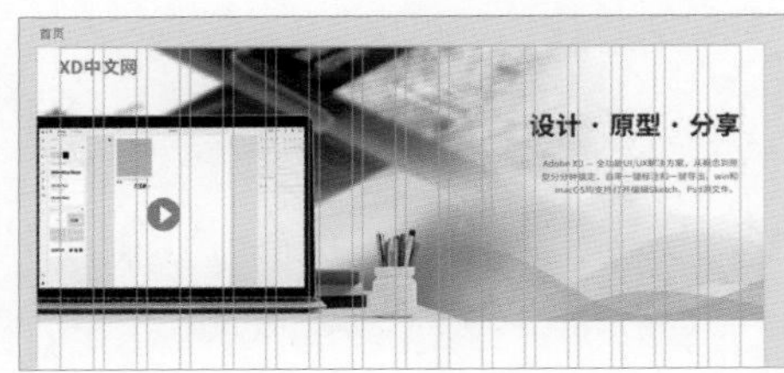

09 添加一个“立即学习”按钮。按快捷键 R 切换到“矩形”工具，按住鼠标左键拖动绘制一个矩形，在属性检查器中设置“W”为 136、“H”为 36，设置“圆角”为 18、取消填充颜色、设置描边颜色为粉色（R:250，G:50，B:190）、“描边大小”为 1。

10 按快捷键 T 切换到“文本”工具T，单击创建一个点文本，输入“立即学习”，按 Esc 键退出编辑。在属性检查器文本属性栏中修改“字体”为“思源黑体”、“字重”为“Regular”、“对齐方式”为“居中对齐”、“字号”为 16、“字间距”为 0、行距为 24，设置“颜色”为粉色（R:250，G:50，B:190）。同时选中矩形和文本，在属性检查器中单击“水平居中对齐”按钮、“垂直居中对齐”按钮，将其移动到右侧与最右侧参考线对齐、与上方文本距离 20px 的位置，制作好的网页导航和首屏效果如下。

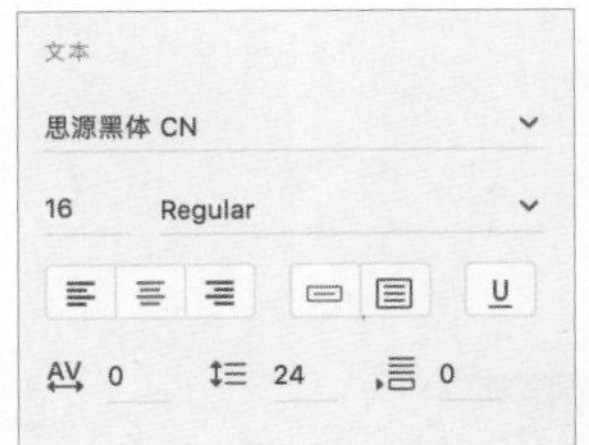

8.4.3 制作内容列表

01 按快捷键 T 切换到“文本”工具T，单击创建一个点文本，输入“素材”，按 Esc 键退出编辑，将其作为标题。在属性检查器文本属性栏中修改“字体”为“思源黑体”、“字重”为“Regular”、“对齐方式”为“居中对齐”、“字号”为 24、“字间距”为 0、“行距”为 24，设置“颜色”为灰色（R:51，G:51，B:51），将其移动到左侧与最左侧参考线左对齐、距离上方背景图像 20px 的位置，。

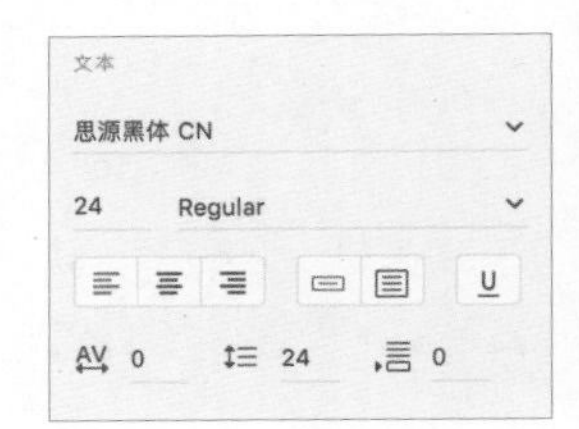

02 复制第 01 步中的文本，修改文本内容为“更多 >>”，在属性检查器中修改“字号”为 16、“对齐方式”为“右对齐”，修改“颜色”为灰色（R:153，G:153，B:153），其他属性不变，将其移动到右侧与最右侧参考线右对齐、与“素材”文本垂直居中对齐的位置。

03 按快捷键 R 切换到“矩形”工具，按住鼠标左键拖动绘制一个矩形用来放置图片，在属性检查器中设置“W”为 288，“H”为 220，取消描边，将其移动到与“素材”文本左对齐上方距离 20px 的位置。为了方便观察，这里设置填充颜色为灰色（R:168，G:168，B:168）。

04 此时画板高度不够，单击画板名称选中画板，在画板下方边缘拖动增加画板的高度。按快捷键 T 切换到“文本”工具T，单击创建一个点文本，输入标题例如“这是一个标题”，按 Esc 键退出编辑，在属性检查器的文本属性栏中修改“字体”为“思源黑体”、“字重”为“Regular”、“对齐方式”为“居中对齐”、“字号”为 16、字间距为 0、“行距”为 24，设置“颜色”为灰色（R:102，G:102，B:102），将其移动到左侧与最左侧参考线左对齐、上方距离第 03 步中的矩形 10px 的位置。

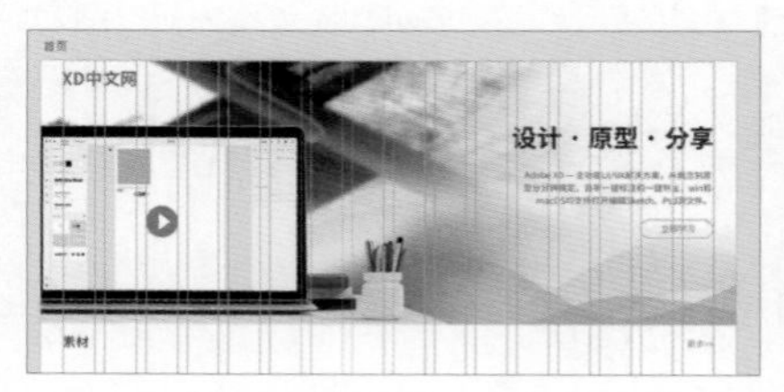

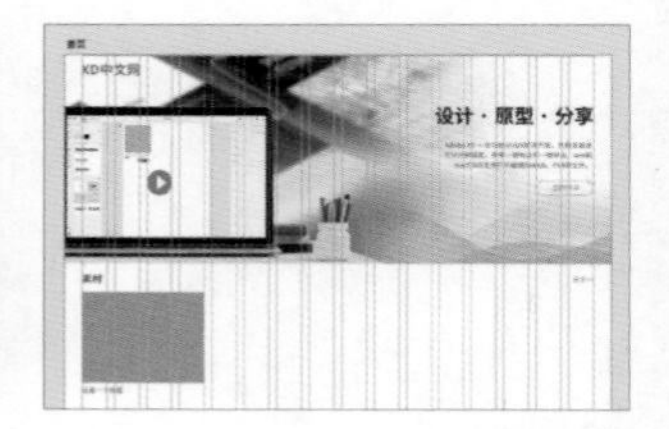

05 选中第 03 步的矩形和第 04 步的文本，在属性检查器中单击“重复网格”按钮 重复网格 开启重复网格，在水平方向拖动控制按钮创建出 4 组、在垂直方向拖动控制按钮创建 2 列，并在重复网格中间的填充区域拖动修改水平方向“间距”为 16px、垂直方向“间距”为 20px。

06 打开本书学习资源中的“CH08>XD 中文网首页设计 > 素材 > 素材列表”文件夹，选择文件夹中的 8 张图片拖入到重复网格中的矩形上自动填充，选择文件夹中的“标题 .TXT”文件拖动到重复网格中的标题自动填充。

07 参考第 01 步至第 06 步中的方法，制作下一个列表“插件”。“标题”和 “更多 >>”文本可以直接复制，插件列表中图标的高度为 120px，所需的素材在本书学习资源的“CH08>XD 中文网首页设计 > 素材 > 插件列表”文件夹中可以找到。

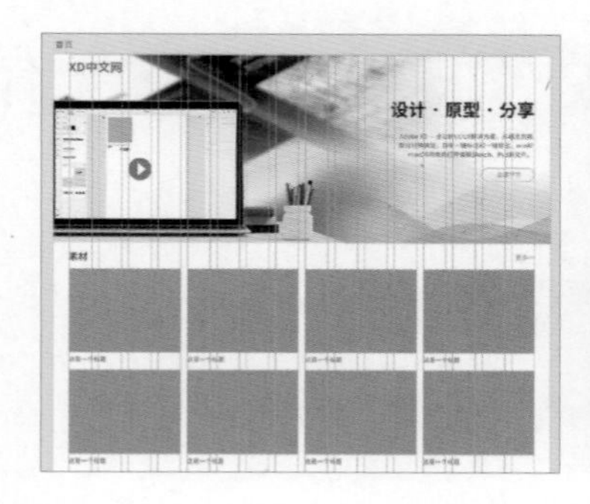

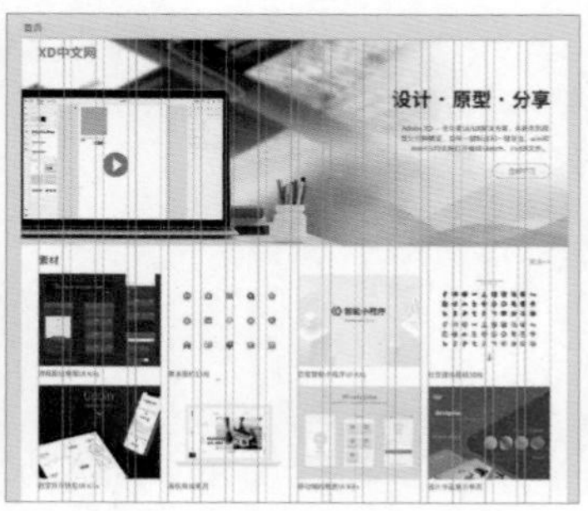

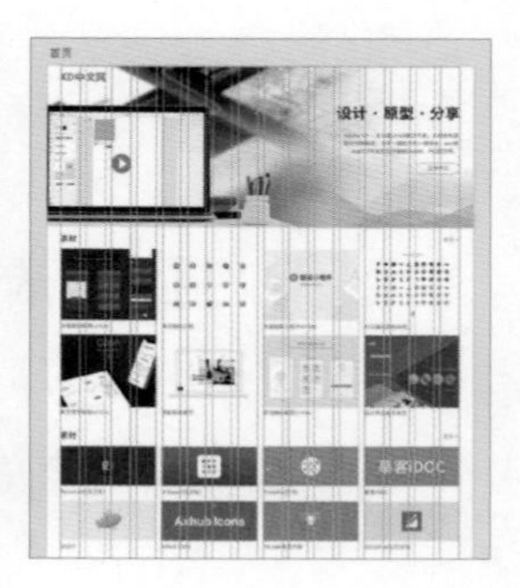

8.4.4 制作网页页脚

01 XD 中文网的网站页脚包含友情链接、介绍及联系方式等信息，通常页脚的背景也是通栏，但内容只会集中在内容区域。按快捷键 R 切换到“矩形”工具，按住鼠标左键拖动绘制一个矩形，在属性检查器中设置“W”为 1280、“H”为 160，取消描边，设置填充颜色为灰色（R:34，G:34，B:34），将其移动到相对于画板水平居中对齐、距离上方列表 20px 的位置。

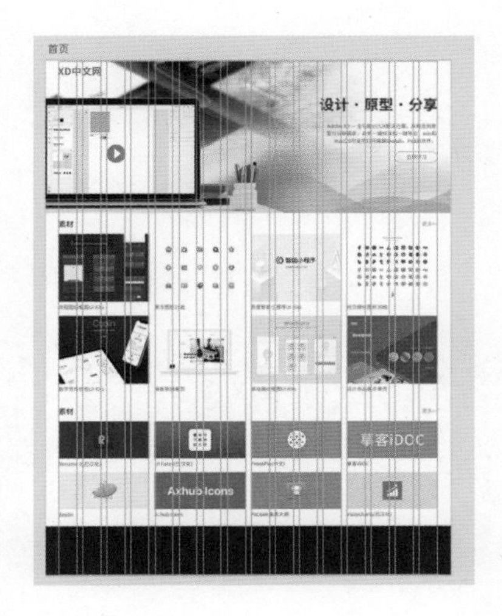

02 绘制一个宽 1200px、高 30px 的矩形，取消描边，设置“圆角”为 6、“背景颜色”为黑色（R:0，G:0，B:0）。按快捷键 T 切换到“文本”工具，单击创建一个点文本，输入标题内容“友情链接：XD 官网 XD 用户指南”，按 Esc 键退出编辑。在属性检查器文本属性栏中修改“字体”为“思源黑体”、“字重”为“Regular”、“对齐方式”为“左对齐”、“字号”为 16、“字间距”为 0、“行距”为 30，设置“颜色”为白色（R:255，G:255，B:255），单独选中文本中的友情链接内容，设置“不透明度”为 60%。移动文本到与矩形垂直居中对齐、左侧距离矩形左侧边缘 10px 的位置。同时选中矩形和文本，按快捷键 Command+G（Mac OS）或 Ctrl+G（Windows）进行编组，将其移动到左侧与最左侧参考线左对齐、上方距离第 01 步的矩形背景 10px 的位置。

友情链接：　XD官网　XD用户指南

03 使用文本工具添加网站、介绍、版权信息，并将其调整为合适的大小和颜色，其左侧与最左侧的参考线对齐，上下保留一定的间距。

04 打开本书学习资源的“CH08>XD 中文网首页设计 > 素材 ”文件夹，将二维码图标拖入文件中，右侧与最右侧参考线对齐、底部与左侧文本对齐，调整为合适的大小，完成后在属性检查器中取消勾选“版面”选项。

附录

附录：常用快捷键

工具：

菜单	Mac OS	Windows
选择	V	V
矩形	R	R
椭圆	E	E
直线	L	L
钢笔	P	P
文本	T	T
画板	A	A
进入缩放模式	Z	Z
缩放至选区	Command+3	Ctrl+3
吸管	I	I

常用：

菜单	Mac OS	Windows
退出	Command+Q	Alt+F4

编辑：

菜单	Mac OS	Windows
撤消	Command+Z	Ctrl+Z
还原	Command+Shift+Z	Ctrl+Shift+Z
剪切	Command+X	Ctrl+X
复制	Command+C	Ctrl+C
粘贴	Command+V	Ctrl+V
粘贴外观/交互	Command+option+V	Ctrl+Alt+V
复制	Command+D	Ctrl+D
删除	Delete	Delete
全选	Command+A	Ctrl+A
取消全选	Command+Shift +A	Ctrl+Shift+A

文件：

菜单	Mac OS	Windows
新建	Command+N	Ctrl+N
打开	Command+Shift+O	Ctrl+Shift+O
关闭	Command+W	Alt+F4
存储	Command+S	Ctrl+S
另存为	Command+Shift+S	Ctrl+Shift+S
批量导出	Command+Shift+E	Ctrl+Shift+E
导出所选内容	Command+E	Ctrl+E
导入	Command+Shift+I	Ctrl+Shift+I

路径 / 钢笔：

菜单	Mac OS	Windows
切换到钢笔工具	P	P
转换点	双击	双击
不对称控制点	option	Alt
捕捉控制点角度	Shift	Shift
捕捉锚点角度	Shift	Shift
相加	Command+option+U	Ctrl+Alt+U
减去	Command+option+S	Ctrl+Alt+S
交集	Command+option+I	Ctrl+Alt+I
排除重叠	Command+option+X	Ctrl+Alt+X
转换为路径	Command+8	Ctrl+8

图层、组和画板：

菜单	Mac OS	Windows
编组	Command+G	Ctrl+G
取消编组	Command+Shift+G	Ctrl+Shift+G
生成符号	Command+K	Ctrl+K
锁定/解锁	Command+L	Ctrl+L
隐藏/显示	Command+;	Ctrl+;
剪贴蒙版	Command+Shift+M	Ctrl+Shift+M
重复网格	Command+R	Ctrl+R

对齐：

菜单	Mac OS	Windows
左对齐	Command+control+←	Ctrl+Shift+←
水平居中对齐	Command+control+C	Shift+C
右对齐	Command+control+→	Ctrl+Shift+→
顶对齐	Command+control+↑	Ctrl+Shift+↑
垂直居中对齐	Command+control+M	Shift+M
底对齐	Command+control+↓	Ctrl+Shift+↓

分布：

菜单	Mac OS	Windows
水平分布	Command+control+H	Ctrl+Shift+H
垂直分布	Command+control+V	Ctrl+Shift+V

图层顺序：

菜单	Mac OS	Windows
移动到顶层	Command+Shift+]	Ctrl+Shift+]
上移一层	Command+]	Ctrl+Shift+]
下移一层	Command+[	Ctrl+Shift+[
置为底层	Command+Shift+[	Ctrl+Shift+[

与文本相关：

菜单	Mac OS	Windows
增加字体大小	Command+Shift+>	Ctrl+Shift+>
减小字体大小	Command+Shift+<	Ctrl+Shift+<

界面和查看：

菜单	Mac OS	Windows
放大	Command++	Ctrl++
缩小	Command+-	Ctrl+-
缩放以适应	Command+ 0	Ctrl+0
100%显示	Command+ 1	Ctrl+1
200%显示	Command+ 2	Ctrl+2
平移	空格键	空格键
资源面板	Command+Shift+Y	Ctrl+Shift+Y
图层面板	Command+Y	Ctrl+Y
显示版面网格	Command+Shift+ ‘	Ctrl+Shift+’
显示方形网格	Command+ ‘	Ctrl+ ‘
全屏模式	Command+control+F	不可用
在设计和原型模式之间切换	control+Tab	Ctrl+Tab

窗口：

菜单	Mac OS	Windows
最大化		WIN ↑
最小化	Command+M	WIN ↓
预览	Command+回车	Ctrl+Enter

原型：

菜单	Mac OS	Windows
查看所有交互连接	Command+A	Ctrl+A
桌面预览	Command+回车	Ctrl+Enter
开始/停止录制预览	control+Command+R	不可用
停止录制	Esc	不可用
在线共享原型	Command+Shift+E	Ctrl+Shift+E